国外室内设计技术及应用丛书

U0198989

室内细节设计
从概念到建造

【美】David Kent Ballast 著

陈江宁 译

电子工业出版社.
Publishing House of Electronics Industry
北京·BEIJING

Interior Detailing：Concept to Construction
978-0-470-50497-0
David Kent Ballast

Copyright © 2010 John Wiley & Sons, Inc.

All Rights Reserved. Authorized translation from the English language edition published by John Wiley & Sons, Inc.
本书中文简体版专有出版权由John Wiley & Sons, Inc.授予电子工业出版社。未经许可，不得以任何方式复制或抄袭本书的任何部分。

版权贸易合同登记号 图字：01-2012-8238

图书在版编目（CIP）数据

室内细节设计：从概念到建造 / （美）巴拉斯特（Ballast,D.K.） 著；陈江宁译.
— 北京：电子工业出版社，2013.4

书名原文：Interior Detailing：Concept to Construction

ISBN 978-7-121-19711-6

Ⅰ.①室… Ⅱ.①巴… ②陈… Ⅲ.①室内装饰设计 Ⅳ.①TU238

中国版本图书馆CIP数据核字（2013）第039229号

策划编辑：胡先福
责任编辑：胡先福
印　　刷：中国电影出版社印刷厂
装　　订：中国电影出版社印刷厂
出版发行：电子工业出版社
　　　　　北京市海淀区万寿路173信箱　邮编　100036
开　　本：889×1194　1/16　印张：18.5　字数：465千字
版　　次：2013年4月第1版
印　　次：2015年5月第2次印刷
定　　价：69.00元

凡所购买电子工业出版社图书有缺损问题，请向购买书店调换。若书店售缺，请与本社发行部联系，联系及邮购电话：（010）88254888。
质量投诉请发邮件至zlts@phei.com.cn，盗版侵权举报请发邮件至dbqq@phei.com.cn。
服务热线：（010）88258888。

目 录

第一部分 解决细节设计问题的路径

第3章 功 能   41

第二部分　元　素

第三部分　过　渡

表格目录

插图目录

前 言

在整个职业生涯中，我注意到最好的室内设计和建筑是革新、创造性思维与雄厚的技术实力的结合。仅有一个好的设计是不够的；它必须与最好的建筑工艺以及细节技巧结合在一起。没有好的细节设计和最好的材料选择，那么最富想象力的设计也将无法充分满足功能性和安全性，花费更多的金钱，给建造带来困难，超出时限，并产生维护保养问题等。

反之，如果设计师在开始绘制施工图的时候没有充分地探索可选路径和创新之道来解决问题，那么再完美的技术执行方案也是不够的。通过这种方式去解决问题，可以为它们的基础功能服务，但是将会错失充分表达设计的可能性和以顾客为导向的解决方案。

在室内建筑领域教学的这许多年里，我意识到在概念设计和施工设计之间出现常见分歧的原因是因为人脑工作的方式。这基于左右大脑理论，简单来说，就是大脑的左半球负责分析和逻辑思维，而右半球则负责创造性和直觉性思维。我的学生们所做的工作和提出的问题均表明，如果某人的左脑或者右脑占绝对优势，那么他/她就不如那些能够几乎同时使用大脑的两个半球进行思考和工作的人更有可能成为好的设计师。这一能力一般是在学校和设计师生涯的早期实践中养成的，但是大多数时间里，人们都不能够均衡使用大脑的两个半球，而这对于解决设计问题是很不利的。

本书尝试在广义的概念设计思维和对于全方位室内空间设计的特定要求之间架起桥梁。而两者对于一名成功的设计师而言都是必须的，并且任何一个都不能独立存在。我希望本专业的同学们和见习室内设计师们都能从观察这一问题的两个方面受益，尤其是当他们倾向于更加重视其中一个方面的时候。事实上，这一同时发生的思维过程正是当室内设计师和建筑师们承担为顾客解决困难的设计问题时，他们所能够提供给顾客的最有价值的技巧之一，如我们在第1章中所述。并没有太多人能兼顾创造性和技术性去解决环境问题，同时还能够创造在其中可以愉悦地工作、娱乐和生活的室内设计。

本书的第一部分提供了一个设计一处细节的总路径，适用于任何设计问题并且包括必须考虑到的诸多因素。本书的第二部分讨论了一些室内设计的基本元素，并且同时给出了能够满足项目设计意图的概念和技术方法。最后一部分则给出了一些概念性的思路，用于在独立的室内元素之间建立关联，同时也为建立这些关联提供了一部分起点。

由于多数室内设计都是私有的——即特定制造商的产品只用于解决特定的

问题——我收录了关于这一问题的一些资料以及一部分制造商的网址，作为一个起点，以便于读者能够得到更多的思路和信息。这些资料绝非完备，所以我鼓励读者自行登录书后所列的常用建筑产品网站，就特殊的设计问题做进一步的研究。通过应用我在本书的第一部分提供的指南，以及其他细节和特定制造商信息，大家可以精确地、全面地应对一切设计问题。

美国建筑师协会会员，美国建筑规范协会会员，大卫·肯特·巴拉斯特

致　谢

　　我要感谢许许多多为本书的问世提供帮助和支持的人们。向出版商致谢：副总裁兼出版人阿曼达·米勒，以及美国建筑师协会高级编辑约翰·柯则耐克，在多年前我刚刚萌生这一想法的时候就开始对我提供帮助。同时，还要感谢约翰·威立国际出版公司的其他好心人：高级制作编辑南希·特龙、编辑助理赛迪·阿布郝弗；感谢福克斯编辑服务公司为本书审稿，感谢安葡特罗为本书设计版面。同样，我还要感谢多年来自己教过的莘莘学子们，是他们让我了解设计师如何学习，以及如何在设计全过程中进行逻辑思考。

简 介

　　《室内细节设计——从概念到建造》一书在创造有效的室内细节方面为室内设计师、建筑师以及其他室内环境建造的相关人士提供了独一无二的资源。对于一个成功的室内环境来说，仅仅通过设计是实现不了的，同样只有严格的技术方案也是不行的。解决室内设计问题，并且建造出成功的室内环境效果，需要富有想象力的思考，以及对实现设计理念的技术知识的有效应用。

　　好的细节能够成就或毁灭一个室内设计项目。恰当的设计细节能够在确保美观的同时，致力于工程的总体设计意图，并且提供功能使用和长久的可用期限，同时保持自身恰当的美观。未经充分设计的细节会打破、切断、割裂和瓦解项目。它们还会产生消防和安全危险、违反规范、传播噪声、产生不良损耗以及超出预算等。不良细节还会使建造变得困难、增加清洁的难度、产生毒性，并且不可修复。潜在的问题还有很多。至少，细节的缺乏也会使顾客不高兴。而在最严重的情况下，不良细节还会导致法律诉讼和财务亏损，并且可能让设计师的名誉毁于一旦。

　　本书将设计与细节相结合，展示了如何实现从一个领域向另一领域跨越。就所有项目中普遍存在的为主要室内设计元素开发细节，本书提供了一些广义概念性方法。同时，书中还就完成细节设计过程以及将普遍原则应用于任何细节问题提供了特别的方法。

　　过分强调设计，而对于细节没有进行足够的思考，就像过多强调技术细化，而没有对设计进行足够的思考一样，都是不可取的。许多设计工作室和设计师过多地强调了设计或者细节的一个方面，但对于两者的平衡则不够重视。不经过充分的细节设计，最好的设计理念在执行的时候，往好里说不过是勉强而为之，往坏里说则意味着失败。

　　《室内细节设计——从概念到建造》一书在许多方面就如同细节设计过程一样。在某些领域中，它是广义概念性的并显示了处理细节设计问题的不同方案，而在其他领域中，则更具技术性。本书为那些技术型人士提供了一些看待和处理大型设计问题的建议和方法。反之，对于那些以设计见长的人们，本书也提供了一些使他们的设计理念变成更好的技术解决方案的资源。

　　学生和专业实践人员都可以使用本书来扩充他们的视野，提高自身的设计和细化技巧。本书把通常分开对待的设计原则与技术细化相结合，而不是简单的材料信息和标准细节汇编。它展示了如何在设计和开发过程中进行逻辑思考，以便使之符合设计师的意图，并且迎合优秀建筑其他所有的实际需要。它描述和勾画了如何用相对较少的设计方案来解决所有的问题。另外，本书也可用于评论和检查他人的工作，以及根据现有细节来诊断问题。

《室内细节设计——从概念到建造》一书提供了一个关于室内细节设计的独一无二的方法。第一部分"解决细节设计问题的路径"，描述了如何用合理的方法来解决细节设计问题，关注细节设计的所有相关方面。各章表述了细节设计的有效过程、工作中如何引入创造性意图因素、细节设计的限定条件、功能性要求，以及所包含的许多施工问题等。

第二部分"元素"，包含了就设计和细化那些定义室内空间的主要建筑构件而产生的概念性和实践性方法。这些包括永久的和暂时的纵向障碍、头顶平面、地平面，以及开口、通道和玻璃窗之间是如何建立空间联系的。各章描述了元素的概念、功能性要求、常见限制、协作需求，以及开始进行元素细节设计的具体规范等。

第三部分"过渡"，展示了室内元素之间实现过渡和关联的设计和细化方法。这些包括天花板和底平面过渡的划分；地板、隔断、顶棚与位于同一平面的其他元素的过渡；以及柱子和横梁在结构上的过渡等。

本书可以按照任何顺序进行阅读。有关任何细节或者在新的设计问题中如何进行逻辑思考的基本要求，可以参考本书的第一部分。为了得到一些创造性的思路，以便推动早期的设计工作，可以参考第二、三部分。不管怎样使用本书，你都将发现它作为私人藏书是物有所值的，是一个可以帮助提高设计、建筑和工程交付质量的良好资源。

本书如何使用国际单位

本版《室内细节设计——从概念到建造》采用等效度量衡，在文与插图中均使用国际单位制（以下简称SI）。然而，SI单位对于在美国的建筑和书籍出版是存在一定问题的。这是因为美国的建筑业（联邦建筑业除外），普遍没有采用我们通常所说的公制体系。习惯上美制单位的等效度量衡（也被叫做英制单位或者英寸—磅单位），通常是使用换算系数，以"软转换"的方式出现的。这通常会导致出现过多的有效数字。当使用SI单位进行建造时，建筑设计和绘图根据"硬转换"来进行，计划的尺寸和建筑产品从一开始就基于公制模式。例如，饰钉中心直径为400毫米，以适应以标准的1200毫米宽度制作的面板产品。

在美国，进行国际单位转换时，编码模块、联邦法律（比如《美国残疾人法案》）、产品生产企业、商会以及其他建筑相关行业，一般仍在使用美制单位并通过软转换来转换成SI等效度量衡。一些制造商同时使用两种度量衡来生产同一产品。尽管存在开发等效SI的工业标准，但在进行转换时并没有一种一致性能够保证圆滑地过渡。例如，当需要6英寸的规格时，国际建筑规范显示152毫米的等量。对于同一规格，《〈美国残疾人法案〉无障碍设计指南》则显示的是150毫米的等量。

基于本书的意图，采用了以下的转换。

本书自始至终都是先给出惯用的美制度量衡，紧接着在括号里注明国际标准量。在文字中，两种体系的单位名称都会给出，比如英尺或毫米。在图示中，数量值和美制单位后缀率先给出（英尺、英寸等），随后在括号中注明国际标准，如果数字单位为毫米的就省去单位，但如果是米或其他除了毫米以外的单位时则出现单位。建筑图纸遵循了国际单位的标准结构惯例；一个数字除非冠以其他单位，否则都认为单位是毫米。这一约定的例外发生于当一个数字是基于国际标准或产品的时候。如果这样，主要的尺寸以国际单位给出，在括号中给出美国单位。单位后缀在文字和图表中都给出，以避免混淆。

当出现比率或一些会产生混淆的单位组合的时候，在所有数字后面都使用单位后缀，例如6毫米/3米。

当某个标准制定组织或者某个商会对于一个特定尺寸制定了双重单位，那些数字则按其来源进行直接引用。例如，某个团体也许使用6.4毫米来代替1/4英寸，另外的组织则可能使用6毫米。

当SI转换被编码机构使用时，诸如国际建筑规范或者以其他的规范出版（例如《〈美国残疾人法案〉无障碍设计指南》），使用机构所采用的国际标准详见于本书。例如，当需要6英寸时国际建筑规范使用152毫米来代替，而《〈美国残疾人法案〉无障碍设计指南》则使用150毫米来代替。

如果一项特殊的转换不是由商会或者标准制定机构给出的，那么当国际标准的等效概念为低于几英寸的数字时，取整到最近的毫米单位，除非这一规格非常小（如1/16英寸这样的小公差），在这种情形下一个更加精确到小数的等效概念会给出来。

对于超过几英寸的规格，国际标准等效概念取整到最近5毫米，超过几英尺的则取整到10毫米。当规格超出十几英尺时，数字则取整到最近的100毫米。

第一部分

解决细节设计问题的路径

第1章

设计/细节设计过程

1-1 概 述

　　细节设计大致是居于最初开始构想到最终形成工程文件之间的那部分项目交付过程，是设计师的奇思妙想与严峻建筑现实的交汇点。虽然细节设计并非基于提案和发票，而是主要发生于设计过程，以及方案设计和施工图绘制过程中的单独设计行为，但它是设计师的技能组合中最重要的一个方面。细节设计其实就是"设计一处细节"。

　　好的细节设计有许多优势。除了改进和提高设计水准外，它还能减少建筑成本，加速施工图的绘制，并且将设计师的责任降至最低。细节设计对于境内外外包工作也具有较高的应用价值，因为它对于与外部生产辅助成功合作所需的良好沟通具有至关重要的作用。一间设计工作室也可以把细节设计作为训练年轻设计师的一项工具，并可将其作为开创一种风格的方法。

　　细节设计在诸多方面都具有多重属性。它既是一项单纯的构想，又是一项技术工艺，既依靠直觉感知，也来自层层解析，既是全盘的考虑，又是具体的区分，既是左脑的任务，也是右脑的工作，既充满乐趣，又饱含艰辛，既是瞬间灵感的迸发，也是旷日持久的思考。最好的细节设计师是那些能够同时驰骋于富有创造力的设计者和知识渊博的技师们的世界里，并能够根据他们的工作在左脑和右脑间任意切换的人。

1-2 什么是细节设计

　　细节设计可被看作是人们通常所说的室内设计的一个子集。它是一个用于解决问题的创造性过程，面临诸多的限制和不断的选择，其目的在于将宽泛的设计概念转化为建筑实物。有时候限制多于选择，有时候选择多于限制。懂得如何做出最好的选择并试图将限制转化为有利条件，这正是设计师的任务。它不仅是一项技术行为，而且是一个创造性过程。

　　虽然细节设计对于每一位设计师的意味有所不同，但其中的三件基本事情是要做的。第一，它是把部件装配起来的一种方法。一定有一种办法从物理上和视觉上将室内空间或建筑特征中的各种组件连接起来。例如，无论细节上将会是怎样简单亦或如何复杂，门框都必须以某种方式依附于墙上的开口处。第二，细节设计解决功能性问题，针对室内空间试图满足的特殊需要做出反应。例如，酒吧的吧台必须具有防潮耐用的表面，而制作这种台面的方法则不胜枚举。第三，细节设计是提升项目总体设计意图最重要的方法之一。设计的基本元素和主要原则，以及宽泛的设计理念，会经由为空间起补充作用的规模较小的细节设计而得以加强。

细节设计作为一个吊诡问题

细节设计就像通常所说的室内设计或建筑设计一样，是一种吊诡问题。吊诡问题这一术语是1973年由霍斯特·瑞特尔和梅尔文·韦伯首创的。瑞特尔是美国加州大学伯克利分校的一名设计与规划理论家。韦伯则是该校城市和区域规划专业的一名教授兼城市规划师。虽然这一术语常常用来指像结束世界饥饿或改进医疗卫生制度这样的超大规模的政治或经济问题，但是一个设计问题同样也能成为吊诡问题的最好例证。室内设计师必须理解吊诡问题的特性，才能保持实际业务方向在预算内按时完成项目，同时成为一名好的细节设计者。

瑞特尔和韦伯所界定的室内设计和建筑设计问题中特有的吊诡问题，存在诸多方面的内容。以下是其中一部分内容，顺序不分先后：

- 没有正确或错误的解决方案。假定同样的客户、项目和限制存在相同的基本设计或细节设计问题，10位不同的设计师会想出10套不同的解决方案。这些方案可能全都合乎要求并且通常都能解决问题。甚至对于一个被限定得非常狭窄的细节设计问题，比如将一个木制门框放入一个木制立柱式隔墙中这类问题，也许在大多数情况下所有设计师都会采用一种非常普通的解决方法，但办法永远不止一个。

- 没有确切的停止点。每一位设计师都有过这样的经历，那就是希望能有更多的时间来完善方案。由于设计问题存在太多的变数，因此总是要探索和研究更多的备选方案以供执行。无论如何，室内设计的现实问题，包括设计预算在内，决定了必须在特定时间内精选出最佳方案来完成项目。这也常常是设计师失去自己的商业意识并且比他们的预算成本更多设计时间的地方。

- 解决问题的限制和资源随着时间不断改变。虽然就某一问题已经进行了最为详细的计划和了解，但是在项目实施过程中，许多东西仍然会改变。客户可能会变更预算或项目需求，新的材料也许会在市场上出现或者变得稀有，建筑成本可能会升高，或者建设规范也许会改变。设计师几乎总是在试图射中一个移动的目标。

- 一个方案常常需要对问题进行充分的理解。虽然会用到诸如三维图纸、实体模型或者全尺寸模型等各式各样的建模系统，但是真正的考验来自于如何把设施建造出来并查看其运行状况。建模系统或者甚至现有的类似工具仅仅能让人部分了解所提出的方案是如何运行的。

- 每个问题都是唯一的。从它们的不同性质来看，室内设计和建筑项目都是唯一的。甚至相同的客户、相同的计划、相同的建造风格，都会由于地理位置、预算或建造时间的不同而改变。当着眼于更小的细节设计问题时，诸如如何在厨房里设计和安装一个餐具柜，也许制作橱柜并将其安装在墙上的办法是完全一样的，但是其材料、饰面和五金总成仍然会有所不同。

虽然吊诡设计问题向室内设计师们提出了诸多挑战，但同样也使得设计过程和设计职业显得尤为重要、有趣并使人乐在其中。

1-3 "绘图—思考—绘图" 式循环过程

像室内设计的其他方面一样，细节设计在极大程度上是用图示来解决问题的。设计师使用各种各样的图示方法来研究和分析他们所面临的问题。这是一个循环的过程。在这一过程中，设计师从一个想法开始，无论它如何微小或不成熟，都将其在纸上用草图的形式表现出来，边看图像边思考它和它的意义。参见图1-1。这一过程循环往复，每一次循环都对图像进行精练，直到所研究的问题得到完全地解决。每次循环，设计师都要做三件事，亦或是这三件事的组合。设计师探究思路、学习东西或者做出决定。

一个人表现自己想法的方式有很多种，但是通常的方法是在以描图纸为代表的纸张上进行标记。当所研究的问题是一个设计或建筑细节时，应该使用多层描图纸来帮助设计进行精练。第一个草图也许是关于方案的非常粗糙的想法，但是连续的描图精练了图像，保留（精练）了那些似乎会起作用的元素，并且画上新的线条来反映全新的或者改进了的想法。

这种图示问题解决法最重要的一个方面就是必须亲手在纸上绘制。问题解决过程以独特的方法进行。这一方法只有当眼、手、纸及大脑通过这一技术紧密联系在一起时才奏效。与一些设计师的想法相反，电脑对于此类工作并不是合适的工具。就像使用削尖的铅笔一样，不论使用什么样的绘图或草图程序，电脑都减缓了记录想法的过程，并且在问题解决过程早期显得太过精确。操作电脑通常还会妨碍大脑所能够进行的迅速地、多层次地思考。虽然有许多好的绘图程序可以利用，有二维的、也有三维的，但最好的方法仍然是在描图纸上进行标记。没有

图1-1　"绘图—思考—绘图" 循环

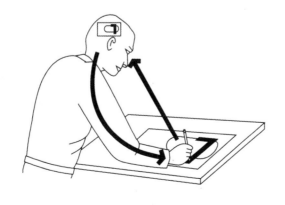

其他方法能够对设计师以图示法来呈现问题的多样性做出反应。当一位设计师时而用纸绘图来表现粗糙的想法，时而用电脑辅助设计来探究那些能够被迅速建造并拖曳着从各个角度进行观看的三维模型时，电脑才是最有用的。

1-4 处理工具和技巧

处理工具

在一定程度上，由于设计和细节设计是一种没有唯一解决方案或运算法则的吊诡问题，所以设计师们会有代表性地使用问题模拟再现的方法。模拟再现是一种依赖于某种简捷的描述，而非文本、数字或公式的方法。这些再现是一种通过让在研问题抽象化来使之变得简单而容易解决的方法。在大多数问题解决的研讨过程中，设计师将会接续使用或者交替使用许多不同的再现方法来研究一个问题。这也就是为什么电脑在做得最好的情况下也会减缓这一过程，而在最坏的情况下则会直接阻碍这一过程的原因。

以下是一些处理工具，其中几个如图1-2至图1-5所示。

- 泡泡图
- 面积比率图
- 叠加图
- 流程图和其他网络图

图1-2 泡泡图

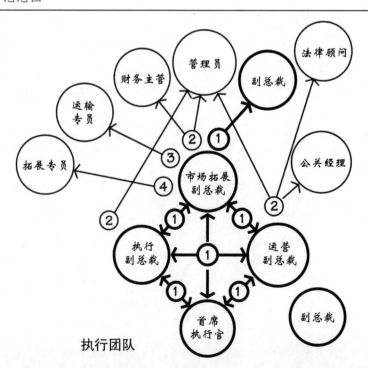

执行团队

图1-3 面积比率图

部门、相对规模和人员数量列表

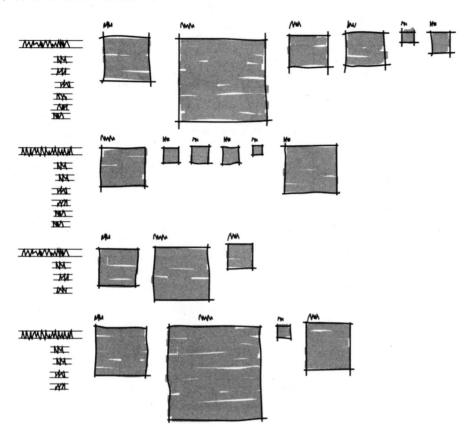

图1-4 评价矩阵图

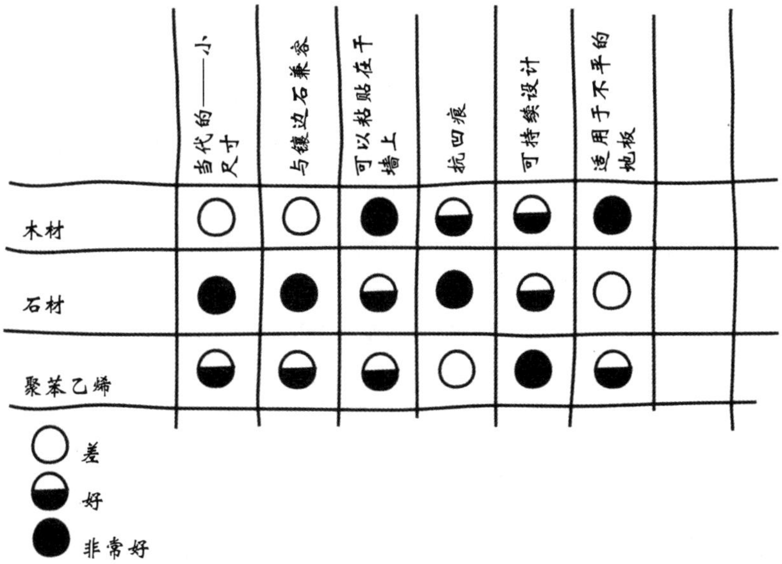

	当代的——小尺寸	与镶边石兼容	可以粘贴在干墙上	抗凹痕	可持续设计	适用于不平的地板
木材	○	○	●	◐	◐	●
石材	●	●	◐	●	◐	○
聚苯乙烯	◐	◐	◐	○	●	◐

○ 差

◐ 好

● 非常好

图1-5　形态图

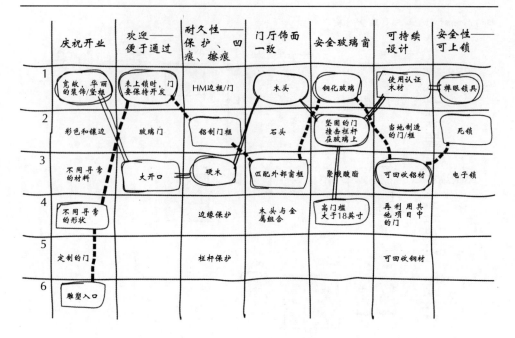

- 矩阵
- 形态图
- 对照图
- 二维图，诸如计划、立面和截面等
- 三维图，包括等容线、透视图及其他
- 柱状图和其他强度图
- 曲线图

实用技巧

　　虽然每位设计师都有一种独特的工作方法，并且每一个细节设计问题都有所不同，但是这里有些实用性很强的技巧能够帮助形成合力并且加快进程。下列建议假定设计师的初步工作就像上面所描述的一样是在纸上进行标记的。

- 使用正确的标记。所使用标记的样式会影响思考。很硬、很细的铅笔通常会在过程中过早地导向精确和详细的思考。另一方面，较软、较粗的标记则会使得探究规模更为细小的想法或细节成为可能。
- 使用永久性的标记，而非铅笔标记。这使得擦除成为不可能的事情。因为每一条画在纸上的线都代表一个有价值的想法（虽然未必是正确的），没有什么是应该被丢掉的。如果一条线需要去除或者修改，那么就使用描图纸来另画新图。黑色的、永久性的标记也有实际优势，因为它们能够通过复印机和扫描仪很好地再现出来，并且看起来更方便。
- 一条线仅画一次；不要乱画。乱画意味着不确定，虽然消除不确定的工作也是过程中的一部分，但是试着在一个地方只画一条线并进行检验，这也是能做到的。如果不正确，则使用另外一层描图纸来修改这条线。每一条线都非常重要，都记录着一个想法。

- 如果真的要用颜色，尽量少用一点。当然，这取决于问题的类型和绘图的类型。限制颜色使用的实际原因是要减少表格上标记的数量，以及减少从一个标记移动到另一个所花费的时间。然而，在某些情况下，颜色对于区分不同的复杂细节或者体现像泡泡图或流程图这样的草图中进行分组的部分是很有用的。减少使用，在下面描述的环境中使用的分层法同样也是一种有用的方法。描影和剖面线是另外一种在不改变标记的前提下来区分图纸不同部分的方法。

通常情况下，细的黑色毡头笔是很好用的工具。如果正在完成的是一个粗糙的草图和更详细的绘图的结合，那么设计师可能至多想要使用二到三种不同的标记粗细度。

- 使用小尺寸的纸张。大尺寸的纸张会鼓励设计师用图像来填充。虽然这并没有内在的错误，但是"绘图—思考—绘图"式循环过程在探究的次数比它们的尺寸更为重要的时候显得更加有用。当然，大的楼面布置图可能需要大尺寸纸张，但是大多数早期草图和问题解决方案都可以在小纸张上完成。一卷14英寸（356毫米）的廉价绘图纸是很理想的（12英寸[305毫米]的卷纸通常太小了）。14英寸对于大多数草图、详图及楼面布置图研究来说已经足够大了，但是又足够小以至于能够轻易地放上任何办公桌或者制图桌。另外，较小的纸张还具有容易整理归档、复印和扫描等优势。

- 把图像画得相对小一些。绘图在很大程度上应该小到不需要大范围移动眼睛就能完全看见的程度。早期的图示问题解决和细节设计依赖于多种想法与变化的探究。使用小尺寸的纸张对于鼓励这种实践大有帮助。另外，小图绘制起来也更快些。

- 尽早使用比例尺。当然，像泡泡图和流程图这类图不需要比例尺，但是当绘制截面图或者立面图的时候，使用比例尺可以有助于保持各个部分彼此间的实际关系。并非因为使用了比例尺，就得用硬线来画图或者把图画得很完美。但是如果一部分的长度是另一部分的三倍，那么就应该在图中体现出来。对于较小的图，一边画图一边保持6英寸的建筑比例尺，是实现这一目标的捷径。

- 限定绘制每幅图所花费的时间。通常来说，如果不是必须的话，最好绘制更多的图，而不是制作少而复杂的图。不在一幅不能促进工作进程的图上过多地花费时间也是非常重要的。当然，图的类型预示了所要花费的时间；画泡泡图比绘制复杂的截面图花费的时间要少。甚至等容线或者透视图都应该用快速的草图手法来完成。

- 如果可能的话，让图表保持简洁。图表最具价值的用途就是可以将复杂问题去粗取精以便于分析。例如，在泡泡图中，用一个泡泡来代替一整套公寓或

图1-6 大环境中的分层

者一组空间,而不要试图展现出所有的房间。如果需要更进一步的复杂度,则另外再画一张图纸。

- 在大环境中使用分层。大环境中的分层意味着在一张图纸中,某些特定区域可能比其他区域更为重要并应该突出,以便于人们将注意力集中于它们,而与此同时仍然要非常细致地绘制出整体的大环境。做到这一点的方法主要包括运用线的粗细、明暗、颜色和构成,以及在一个区域中使用大量线条等。参见图1-6。

- 探究备选方案。解决设计和细节设计问题主要是一种探究其他可替换方法的行为。在细节设计的早期活动中,应该迅速研究各种关于问题的宽泛的解决方法。哪些方案不可行,而哪些值得进一步从更多的细节上开发,通常会变得很明显。例如,图1-7展示了关于在宾馆大厅的隔断上制造入口的6个可选择概念。这些可以快速地画出,但是能够扩展设计师的思维,探究细化这些设计元素的方法。

- 知道何时结束。这常常是设计过程中最难的一部分,因为设计师总是感到还有更多要做的事情。无论如何,即便没有一个最后期限来终止设计过程,那么设计师也必须在预算内对时间进行控制。

如果一个问题特别棘手并且不知道从何处着手,那么下面的补充建议也许能起到一定的作用。所有这些在设计过程中都是彼此关联的。

图1-7 可供选择的概念

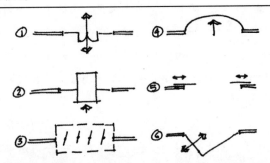

- 做你知道的事情。如果设计师不看纸上的东西，几乎是不可能有创造性思维的。在几乎所有的细节设计情形中，都会有一些已给出的条件或限制可以体现于纸上。例如，即便是像使用水平线来代表地面一样简单的绘图操作也是一个很好的起点。代表墙面的一条垂直线恰好就暗示了以倾斜的方向来替代的可能性、对材料厚度的要求，以及水平线和垂直线之间的必要关系等。

- 先画，后思考。"绘图—思考—绘图"式的循环过程只有在纸上有能够看到和做出反应的东西时才能起作用。画一些可能不正确的东西也比什么都不画要强。

- 描绘，而不要擦除。正如前面所讨论的，每一条线都很重要，即便有时它不正确，因为它体现了一种思想及对于问题所了解到的信息。不起作用的线条可以进行描绘和精练。

- 失败是成功之母。一个错误的转向也许会通向正确的道路。"绘图—思考—绘图"式循环过程的其中一部分就是在每一次循环中学到新东西。犯错误则是这一过程的一部分。

1-5 细节设计的组成部分及过程

细节设计的四个方面

所有的细节设计都是从四个领域来满足需求的方法：设计意图、限制、功能和施工能力。设计意图是基于项目的审美需求而产生的要求，包括基础设计元素和设计师所使用的原则。例如，水平线也许是设计师处理问题的重要的一部分。限制是指所给出的细节设计必须遵循的条件，而设计师极少或完全不能控制。例如，建筑规范的要求和可用的材料就是限制。功能是细节设计基于其基本目的而必须迎合的要求。例如，楼梯必须提供安全性和耐久性，并能够很好地适应人体活动度的需要。无论设计意图或功能需要，施工能力是细节设计本身所产生的一系列要求。一个细节一旦被开发出来，就必须是可建造的，结构上是结实、耐用的，并且拥有好的建筑物所具备的其他品质。细节设计这四个方面的关系参见图1-8。

图1-8 细节设计的四个方面

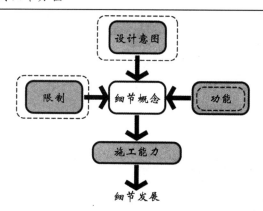

每一处细节可能对于这些元素中的每一个都有不同的着重点，但它们总会全数出现。例如，发展某些细节可能主要是为了提升设计意图，而其他的也许主要是用来迎合给定限制的功能性要求。限制、功能和施工能力在下面的章节中将会进行更为细致地讨论。

细节设计的过程

理论上，细节设计过程遵循如图1-9中所示的程序。大多数情况下，设计师被设计意图所引导，通过给定的项目环境来确定问题的限制和功能需求。限制和功能需求通常是已知的，但若不是，设计师可以通过若干研究工作来解决未知问题。研究工作也许像给客户打一个电话一样简单，也许像要花费几周的时间对法规要求进行调研那样复杂。从细节设计的这三个方面，设计师就可以发展出那些可供选择的想法，并且在客户和其他利益相关人的帮助下，精选其中之一作为最终确定发展的对象。

事实上，这一过程的发生更像是图1-10所示的那样。这就是一位设计师如何解决吊诡问题的方法，它极少是简洁的和直线式的过程。起始点可能是界定细节设计问题的三个方面中的任何一个，并且相关工作可能会跳入问题解决的范畴来验证想法，然后再返回到问题界定的范畴内。如图1-10同样显示了一个额外的组成部分：包括相关利益人在内的社会投入。利益相关人可能包括客户、承建商、转包商、供应商和管理机构等。

在这一过程中，设计师可能会回顾先前使用过的细节和所学过的东西，或者应用那些来界定问题，或者应用它们来就现有问题提出可能的解决方法。然后在某一时刻，要么是时间资源，要么是资金资源，亦或两者都耗尽的时候，设计师就必须停止这一过程，并且选择使用目前最佳解决方法。

实 例

下面的例子描绘了简单的细节设计的发展过程，其中细节设计的四个方面以非线性的方式来应用。要进行细节设计的问题是在一个将一间小会议室从走廊处

图1-9 细节设计过程

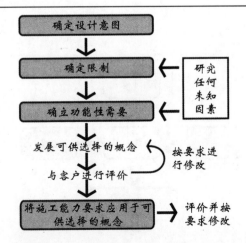

图1-10　实际的细节设计过程

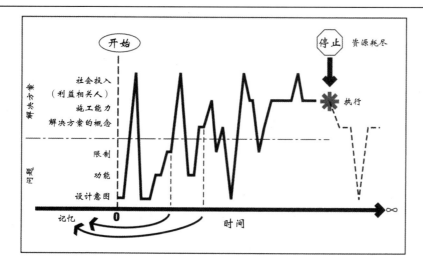

分隔出来的办公室隔断内开发采光。设计意图是要将自然光从会议室的外窗带进走廊。与此同时，客户还想要在走廊和会议室之间保持视觉私密性，设计师则想要在由会议室临近的墙发展而来的现有玻璃墙和门框上面使用一处细节设计。

　　一开始，现有的限制和条件都以草图的形式展示，如图1-11（a）所示。这包括了顶棚的高度和样式，以及隔断的结构等。隔断的结构是置于5–5/8英寸（143毫米）金属立柱上的5/8英寸（16毫米）石膏墙板。顶棚高度已标出。在这一案例中，细节是以其最终比例绘制的，并且在大尺寸的纸张上通过画虚线来指示用来布置细节的绘图单元。

　　接下来，细节设计师决定开始绘制标准的木制结构玻璃窗来探究这一方法的含义，而并没有画出可供选择的解决方案。参见图1-11（b）。这是直接在第一张图上描绘的，虽然在书中这两张图是分开印刷的。假定玻璃是干净的，一个眼睛形状的符号用于提醒细节设计师私密性这一限制；也就是说，玻璃所在的窗台应当超过眼睛的高度。这些早期草图同样产生出一些直接问题，需要细节设计师一一考虑，这包括窗框装饰的尺寸、应当选用什么样的玻璃插槽、框架应如何支撑到顶棚上方，以及窗户的总高度应该是多少，如此等等。

　　在图1-11（c）所示的第三张草图中，细节设计师决定使用与房间的另外一个框架上相同的3英寸（76毫米）装饰物，并且要记住顶棚高度的变化也必须考虑在内，并与临近的门和全高玻璃窗上方的木制装饰物相协调。细节设计师也开始置疑是否走廊一侧的窗框装饰需要与会议室一侧的3英寸装饰物相同。在"绘图—思考—绘图"式循环过程的不断反复中，细节设计师收集到了关于问题许多方面的信息，并且做出了决定。

　　在图1-11（d）所示的第四张草图中，细节设计师研究了将窗台装饰物的顶端与临近的门上的装饰物顶端相匹配的含义。这一旦发生，并且如果顶棚高度的改变也被考虑在内，那么玻璃的总尺寸将会因为太小而无法保证足够的自然光进入走廊，而这恰恰是细节设计的原始目的。

图1-11 开发草图

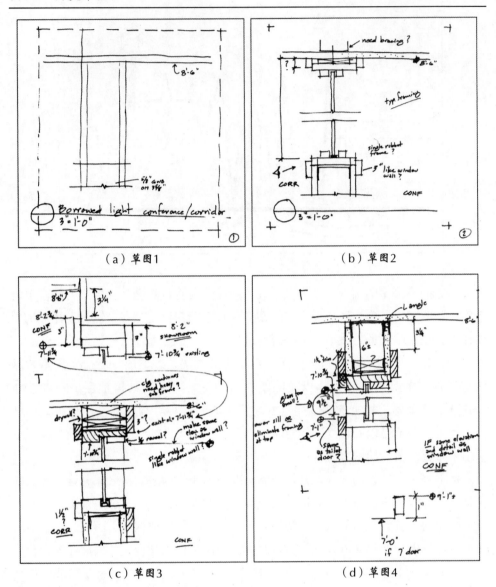

（a）草图1　　　　　　　　　　（b）草图2

（c）草图3　　　　　　　　　　（d）草图4

　　为了最大化玻璃区域的实际面积以保证最为充足的采光，细节设计师想要使用一种部分无框架或全部无框架的玻璃装配方式，如图1-12（a）所示。为了研究这两个方法的设计含义，细节设计师快速地画了两个透视图，如图1-12（b）、（c）所示。这又产生了一些额外的问题和关注点。细节设计师决定应该更多地使用木制框架与空间及相邻建筑的总设计意图保持一致的方法，并且试图绘制随意的2英尺（610毫米）高并带有顶部装饰物的玻璃窗来匹配相邻玻璃墙上的装饰物。

　　这些假设都显示在如图1-13所示的最终玻璃窗细节中，除此之外还有对于一个标准木质玻璃窗较为典型的细节上的其他考虑。通过快速计算显示，这样的话窗台将被置于5英尺11英寸（1803毫米）的高度，足够保证客户所想要的视觉私密性。另外，由于窗台在地板上方超过60英寸（1525毫米），因此玻璃不必是安

图1-12　研究草图

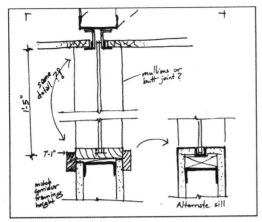

（a）框架结构选择

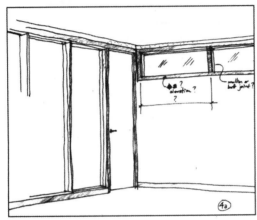

（b）研究框架结构

（c）研究无框架结构

全玻璃装配。这会把细节设计的成本降到最低。

　　虽然最终的细节设计会发挥作用，但可能会产生额外的问题，主要包括是否使用叠层玻璃或更厚的玻璃来增加听觉私密性，以及是否使用大块的毛玻璃以便在保证私密性的前提下增加透光度。这些问题将需要更多的时间来进行研究和成本核算，可能会花费更长的时间来获得玻璃样品，以及得到客户的认可。设计师

图1-13 采用光最终草图

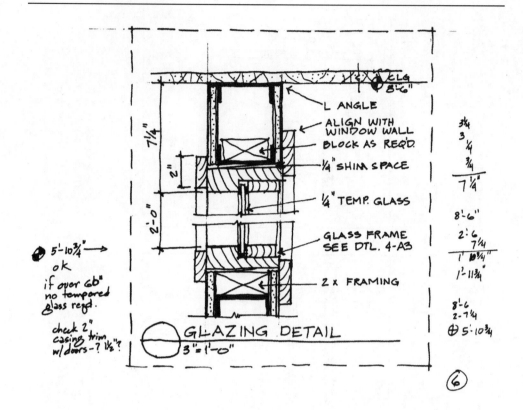

也许会认定在这一特殊的环境中，并不值得花费额外的时间和设计费用去做这一特定的细节。

1-6　细节设计的三个意图

就像前面所提到的，设计意图是细节设计的四个方面之一，也是界定细节设计问题（以及任何设计问题）的三个方面之一。在许多案例中，是以功能为首定义一个细节设计问题的，但是当其他所有因素都相等时，设计意图则是决定细节设计最终架构的驱动力。设计意图可能包含许多东西，但是一处细节具有三个基本的设计目的：有助于总体设计观念、解决连接和过渡问题以及与相邻建筑元素相协调。这些都将在这里进行讨论；限制的多个方面、功能和施工能力均将在接下来的三章中进行评论。

促成设计理念

每一个好的设计项目都是作为一个整体来运行的，每一部分都为空间的整体概念和外观服务。细节应当支撑设计师的愿景，并支持设计的基本元素和原则。例如，一个小规模空间可能需要小规模的细节。在某些案例中，设计师也许会选择以不同的方式来设计一处细节，以便制造出与空间的其余部分形成折中的对比。

解决连接或过渡问题

　　细节必须总是解决一个组件与其他组件的连接或过渡问题。做这些可能是出于实际问题，也可能是由于单纯的审美原因，亦或两者都有。例如，踢脚线在地板与墙面之间制造过渡，并且隐藏在墙面装修以下粗糙的建筑接缝。它也同时满足了保护墙体免受清洁设备和鞋刮擦的功能性需要。从一张严格的设计透视图来看，踢脚线也可以修改墙体或整个房间的比例，制造出强烈的水平线，或者强调建筑平面间的界线划分。这取决于它是如何被细化的。

　　连接或者过渡可以产生于不同的元素之间，诸如在墙和顶平面之间，或者在建筑元素之间。这些建筑元素要么在其他元素的上面，要么是其他元素的一部分。比如，作为隔断一部分的门洞。能够做到这些的一部分方法将在第10章、第11章和第12章中进行讨论。

与相邻建筑相协调

　　从连接、结构以及材料的连续性等方面来看，细节也能够使得一个建筑元素与其他建筑元素相协调。在某些情况下，协调同建筑连接一样是具有严格功能性的。在其他情况下，元素间的协调是可视的，从一部分到另一部分制造出一个与设计师的观念相一致的平滑的、连贯的过渡。

1-7　纲领性概念与设计概念

　　在细节设计过程中，设计师必须清楚地理解纲领性概念与设计概念之间的区别。仅仅基于纲领性概念就想充分地细化某物是不可能的。细节设计师应该有许多设计概念来描绘每一个纲领性观念。

　　纲领性概念是一种与解决一个问题或满足一种需要而不表述解决方式的方法有关的功能需求。例如，可维护性就是一种纲领性概念。纲领性概念可以概括性地识别一个特殊问题或目标，并且缩小所关注的范围。同时，它们也提供了一种目标达成度的评估方法。

　　设计概念是一种用于满足某个对设计活动具有一定实际含义的纲领性概念的方法。通常，许多设计概念才能形成满足一个纲领性概念的可行办法。这为细节设计过程提供了引导。

　　例如，在设计一家零售商店店面的时候，店主和设计师可能会达成一致，应该将以下内容作为纲领性概念之一：提供一套中等级别的安保系统来防止货物被盗，而安保方式要隐蔽。这一表述确定并响应了一个特定问题（安保），并缩小了问题的关注范围（防止财产被盗，而不是保护人身安全或防火），建立起一种评估目标达成度的方法（安保方式是否隐蔽？）。虽然这是一个合理的目标，但是设计师无法直接对这一概念做出反应。适合这一纲领性概念的设计概念可能是在商店的进出口处设置一个收款台/寄存台。通过这种方法，店员

图1-14 设计概念

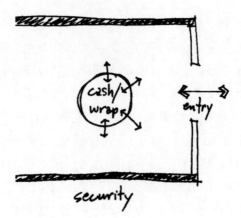

两种选择
用于防止货物被偷、隐蔽的中等级别
安保系统

就可以在售货的同时观察来往的人群。这一设计概念可以如图1-14所示那样绘制出来。

　　这种草图是用于记录设计概念而不直接说明如何去完成项目的一种速记法。设计师可以利用这一设计概念来设计一个长条形的、圆形的、正方形的或U形的收款/寄存台，放在通道的中间或一边。虽然这一想法可能被认为是不够隐蔽的，但是台子也可以直接放在商店门口，那么就没人能够不通过结账区域就出来。这也不会限制最终设计材料、形状、尺寸或其他方面的决定。

　　形成额外的设计概念也可以满足纲领性概念。例如，只有商品的样品能够被陈列出来，当顾客想要购物时他们会去一个有店员协助找东西的服务中心。另外一个满足纲领性概念的方法是给所有的商品贴上电子标识码，并且将检测装置较为隐蔽地设计安放到入口处。

第2章

限　制

2-1　概　述

在建筑细节设计中，限制包括设计师几乎没有或者完全没有控制权的任何限定。连同设计意图和功能，确定限制是任何问题解决过程的一部分，因为它可以帮助定义问题。这一章将讨论一些在室内建筑细节设计中经常会遇到的一般性限制，并且为一般性细节设计情况给出一些参考信息。这里不包含客户优先权。客户优先权可能包含要求设计师使用或不使用某种特定材料或建筑技术的某种指令。

虽然它们通常是既定的，但诸如预算、法规要求、产业标准以及地方施工管理这一类的限制也可能会质疑。关于预算，设计师可能会调查它是否能够被重新分配，以便在分给一处细节的资金结余的情况下可以给另一处细节投入更多的资金。如果一项法规要求不允许某一特定材料的使用，那么设计师可能认为非常有必要研究如何进行替换或者通过必要的调研来说服地方管理部门所提及的材料是等效的。国际建筑规范（International Building Code，以下简称IBC）的一份评估报告就能解决这一问题。制造商要想使用未在规范中登记过的新材料就必须先获得这样一份评估报告。

优秀的设计师可以时常将限制转化为有利条件。例如，对于预算的限定会迫使设计师更多地关注问题的本质，并提出新的、富有创造力的方法来解决问题，很可能会由此产生一个独一无二的设计方案。

虽然可在细节设计过程中的任何时间来确定限制，但是设计师应该首先确定那些限制性最强的限定，然后再依次完成那些限制性相对较小的工作，如图2-1所示。

一旦确定了限制，那么就用能够在细节设计过程中即时提醒的草图把它们记录下来。如图2-2所示，是一个宾馆大厅吧台的入口巩固现有条件和规范要求的两幅草图。这一设计概念的备选方案如图1-7所示。

2-2　基底和相邻建筑物的限制

室内设计细节总是现有建筑结构的一部分。细节设计师要么是在现有的建筑物里干活，要么是就正处于设计阶段或建造过程中的已经有建筑平面图的建筑物来开展工作。诸如地板结构、顶棚结构、立柱、外墙和窗户等这些基本组件都是已知元素，而基础建筑物的机械系统、管道系统，以及电气系统也是如此。除非室内设计

图2-1　决定限制的顺序

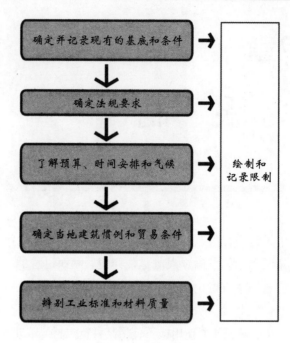

图2-2　限制的草图

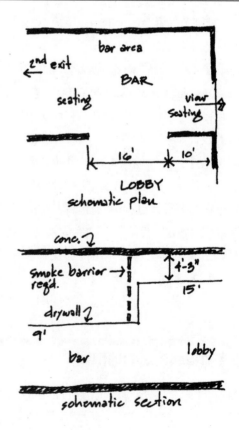

师与建筑师共同针对一个现有的建筑物设计出主要的修改方法，否则这些元素通常就是设计师必须用以开展工作的基本结构限制。

在进行一项室内建筑细节设计时，由于现有的情况，设计师可能会被限制在那些可能的范围里。例如，相对薄一些的混凝土地板可能会妨碍落地闭门器的使用，而且细节设计可能会要求为隐蔽式门顶闭门器提供更大的顶部支架。在某些情况下，甚至是现有的楼宇设备都可能会妨碍一些设计细节。举例来说，现有的总通风管可能会妨碍制作高出现有顶棚线的升高式顶棚细节。

现有的建筑基本上有四个方面是室内设计师在细节设计中必须要应对的：基材、基底条件、基底元素的尺寸和位置，以及基底留出的有效空间。

基　材

基材是指室内细节所附着于或者接触到的各种类型的材料。不同的基材可能需要不同的反应。例如，要将装饰金属附着在现有的钢制结构元件上，就必须考虑到不同金属彼此接触时可能产生的电化作用。因此，可能要用塑料或者合成橡胶将金属分开，以防止它们直接接触。如表2-1所示，是一些普通的基材和它们的基本属性。

一些基材也可能受它们自身的固有强度所限。例如，将固定在墙上的部件附着于一个用金属立柱架构的隔断上要比附着于用木立柱架构的隔断上更加困难。可供使用的一些普通紧固件的承重能力如表5-4所示。

基底条件

基底条件就是室内设计细节所附着的基础材料的强度和外观。在大多数案例中，强度是最重要的属性，因为它影响到新细节在没有附加建筑结构的情况下能够得到充分支持的能力。例如，现有的老房子里正在散裂的混凝土可能不会像新的混凝土一样为钉膨胀螺丝提供所需要的强度。如果担心任何组件或连接处强度的话，就应该征求结构工程师或建筑师的意见。

在一些细节设计的情形中，基材可能是全部或部分可见的，在这种案例中外观也必须考虑在内。它可能必须清洁、刷漆、再抛光或者进行相反的修改，使得它适合于新的细节。

基底尺寸和位置

基底的尺寸和/或位置可能会影响细节如何设计。例如，木制底层地板的厚度可能支配着如何固定新地板，或者楼板格栅的间距会影响到将隔断如何固定到它上方的结构上。

基底空间

基底空间是一种为新细节的一部分或者它的附件所准备的可用空间，包括工具和工作所需要的空隙。螺柱的深度和间距，地板或顶棚结合部的深度和间距，以及结构横梁和立柱所需要的空隙就都很典型。它也可以包括建筑木制品内部的

表 2-1 室内细节设计的基底

基材	特性	典型尺寸／厚度	所用紧固件	相关问题
混凝土	坚硬、密实、强度高	地板典型为 4 英寸到 6 英寸（102 毫米到 152 毫米）厚；墙面 8 英寸到 12 英寸（203 毫米到 305 毫米）厚	机动紧固件、膨胀螺栓、对于轻量产品则使用黏合剂	含有钢筋的地板和墙；无论如何，用于室内锚固的紧固件相互间不矛盾
砖石	坚硬且易碎；一般不用于室内装修，除非有耐火等级要求或用于安全隔断	8 英寸 ×8 英寸 ×16 英寸（200 毫米 ×200 毫米 ×400 毫米）方块	机动紧固件、中空膨胀螺栓、对于板材可使用黏合剂	通常要求木头或金属镶边来附着墙板或其他饰面
实木	相对坚固并且多数软木对于钉子和螺丝的抓力较强	标准为 2×4（1-1/2 英寸 ×3-1/2 英寸 [38 毫米 ×89 毫米]）；其他还有 2 英寸 ×6 英寸、2 英寸 ×8 英寸、2 英寸 ×10 英寸	钉子、射钉、螺丝、贯穿螺栓	可能会收缩；钉子可能会脱落
板材	木屑板、定向拼合板	厚度从 1/4 英寸到 1-1/4 英寸（6.4 毫米到 32 毫米）最普通的为 3/4 英寸（19 毫米）	螺丝、螺栓、胶黏水泥、钉子	结实的材料，但是对于某些紧固件来说其拉出阻抗较低
铝	轻便；可用于结构中也可作为饰面材料来使用；有多种挤制材形也可定制挤压；可接受各种饰面	挤制材形因制造商不同而不同；常见的有管状、角状、条状、槽状以及片状	螺丝、钉子，对于轻质材料可使用胶黏水泥；较重的铝材可进行焊接或用螺栓连接	必须考虑对紧固件以及其他接触铝材的五金所产生的电蚀作用
钢铁，结构	非常结实并有很高的强度重量比	尺寸因样式而定；有条状、管状、管道、角状、Z 形型条、H 形、轻便的 I 形横梁	焊接、机动紧固件、贯穿螺栓、螺丝钻	必须考虑对紧固件以及其他接触钢铁的五金所产生的电蚀作用
钢铁，薄板	非常柔韧适用于墙面、顶棚、拱腹以及其他结构；不燃性	1-5/8 英寸、2-1/2 英寸、3-5/8 英寸、4 英寸和 6 英寸深的立柱；轨道、J 形、角状以及其他各种适用于墙面的专门形状	自攻丝螺钉、贯穿螺栓、中空膨胀螺栓	必须考虑对紧固件以及其他接触钢铁的五金所产生的电蚀作用
石膏墙板	对于油漆和其他饰面来说是很好的装修材料；隔音和耐火性能好；易于紧固件附着	1/4 英寸、3/8 英寸、1/2 英寸、5/8 英寸、3/4 英寸（6.4 毫米、10 毫米、13 毫米、16 毫米、19 毫米）厚的板材；4 英寸宽片，8 英尺、10 英尺、12 英尺和 14 英尺长	塑料壁虎、中空膨胀螺栓、石膏板中空壁虎、肋节栓；各种专用紧固件；用螺丝直接钉入立柱	墙板自身不能载重太大（见表 5-4）；可能需要金属立柱墙里的木枕作为支撑

空间、顶棚以上的空间、机械跑灯里的空间以及围绕建筑物的外墙覆盖层的空间。设计师必须了解工具和建筑过程，才能为工人建造细节提供出足够的空间。

2-3 法规要求

法规要求通常通过材料的质量、强度和可燃性等方面的内容来影响细节设计。通用性法规也会影响某些细节设计材料的选择、尺寸以及配置等。

表2-2和表2-3总结了一些能在《国际建筑法规》（IBC）中找到的有关室内材料的法规要求。然而，表2-2和表2-3中列出的标准仅仅是《国际建筑法规》所涉及的。另外还有许多诸如美国试验材料学会国际组织（American Society for Testing Material,简称ASTM）、美国国家标准学会（American National Standards Institute，简称ANSI）以及其他适用于室内建筑材料的工业标准。附录A列举了各种产品的一部分标准。这些标准可以用于评估材料，也可以用于最终项目文档中指定它们的时候一并纳入，尤其是在评估革新或创新性产品时非常有用。

表 2-2 IBC 对室内隔断材料的要求

建筑元素	代理机构	标准数值	标准名称
总成	ASTM	C1047	石膏墙板和石膏饰面基础的总成规范
墙体框架	AISI	S211	冷弯型钢框架——墙体立柱设计的北美标准
墙体框架	AISI	S212	冷弯型钢框架——头部设计的北美标准
墙体框架	ASTM	C754	可用螺钉装上石膏板产品的钢框架构件的安装规范
墙体框架	ASTM	C954	用于将石膏板产品或金属灰泥基础安装在厚度为 0.033 英寸（0.84 毫米）到 0.112 英寸（2.84 毫米）的钢铁立柱上的钢钻螺钉的规范
墙体框架	ASTM	C955	承重横断面和轴向钢立柱、滑道、轨道以及支柱或桥接，以及将螺丝安装于石膏板产品和金属灰泥基础的标准规范
石膏墙板	ASTM	C840	石膏板的应用与装修规范
石膏墙板	ASTM	C960	已装饰好的石膏板规范
石膏墙板	ASTM	C1002	用于将石膏板产品或金属灰泥基础安装于木制或钢铁立柱上的自穿孔自攻螺丝规范
石膏墙板	ASTM	C1395	石膏顶棚板规范
石膏墙板	ASTM	C1396	石膏板规范
石膏墙板	ASTM	C1629	防过度使用无装饰室内石膏板产品和纤维增强水泥板的标准规范
石膏墙板	ASTM	C1658	玻璃席石膏板标准规范
石膏墙板	GA	216	石膏板产品应用于装饰
石膏墙板	GA	600	耐火设计手册第 18 版
石膏灰泥	ASTM	C28/C28M	石膏灰泥规范
石膏灰泥	ASTM	C587	石膏灰泥胶合板规范
石膏灰泥	ASTM	C588	灰泥胶合板的石膏基础的规范
石膏灰泥	ASTM	C842	室内石膏灰泥应用的规范
石膏灰泥	ASTM	C843	室内石膏灰泥胶合板应用的规范
石膏灰泥	ASTM	C844	石膏灰泥胶合板安装于石膏基础上的规范
石膏灰泥	ASTM	C847-06	金属网规范

代理机构：
　AISI　美国钢铁学会（American Iron and Steel Institute，简称 AISI）
　ASTM　美国试验材料学会国际组织（ASTM International，简称 ASTM）
　GA　美国石膏协会（Gypsum Association，简称 GA）
注释：本表未包含石工产品。

　　可燃性和耐火性在为细节设计选材的时候或者为隔断和开口这类建筑组件发展细节的时候显得尤为重要。表2-4总结了IBC规定的对于室内组件和饰面材料的一部分可燃性要求。以下章节将对这些内容进行更为详细地描述。

饰面材料的耐火测试

　　饰面材料的可燃性测试决定了以下方面的问题：

- 一种材料是否是可燃的，如果可燃，那么它仅仅是到达适宜的热度就自行燃烧，还是可以助燃（为火焰添加燃料）
- 可燃性等级（火焰在这一材料上蔓延的速度）

表 2-3 IBC 对于除隔断外的普通室内材料的要求

建筑元素	代理机构	标准数值	标准名称
顶棚			
吸声天花板	ASTM	C635	吸声砖和存贮板顶棚的金属悬吊系统的制造、性能和测试规范
吸声天花板	ASTM	C636	吸声砖和存贮板的金属顶棚悬吊系统安装实践
门			
门	WDMA	101/I.S.2/A440	窗户、门和单位天窗的规格
防火门	NFPA	80	防火门和其他敞开的保护体
五金器具	UL	305	太平门五金器具
五金器具	UL	325	门、帷帐、大门、百叶窗或窗户控制和系统
动力操纵	BHMA	A156.10	动力控制行人门
动力操纵	BHMA	A156.19	动力辅助和低能耗控制门标准
玻璃／窗户			
玻璃	ASTM	E1300	确定建筑物内的玻璃荷载抗力的实践
安全玻璃窗	CPSC	16 CFR 1201	建筑玻璃材料安全标准
窗户	ASTM	F2090	应急逃生（出口）的防窗户下落装置释放机械的规范
砖			
瓷砖	ANSI	A108 系列	瓷砖安装（本系列中的多种方法）
瓷砖	ANSI	A118 系列	瓷砖和灰浆标准（本系列中的多种类型）
瓷砖	ANSI	A136.1	美国瓷砖安装有机黏合剂国家标准
瓷砖	ANSI	A137.1	美国国家瓷砖标准规范
木材			
胶合木结构	AITC	AITC 104	典型建筑细节
硬纸板	ANSI	A135.4	基础硬纸板
面板	DOC	PS-2	木制基础结构板的性能和标准
木屑板	ANSI	A208.1	木屑板
胶合板	DOC	PS-1	结构胶合板
胶合板	HPVA	HP-1	硬木材和装饰性胶合板标准
木框架	DOC	PS-20	美国软木材标准

代理机构：
AITC　美国木结构学会（American Institute of Timber Construction，以下简称 AITC）
ANSI　美国国家标准学会（American National Standards Institute，以下简称 ANSI）
ASTM　美国试验材料学会国际组织（ASTM International，以下简称 ASTM）
BHMA　建筑五金制造商协会（Builders Hardware Manufacturers' Association，以下简称 BHMA）
CPSC　（美国）消费品安全委员会（Consumer Product Safety Commission，以下简称 CPSC）
DOC　美国商务部（U.S. Department of Commerce，以下简称 DOC）
HPVA　硬木胶合板饰面协会（Hardwood Plywood Veneer Association，以下简称 HPVA）
NFPA　（美国）国家防火协会（National Fire Protection Association，以下简称 NFPA）
UL　（美国）保险商实验室（Underwriters Laboratories，以下简称 UL）
WDMA　门窗制造商协会（Window and Door Manufacturers Association，以下简称 WDMA）

注释：本表不包含石工和金属产品。

● 材料在燃烧时释放多少烟雾和有毒气体

应用于建筑物和室内建筑结构的一般测试如下述列表中的简要描述。

ASTM E84

ASTM E84，即建筑材料的表面燃烧属性标准测试法，是最普通的耐火测试标准之一。这也就是众所周知的斯坦纳隧道试验，通过测试来评估室内装饰材料和

表 2-4 室内设计组件的耐火性测试小结

常用名	应用	测试数值
地面装修		
地面辐射板测试	地毯、弹性地板和其他走廊上的地板覆盖物	NFPA 253 (ASTM E648)
乌洛托品药丸测试	地毯和小地毯	16 CFR 1630 (ASTM D2859)
地板 / 顶棚结构		
墙和地板 / 顶棚总成测试	墙面、结构和地板建筑总成的耐火等级	ASTM E119
墙饰面		
斯坦纳隧道试验	饰面的展焰性等级	ASTM E84
房间角落测试	评估墙和顶棚饰面（除防止品外）的助燃性	NFPA 286
纺织品的房间角落测试	在全尺寸模型中的墙面纺织品饰面的助燃性	NFPA 265
墙面结构		
强和地板 / 顶棚总成测试	墙面、结构和地板建筑总成的耐火等级	ASTM E119
顶棚饰面		
斯坦纳隧道试验	饰面的展焰性等级	ASTM E84
E84 的替换	评估墙和顶棚饰面（除防止品外）的助燃性	NFPA 286
门 / 玻璃开口		
门总成的耐火测试	门对于火焰和热传递的耐久性测试	NFPA 252 (UL 10C)
窗户总成的耐火测试	玻璃窗对于 45 分钟的火焰和热传递的耐久性，包括玻璃砖	NFPA 257
耐火等级玻璃窗的耐火测试	玻璃窗作为透明幕墙来测试的耐久性	ASTM E119
装饰和装潢材料		
装潢材料	装饰织物、窗帘和其他窗户装潢处理方法，以及条幅、帐篷布和织物结构	NFPA 701
作装饰用的泡沫塑料	在一个房间里受密度、厚度和总面积所限的 75 的最大展焰指数	ASTM E84
踢脚线、护墙板、图片模具、门和窗户结构等装饰	展焰性等级最小 C 级，不包括扶手和护栏	ASTM E84
窗户覆盖物		
垂直点火测试	装饰织物、窗帘和其他窗户装潢处理方法，以及条幅、帐篷布和织物结构	NFPA 701

以上要求基于《国际建筑规范》2009 年版

其他建筑材料的表面燃烧属性。测试是在一个狭窄的测试箱内进行，一端带有样品块及可控制的火焰。主要结果是将一种材料的展焰性评定与玻璃纤维增强水泥板（评定等级为0）和红橡木地板（任意评定等级为100）进行比较。ASTM E84还可以用来代表烟生成指数，这是一个在测试箱中测试材料燃烧时烟生成量的数字。

在这一测试中，基于各自所测试出的展焰性特征，材料被分为A、B、C三类。这些组别和它们的展焰性指数如表2-5所示。

表 2-5 展焰性等级

类别	展焰性等级
A(I)	0-25
B(II)	26-75
C(III)	76-200

A类是最耐火的。产品资料通常指示出材料的展焰性，或者通过类别（用字母A、B、C表示），或者用数值I、II、III来表示。IBC为建筑物特定区域内的各种居住设施指定了最小的展焰性要求。

传统上，E84测试是专门用于室内装修的，但是IBC也允许使用除纺织品之外的装修材料，前提是它们必须符合IBC中规定的标准，并经测试与NFPA 286相一致，否则就要求使用A类饰材。

NFPA 253

NFPA 253，即使用辐射热能的地面覆盖系统的辐射通量鉴定的标准测试方法。这一过程也被称之为地面辐射板测试，主要用于测试安装于常规水平位置上的一个典型基底上的地面覆盖物样品，并测量出其在临近空间里的全燃火影响下在走廊或出口处的展焰性。测试结果数据以瓦/平方厘米为单位进行衡量；数值越大，材料对火焰蔓延的阻抗越大。这是与ASTM E648测试相同的一项测试。

材料的分类是由NFPA 253规定的：I类和II类。I类材料的评定辐射通量≥0.45瓦/平方厘米，II类材料的评定辐射通量≥0.22瓦/平方厘米。I类饰面材料比较典型地用于医院、养老院和拘留所的走廊和出口中。II类材料比较典型地用于除了独户和双户住宅以外的其他居所的走廊和出口中。IBC为纺织品覆盖物或者由纤维组成的覆盖物建立起限定地板材料辐射通量的标准。IBC还特别排斥诸如木质、乙烯、油毡以及水磨石等传统的地板类型。如果建筑物内装有灭火喷水系统，那么IBC也允许在本应使用I类材料的地方使用II类材料。

NFPA 265

NFPA 265是用于评估在全高面板和墙上的纺织品覆盖物对于房间火灾发展所起作用的一项燃烧测试方法。这一测试也被叫做为墙面纺织品覆盖物而进行的房间角落测试，它决定了室内墙面和顶棚纺织品覆盖物对于火灾增长所起的作用。它试图通过测试在全尺寸测试房间角落中的材料来模拟现实生活中的情况。NFPA 265现已发展为ASTM E84斯坦纳隧道测试的替代性测试。

NFPA 286

NFPA 286是为评估墙面和顶棚室内饰材对于火灾增长所起作用而进行的燃烧测试标准方法，也被叫做房间角落测试。这一标准用于将关注点放在根据E84隧道测试在测试过程中未保持不变的室内饰材上。对于室内饰材，有时候在经过ASTM E84评定等级之后，还要求再进行这一测试。286测试用于评估除纺织品以外的材料。材料被安放在房间内的墙面或顶棚上，在这一点上它与NFPA 265是相似的，但更多的测试房间墙面是被覆盖的，并且顶棚材料可以进行测试。这一测试可评估饰材对一个房间里火灾增长所起的作用，以及评估诸如热度、释放的烟、释放的燃烧产物和火焰在房间里蔓延的潜力等因素。

NFPA 701

NFPA 701是为纺织品和薄膜的火焰传播而进行的燃烧测试标准方法。这一测试，也被叫做垂直点火测试，它为测试帷幔、窗帘和其他窗户所用的纺织加工品的耐火性而建立了两套程序。测试1所提供的程序用于评估轻于21盎司/平方码的纤维织物的反应。该测试要分两种情况分别进行：一是这些纤维织物在单独的情况下；二是像窗帘、帷幔和其他窗户所用的纺织加工品一样在多层的情况下。测试2适用于重量大于21盎司/平方码的纤维织物，诸如纤维织物遮光衬里、遮阳篷以及类似的建筑织物结构和条幅等。NFPA 701适用于测试两面都暴露于空气中的材料。如果有一个面没有暴露在空气中，测试就会失败。

16 CFR 1630

另外一项对于地毯的耐燃性测试是16号美国联邦法规（Code of Federal Regulations，简称CFR）1630款（即ASTM D2859，地板覆盖装饰纺织物燃烧属性标准测试方法），也被认为是乌洛托品药丸测试。这一测试要求用于所有在美国境内加工制造和销售的地毯。地毯的测试样品被放置于防风的立方体中，并用一块带有8英寸（203毫米）直径空洞的金属板将其固定就位。一个时控的乌洛托品药丸被置于中央并点燃。如果样品燃烧到金属板以内1英寸（25毫米），则不能通过测试。这一测试有时候也被冠以更古老的名称，即DOC FF-1。

建筑总成的燃烧测试

下面的总结包含诸如隔断、门洞以及顶棚/地板总成等一类建筑物总成的燃烧测试。

ASTM E119

对于建筑总成的耐火性，最常用的测试是ASTM E119，即建筑物结构和材质燃烧测试标准测试法。这一测试包括在实验室内建造一面墙或一块地板/顶棚总成作为样品，并在一旁燃烧可控火焰。由监视装置来测量温度以及其他测试收集到的数据。

E119 测试有两个部分。第一个部分测量通过总成传导的热量。这个测试的目的是决定表面或在总成一侧没有接触热源的临近材料会燃烧的温度。第二个部分是水流冲击测试。这一测试用高压消防水流模拟来自坠落残骸的冲击以评估总成是否能够很好地经受住水的冲击力以及水的冷却和侵蚀作用。总的来说，该测试用于评估一个总成在给定时间内的抗火、抗高温和抗热气的能力。

根据ASTM E119的建筑总成测试，要对总成进行基于时间的等级评定。一般说来，这一等级的评定是总成能够成功抵抗一个标准测试燃烧所用的时间。等级评定分别为1小时、2小时、3小时和4小时。门和其他开口总成也可以被给予20分钟、30分钟和45分钟的等级评定。

NFPA 252

NFPA 252，即门总成燃烧测试标准方法，用于评估门总成的抗火、抗热和抗热气的能力。它为门总成建立了时间耐久性等级评定，测试中的水流冲击测试部分则决定门在遭受耐火测试部分后又经受来自消防水龙头的标准猛烈冲击后，是否仍能够在框架中保留下来。类似的测试还包括UL 10B、UL 10C和UBC7-2（美国统一建筑规范）。

NFPA 257

NFPA 257，即窗户和玻璃砖总成标准燃烧测试，为防火墙的窗口规定了特定的火和水流冲击测试程序，来建立某单位时间内的防火级别。它决定了防止火灾蔓延的级别，包括火焰、热量和热气。

2-4 预 算

一个室内项目的预算通常是固定的，并且存在于设计师的头脑当中，这项工作无论做得多么充分都不为过。然而，如同其他的限制一样，预算无论是高是低，都是设计思想和解决方案的生成器。一项拮据的预算可能会迫使设计师探究使用低廉材料的新方法和新建设过程，然而一项充足的预算可以鼓励设计师探究那些可能本不会去研究的材料和解决方案。

即便预算是固定的，如何来使用它却有三种方法：通过再分配、分期和生命周期成本。再分配就是简单地将最优先的事情置于总体设计之上，并在上面投入大部分的预算，而在相对不重要的地方减少预算。例如，在一个办公室的设计方案中，公共接待区和会议区比私人办公室多花一点预算可能很重要。设计师甚至可能会建议为了系统的家具而放弃私人办公室，以减少建筑成本，并且提出可能对客户具有有益税收优惠的进货方法。

分期是指对部分室内建设进程进行分期支付直到获得更多资金的策略。设计师可能会认为将现有预算投入到项目的某些部分而让其他部分暂时等待的做法对于确保项目成功是具有决定意义的。例如，现有的基础隔断和顶棚饰面可以一直使用到有更多的资金到位时再进行进一步的装修处理并改善功能。当然，这一做法必须要面对的现实情况可能是很少再有更多的资金投入，亦或客户干脆选择不再进行修改完善。

全生命期成本估算远比仅仅是审查建筑的最初成本要做得更多。它是要决定产品或材料在其整个生命周期中会产生的成本。这主要包括材料的维修费、它的预期服役期限、更换费用、清除处理费用以及随时间推移钱币的升值和贬值问题等。虽然这并不是如何使用现有预算的技术方法，但是应该用这一理由来说服客户，为了他们的长远经济利益着想，应该在起初就多投入一些预算。例如，某种地板材料可能比其他材料的初次成本多一些，但是会更加耐用，并且在其使用期内所需要的维护和清理成本更低。从长期来看，这对于客户更划算。

生命周期成本重要与否取决于客户的类型。如果客户将成为设施的拥有者并且负责维护，那么着眼于长期的成本就很重要。如果客户是租客，只是短期使用而不负责设施的维修和更换，一般只进行一次性投入就可以了。书中没有详细讨论这些方法。阿方斯•J•戴尔伊索拉的《设备生命周期成本估算》（里德建筑数据，2003年）可以在这方面提供相对完备的参考资料。

在细节设计过程中，设计师可以在材料选择和细节复杂度等方面极大地影响建筑施工的成本。大多数情况下，较便宜的装修材料也可以在保证设计外观和总体效果不打折扣的情况下达到与更昂贵的材料相同的效果。就像在第4章中所讨论的，设计师也可以通过使用较少的组件和连接来发展一处细节，尽量减少建造细节所需包含的施工工种，并缩短建造时间，来使成本最小化。

2-5　时　间

在建筑行业中，时间永远是一个限制。它与预算密切相关，因为除非承建商的工作是基于严格固定的价格，否则设计和建造花费的时间越长需要的资金就越多。室内设计师通常要面对恒定的压力，必须尽快地完成设计和建筑文件，转而去完成那些精确的、创新的和高效的细节。既然时间有限，那么设计师就可能决定使用那些可以不需要过多调研、开发、审查和汇编就能够快速发展起来的、简单而标准的细节。这样的话，标准细节通常比自定义细节花费的时间更少。

在选择材料时，可用性是一个重要的标准，因为它关系到如何获得一种产品以及能否将其及时运送到施工现场，以保持整个项目的进度。某些特殊的产品需要6个月，甚至更长的时间才能获得。其他一些产品则有现货，可以立即交货，但也许可供选择的颜色和包装是有限的。某些产品则必须使用特别的"快速发运"模式才能跟上紧张的进度要求。

2-6　气　候

虽然室内设计不像建筑设计那样过多地受到气候条件的影响，但是气候因素仍然会影响某些材料选择和细节设计的决策。窗户的朝向和太阳的角度会影响窗帘的类型以及怎样选择那些会在阳光照射下退色的材料。在雨、雪和泥水会被人带进室内的气候条件下，人们更倾向于在靠近入口的地方使用牢固、耐用和易清洗的地板材料。在非常干燥的气候里，木材的细节设计要与在湿润的气候里有所不同，以便隐藏它必然会产生的收缩情况。如果室内设计项目所在建筑物采用了被动式太阳能设计，那么室内设计材料的选择和建造就不应该违背这一意图。

2-7　当地劳动力状况和贸易行为

室内设计项目所在地的劳动力市场会通过四个途径来影响材料和建筑工艺的

选择。这包括技术工人的可用性、常见的劳动力贸易部门、工会工人和非工会工人的选用，以及优先选择的当地材料和建筑方式等。

首先，每一个室内设计项目，无论是用于居住还是商业用途，无论期间的工作是像喷漆一样简单的还是像安装带有钢材、玻璃、石材及其他材料的定制楼梯一样复杂的，都需要不同类型的技术工人来参与完成。大多数大城市的劳动力市场都拥有来自各个行业领域的充裕的技术工人，但小城市和乡村地区则可能不是这样。如果费用和时间是重要限制，那么细节设计师就会精选材料并且开发那些当地技术工人建造起来比较容易的细节。备选方案是从其他地区购买劳动力，但通常成本较大。甚至对于建在大城市的项目，一些专业产品制造商常常坚持使用他们自己的安装工人或者经过认证的安装工人，而这些安装工人或许距离项目现场较远。

其次，建筑业已经发展了普遍接受的劳动力分工；也就是说，一类工人将只能做特定的工作。例如，水管工不能安装石膏墙板。对于一项细节设计，算上其中所包含的所有工种的数量，费用就高了。细节设计的最好办法就是在设计时尽可能减少项目的参与工种。

还有一个相关因素是工种的顺序问题。在大多数情况下，工人们不愿意像其他从业者一样在项目所在地工作，并且通常只会到工地来一次。如果一个项目要求一个工种先来做一部分工作，然后离开工地，以后再回来完成剩余的工作，项目成本就会更多。如果工人不能在适当的时间里回来完成工作，那么项目就会面临工作进度减缓的风险。例如，一项复杂的细节设计，不应该在木工安装附加框架之前就让干板墙装修工开工，否则他们就只能先完成一部分工作然后等木工做完后再回来完成剩余的工作。这一类型的细节设计应最好让干板墙装修工先做其他工作，与此同时让木工为他们准备好框架，只有这样才能提高效率。表2-6列举了一些常见的贸易名称、他们从事的工作类型以及工人所属工会的组织名称。

劳动力影响细节设计的第三种途径是选用工会工人还是非工会工人。这同样关系到费用问题，工会工人从事细节工作的费用要比非工会工人稍微高一些。而当地劳动力市场的稳定性也会影响建筑的成本。当生意好、竞争不大的时候，估价通常就比市场疲软的时候要高。这两种因素都可能意味着客户给予一项细节设计的预算是多么复杂。更多关于各类协会网站的信息参见表2-6。

最后，任何给定的劳动力市场都有优先选择的建筑材料和建筑方法。例如，在美国东北部，石膏饰面板被普遍使用；而在中西部则相反，石膏墙板只是在接缝和紧固件的位置进行修饰。当在新的或者不熟悉的市场环境中工作时，室内设计师应该与当地设计师和承建商共同商议，以确定当地的贸易习惯。

2-8 行业标准

细节设计的三个基本限制是关于尺寸、材质以及细节结构的行业标准。普通材料，如木材、钢螺栓、板材、金属板等都是按照标准尺寸和形状来制造的。在几乎所有的情况下，虽然一些材料会比其他的材料更容易修改，但这些材料应该

表 2-6 劳动力贸易分工		
职业名称	从事的工作	贸易工会
木工、住宅木工	住宅粗加工和装修木工、住宅地板铺装	UBC
木工、室内系统木工	金属立柱和框架、悬吊式天花板系统、木质装饰、专门的室内装修产品	UBC
木工、车床工／干板墙工	为灰泥钉板条	UBC
木工、橱柜制作工／机械木工	建筑木制品、存贮装置、家具	UBC
木工、铺地板工	地毯、硬木地板铺装、弹性地板铺装	UBC
干板墙装修工	干板墙捆扎和装饰	IUPAT
泥瓦工	抹灰、混凝土施工、水泥加工	OPCMIA
地板装修工	地毯、住宅地板铺装、预制硬木材、复合地板铺装、无缝地板铺装、地板修整和装饰、地毯衬	IUPAT
砖石工	石头和大理石石工、铺装瓷砖、水磨石和马赛克	BAC
油漆工	油漆、墙面涂料、弹力布系统、内墙塑料覆盖物、墙面修整和装饰	IUPAT
玻璃工	玻璃、镜子、装饰玻璃、玻璃扶手、淋浴间、铝制橱窗框架、悬吊玻璃系统、立柱覆盖物、玻璃门	IUPAT
装饰铁工（装修工）	装饰金属、金属椅子、格栏和梯子、栏杆、电梯前部、金属屏风	IABSORIW
金属薄片工	建筑金属薄片加工、空调系统、供暖和空气调节管道	SMWIA
标记和展示工	引导标识、贸易展览装饰工、金属抛光	IUPAT
电工（室内电线工）	电气、电脑布线、通讯	IBEW
水管工	卫生管道工程	UA
喷水器装配工	自动喷水灭火系统	UA
电梯承建商	电梯安装和改建	IUEC
钢铁工人（钢筋工）	混凝土钢筋	IABSORIW

BAC	砖瓦工国际工会和手工艺者联盟 bacweb.org
IABSORIW	国际桥梁、建筑、装饰和强化钢铁工人协会 ironworkers.org
IBEW	国际电气工人兄弟会 ibew.org
IUEC	国际电梯承建商工会 iuec.org
IUPAT	国际油漆工工会和贸易联盟 iupat.org
OPCMIA	国际泥瓦技工和水泥石工协会 opcmia.org
SMWIA	国际金属薄片工协会 smwia.org
UA	美国和加拿大管道总成工业熟练工和学徒工统一协会 ua.org
UBC	美国木工统一兄弟会 carpenters.org

按照它们的固有情况进行使用。例如，将木材修整为自定义尺寸是比较简单的事情，但是要制造不标准的金属螺栓是不可能的。找一个五金车间来定制一个特定尺寸的铜角也许是可以的，但是其实使用标准尺寸的铜角成本更少且更快。专卖产品通常都是做成固定尺寸，这些尺寸往往都是开发那些能把它们统统纳入细节设计的细节基础。细节设计的标准方法可以从室内设计和建筑设计标准图集这一类的参考文献中找到。材质的行业标准目录可参考附录A。

表2-1给出了部分普通基底的尺寸。另外，在发展自定义细节的时候，金属隔断的框架、玻璃和装饰金属的限定尺寸通常都是限制。普通金属框架组件的尺寸和形状在图2-3中显示。

玻璃细节的限制如图2-4所示，其标准在表2-7、表2-8和表2-9中显示。

如果使用标准形状和尺寸，利用装饰金属来进行细节设计的成本是最少的且最有效的。图2-5和图2-6中显示了一些相关内容，诸如不锈钢、铜管和铜合金等，其尺寸在表2-10和表2-11中显示。

图2-3 普通金属框架组件

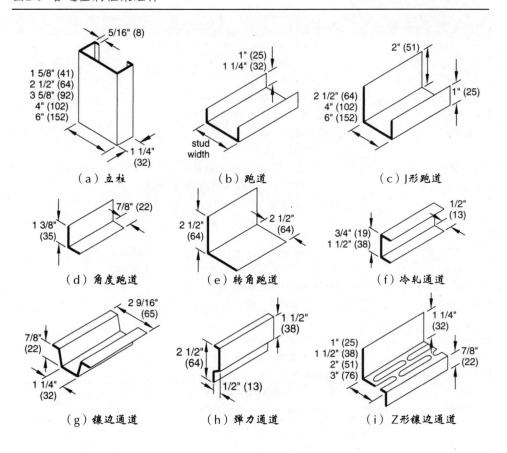

（a）立柱　　　　　　（b）跑道　　　　　　（c）J形跑道

（d）角度跑道　　　　（e）转角跑道　　　　（f）冷轧通道

（g）镶边通道　　　　（h）弹力通道　　　　（i）Z形镶边通道

图2-4 玻璃窗框架尺寸

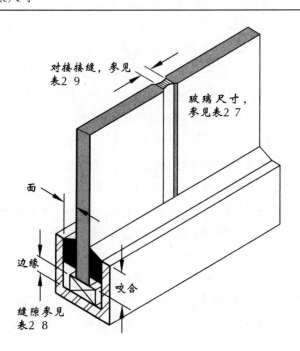

表 2-7 基于类型和厚度的近似最大的玻璃尺寸

玻璃类型	厚度，英寸（毫米）	最大尺寸，英寸（毫米）
浮法玻璃	1/8 (3)	102×130 (2590×3300)
	1/4 (6)	130×200 (3300×5080)
钢化玻璃	1/8 (3)	42×84 (1067×2134)
	3/16 (5)	78×102 (2000×2600)
	1/4 (6)	78×165 (2000×4200)
	3/8 (10)	78×165 (2000×4200)
	1/2 (12)	78×165 (2000×4200)
	3/4 (19)	71×158 (1800×4000)
夹层玻璃	13/64 (5.2)	84×130 (2134×3300)
	9/32 (7.1)	84×144 (2134×3658)
	1/2 (13)	84×180 (2134×4570)
弯曲玻璃，热处理	1/4 (6)	130×72（弯）(3300×1830)
	1/2 (12)	130×84（弯）(3300×2134)
耐火等级（需要制造商的特制框架）	45 分钟，3/4 (19)	95×95 (2413×2413)
	60 分钟，15/16 (23)	95×95 (2413×2413)
	90 分钟，1-7/16 (37)	90×90 (2286×2286)

来源：制造商目录。尺寸仅为近似尺寸；关于基于玻璃类型和厚度的特定限制，请咨询特定的制造商。

表 2-8 室内玻璃面和边缘的推荐缝隙

玻璃厚度	最小缝隙，英寸（毫米）		
英寸（毫米）	面	边缘	咬合
1/8 (3)	1/8 (3.2)	1/4 (6.4)	3/8 (9.5)
3/16 (5)	1/8 (3.2)	1/4 (6.4)	3/8 (9.5)
1/4 (6)	1/8 (3.2)	1/4 (6.4)	3/8 (9.5)
5/16 (8)	3/16 (4.8)	5/16 (7.9)	7/16 (11.1)
3/8 (10)	3/16 (4.8)	3/16 (4.8)	7/16 (11.1)
1/2 (12)	1/4 (6.4)	3/8 (9.5)	7/16 (11.1)
3/4 (19)	1/4 (6.4)	1/2 (12.7)	5/8 (15.9)

来源：北美玻璃协会（GANA）玻璃手册

表 2-9 对接接缝玻璃窗的接缝推荐宽度

玻璃厚度	接缝宽度	接缝宽度
英寸（毫米）	最小，英寸（毫米）	最大，英寸（毫米）
3/8 (10)	3/8 (10)	7/16 (11)
1/2 (12)	3/8 (10)	7/16 (11)
5/8 (16)	3/8 (10)	1/2 (12)
3/4 (19)	1/2 (12)	5/8 (16)
7/8 (22)	1/2 (12)	5/8 (16)

来源：GANA 玻璃手册

图2-5 标准不锈钢形状

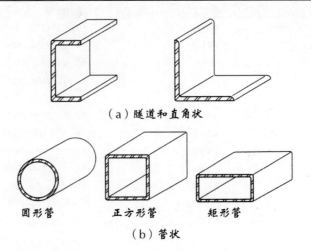

（a）隧道和直角状

圆形管　　　正方形管　　　矩形管

（b）管状

2-9 材　料

虽然使用标准材料可以开发出几乎无限数量的细节设计，但是它们中的每一个都有其自身的优点和缺点，因此设计师必须明白如何有效地使用它们。许多产品都经得起时间的考验，它们的质量和属性是众所周知的，并已经记录在案。较新的材料应该接受仔细的检查，并使用标准化测验或者特定制造商的测试来记录它们的质量状况，从而证明它们能够达到预期的使用目的。制造商是任何产品细节信息的最好源头。无论如何，为了得到更为客观的评价，最好咨询行业协会和那些已经使用过新材料的设计师们。当决定在细节设计中使用何种材料或产品时，就应该按以下标准进行评估。

图2-6 标准铜管形状

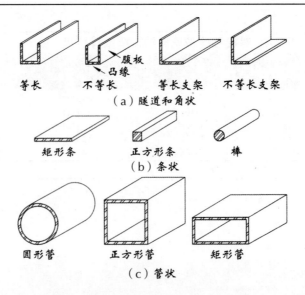

等长　　　不等长　　　等长支架　　不等长支架

腹板

凸缘

（a）隧道和角状

矩形条　　　正方形条　　　棒

（b）条状

圆形管　　　正方形管　　　矩形管

（c）管状

表 2-10 普通不锈钢型材的标准尺寸

隧道，英寸（毫米）			角度，英寸（毫米）	正方形管，英寸（毫米）		管状，英寸（毫米）	
凸缘	腹板	厚度		尺寸	厚度	矩形	圆形 a
1(25.4)	2(50.8)	1/4(6.4)	3/4×3/4×1/8 (19.1×19.1×3.2)	5/8×5/8 (15.9×15.9)	0.060(1.52)	1/2×1×0.060 (12.7×25.4×1.52)	1 (25.4)
1-1/2(38.1)	3(76.2)	3/16(4.8)	1×1×1/8 (25.4×25.4×3.2)	3/4×3/4 (19.1×19.1)	0.060(1.52)	3/4×1×0.060 (19.1×25.4×1.52)	1-1/4 (31.8)
1-1/2(38.1)	3(76.2)	1/4(6.4)	1-1/4×1-1/4×1/8 (31.8×31.8×3.2)	1×1 (25.4×25.4)	0.060(1.52)	1×2×0.060 (25.4×50.8×1.52)	1-1/2(38.1)
1-3/4(44.5)	4(101.6)	1/4(6.4)	1-1/4×1-1/4×3/16 (31.8×31.8×4.8)	1×1 (25.4×25.4)	0.083(2.11)	1×2×0.120 (25.4×50.8×3.05)	1-5/8(41.3)
2(50.8)	4(101.6)	1/4(6.4)	1-1/2×1-1/2×1/8 (38.1×38.1×3.2)	1-1/4×1-1/4 (31.8×31.8)	0.060(1.52)	1×3×0.120 (25.4×76.2×3.05)	1-3/4(44.5)
2-1/2(63.5)	5(127)	1/4(6.4)	1-1/2×1-1/2×3/16 (38.1×38.1×4.8)	1-1/4×1-1/4 (31.8×31.8)	0.120(3.05)	1-1/2×2-1/2×0.120 (38.1×63.5×3.05)	2 (50.8)
3(76.2)	6(152.4)	1/4(6.4)	2×2×1/8 (50.8×50.8×3.2)	1-1/2×1-1/2 (38.1×38.1)	0.049(1.24)	2×3×0.060 (50.8×76.2×1.52)	2-1/2 (63.5)
3(76.2)	6(152.4)	3/8(9.5)	2×2×3/16 (50.8×50.8×4.8)	1-1/2×1-1/2 (38.1×38.1)	0.060(1.52)	2×3×0.120 (50.8×76.2×3.05)	3(76.2)
			2-1/2×2-1/2×3/16 (63.5×63.5×4.8)	1-1/2×1-1/2 (38.1×38.1)	0.083(2.11)	2×4×0.120 (50.8×101.6×3.05)	
			3×3×3/16 (76.2×76.2×4.8)	2×2 (50.8×50.8)	0.060 (1.52)		
			3-1/2×3-1/2×1/4 (88.9×88.9×6.4)	2×2 (50.8×50.8)	0.083 (2.11)		
			4×4×1/4 (101.6×101.6×6.4)	2-1/2×2-1/2 (63.5×63.5)	0.120(3.05)		
				3×3 (76.2×76.2)	0.120(3.05)		

来源：制造商目录。有其他尺寸、厚度和形状可用，但这些对于室内细节设计是最常用的。因制造商不同而变化。
a 直径，英寸（毫米）。所有圆形管都是 0.062 英寸（1.58 毫米）厚。

审美品质

　　如第1章中所讨论的，审美品质是有助于实现细节设计意图的属性。这些特征有助于空间的整体设计观念，解决连接和过渡问题，与相邻建筑物的外观相协调，以及实现这三种目的任意组合。

　　依据特定材料或产品，美学品质包括颜色、质地、规模、比例、形状、线条、结构、光反射，以及材料独有的任意品质。在考虑材料的功能性和实践性等因素的同时，设计师还必须基于审美特征做出选择。有的制造商或生产线可能较之别家能够提供更多选择，这一事实往往使得设计师不会只选择某个特定公司或材料。

功　能

　　材料的音质与材料的吸音或隔音性能有关。对于大多数装饰材料来说，吸音性能是更为重要的标准，这一般通过平均吸声系数（SAA）或者过去经常使用的降噪系数（NRC）来进行衡量。对于开放式的办公室设计，顶棚的声音清晰度也是很重要的。对于诸如分隔、门、玻璃窗和顶棚总成等屏障类的细节设计，声音传输是非常重要的，并且一定要纳入细节设计中。

表 2-11 铜管型材的标准尺寸

通道[a]			角度[b]		矩形条[c]	正方形条和棒
	不规则支架					
规则支架	凸缘	腹板	规则支架	不规则支架		
1/4×1/4 (6.4×6.4)	1/2(12.7)	3/8(9.5)	3/8×3/8 (9.5×9.5)	3/8×3/4 (9.5×19.1)	1/8×1/2 (3.2×12.7)	1/4(6.4)
3/8×3/8 (9.5×9.5)	1/2(12.7)	3/4(19.1)	1/2×1/2 (12.7×12.7)	1/2×3/4 (12.7×19.1)	1/8×5/8 (3.2×15.9)	5/16 (7.9)
1/2×1/2 (12.7×12.7)	1/2(12.7)	1(25.4)	5/8×5/8 (15.9×15.9)	1/2×1 (12.7×25.4)	1/8×3/4 (3.2×19.1)	3/8(9.5)
5/8×5/8 (15.9×15.9)	1/2(12.7)	1-1/4(31.8)	3/4×3/4 (19.1×19.1)	1/2×1-1/2 (12.7×38.1)	1/8×1 (3.2×25.4)	1/2 (12.7)
3/4×3/4 (19.1×19.1)	1/2(12.7)	1-1/2(38.1)	1×1 (25.4×25.4)	1/2×2 (12.7×50.8)	1/8×1-1/4 (3.2×31.8)	5/8(15.9)
1×1 (25.4×25.4)	5/8(15.9)	1-1/4(31.8)	1-1/4×1-1/4 (31.8×31.8)	3/4×1 (19.1×25.4)	1/8×1-1/2 (3.2×38.1)	3/4(19.1)
1-1/4×1-1/4 (31.8×31.8)	5/8(15.9)	1-1/2(38.1)	1-1/2×1-1/2 (38.1×38.1)	3/4×1-1/4 (19.1×31.8)	1/8×2 (3.2×50.8)	1(25.4)
1-1/2×1-1/2 (38.1×38.1)	3/4(19.1)	1/2(12.7)	2×2 (50.8×50.8)	3/4×1-1/2 (19.1×38.1)	3/16×3/8 (4.8×9.5)	1-1/4(31.8)
2×2 (50.8×50.8)	3/4(19.1)	1(25.4)	2-1/2×2-1/2 (63.5×63.5)	1×1-1/2 (25.4×38.1)	3/16×1/2 (4.8×12.7)	
	3/4(19.1)	2(50.8)	3×3 (76.2×76.2)	1×2 (25.4×50.8)	3/16×3/4 (4.8×19.1)	
	1(25.4)	3/4(19.1)			3/16×1 (4.8×25.4)	
	1(25.4)	1-1/2(38.1)			1/4×1/2 (6.4×12.7)	
	1(25.4)	2(50.8)			1/4×3/4 (6.4×19.1)	
	1(25.4)	2-1/2(63.5)			1/4×1 (6.4×25.4)	
	1-1/2(38.1)	2-1/2(63.5)			1/4×1-1/4 (6.4×31.8)	
					1/4×1-1/2 (6.4×38.1)	
					1/4×1-3/4 (6.4×44.5)	
					1/4×2 (6.4×50.8)	

来源：制造商目录。可用尺寸因制造商不同而变化。有其他尺寸可用，但这些对于室内细节设计是最常用的。
[a] 通道厚度变化范围为从 0.062 英寸（1.58 毫米）到 0.125 英寸（3.18 毫米）。
[b] 角度一般为 1/8 英寸（3.2 毫米）厚。
[c] 矩形条也有 3/8 英寸、1/2 英寸和 3/4 英寸（9.5 毫米、12.7 毫米和 19.1 毫米）的厚度可用。

安装方法是指将材料或者产品安置到工程中去所需的精确顺序和步骤。安装方法会影响材料的消耗和进度安排，以及是否需要技术工人。在大多数情况下，同一类材料的安装方法会非常接近。然而，一些特定项目可能需要某种特别的安装方法，需要由工厂核准的安装工人来完成。

有关细节设计功能性需求的全面探讨可参看第3章。

安全与健康

安全性是关于防止对人们造成意外伤害，同时也保证人们免受蓄意伤害的问题。健康问题涵盖从抗菌能力到室内空气质量等广泛而多样的话题。

饰面安全性是指产品的表面和边缘状况。上面不应该有锋利的突出和边缘，或者细节设计中那些太过粗糙以至于人们在接触暴露部分时会被割伤或擦伤的表面。

耐燃性是材料燃烧的一种可能性，是材料和饰面选择最重要的标准之一。本章中单独的一个小节将专门讨论法律法规对耐燃性的要求。

材料抗霉菌和细菌性能在防止某些微生物的滋长方面是很重要的。许多材料本身易于滋生霉菌和细菌，因为它们提供了有机营养，当湿度和温度适宜时，就会为这些微生物提供生长的媒介。大多数材料经过处理都能够抵抗霉菌和细菌的滋生。

出气是指从材料中释放有毒气体，通常是在材料安装之后。这些气体包括甲醛、氯氟化碳(CFCs)，以及其他环境保护署（EPA）有害物质目录上所列出的气体。出气是保证室内空气质量非常重要的一步。对于可持续性问题的讨论可参看第3章。

安全性是专门针对盗窃、破坏行为或身体上的蓄意伤害，以及三者的综合情况提供防护。由于安全性是设计的一个重要方面，所以材料和产品的选择就得据此进行。门、玻璃窗以及五金总成都是可供使用的、具有不同安全等级的常规产品。

防滑性是地板材料有助于防止产生意外滑动的性能。它通常由摩擦系数（COF）来衡量。摩擦系数是关于地板表面防滑性能的等级度量，数值范围从0到1。摩擦系数越高，表面越不光滑。虽然《国际建筑规范》和《美国残疾人法案》都对地板的防滑性能有规定，但是并没有对摩擦系数提出明确的要求。

防滑性受许多变量的影响，主要包括干湿条件、鞋的材质、人的体重、冲击角度、步幅长度，以及地板污垢等。在考虑到防滑变量的同时，为了精确地测量出摩擦系数，人们曾经做过很多试验。在附录A中列出ASTM测试。最为普遍使用的一个测试是ASTM D2047，即用詹姆斯机测量抛光涂层地板表面的静态摩擦系数标准试验方法。这一测试被很多人认为是对于防滑性最精确和最可信的测量方法。然而，它只能在实验室和平滑干燥的表面上进行，不能用于潮湿的或粗糙的表面。

当使用詹姆斯机测量时，0.5的摩擦系数通常被认为是防滑地板的最低要求。基于ASTM C1028标准，美国保险商实验室（UL）机构则要求0.5甚至更高的防滑水平作为最低的安全等级。职业安全与保健管理总署（OSHA）同样也建议最低防滑系数为0.5。另外一些标准还对高档防滑地板提出了0.6的等级要求。无论如何，当进行地板细节设计并具体说明防滑性能时，设计师必须参考特定的测试。

如前所述，《美国残疾人法案》规定地板表面必须具备防滑性能，但是并未提出任何特定的测试值。然而，美国糖尿病协会（ADA）手册附录为无障碍路

表 2-12 室内材料挥发性有机化合物限制

材料	限量，克 / 升（磅 / 加仑）		
	EPA 限制	加州限制[a]	绿标限制
消光，室内漆	250(2.1)	50(0.42)	100(0.84)[b]
非消光，室内漆	380(3.2)	50(0.42)	150(1.26)[b]
室内染色剂	550(4.6)[c]	100(0.84)	250(2.10)
清木涂装，亮光漆	450(3.8)	275(2.31)	350(2.94)
清木涂装，挥发性漆	680(5.7)	275(2.31)	550(4.62)
多色涂料	580(4.8)	250(2.1)	
地毯黏合剂		50(0.42)	150(1.26)[d]
木地板黏合剂		100(0.84)	150(1.26)
瓷砖黏合剂		65(0.55)	130(1.09)
干墙和平板黏合剂		50(0.42)	
多用途建筑黏合剂		70(0.59)	200(1.68)

[a] 南海岸空气质量管理区（SCAQMD）1113 和 1168。
[b] 有效 1/1/10 带有销售点添加的着色剂。
[c] EPA 对于透明和半透明染色剂的限制。不透明染色剂为 350 克 / 升（2.9 磅 / 加仑）。
[d] 仅针对地毯衬垫。
加利福尼亚州协作高性能学校（CHPS）在 www.chps.net/manual/lem_table.htm. 网页上提供了一个低排放材料清单。

线推荐的静态摩擦系数为0.6，坡道则是0.8。

设计师应该在选择特定类型的地板，并在应用到细节设计之前就应先考虑到地板材料在怎样的条件下使用，直到特定的、统一的标准建立起来。例如，可能通过鞋子会把雪和雨水带进来的公共休息室可能比住宅浴室需要更好的防滑性，因为在浴室里人们往往步幅较小而且穿的鞋子不会是用易滑材料制成的。

当处在室温和大气压下，含碳和氢的化学品蒸发就会出现挥发性有机化合物（VOC）的排放现象。挥发性有机化合物存在于油漆、密封剂、地毯等室内材料以及许多清洁剂中。当选择一种材料时，它的挥发性有机化合物含量必须在可使用的标准范围内。表2-12列举了各类有机体所含的挥发性有机化合物。对于挥发性有机化合物的讨论可参看第3章。

耐用性

耐用性是指产品或材料在使用时的服务期限。耐用性包含许多方面，其中的一个或几个可以被用于特定的细节。下面列出了关于耐用性的一些较为普通的方面。它们中的大多数涉及到ASTM或者其他描述它们如何测量并用于产品中的公认标准。某些标准针对特定的测试类型，而其他的则应用于特定类型的材料。例如，对于墙面覆盖物的耐用性标准包含在ASTM F793，即墙面覆盖物耐用属性标准分类。

耐磨性是材料或饰面在与其他物体摩擦后能抵抗磨损或保持原始外观的能力。耐磨性可以通过许多标准测试测量出来。

连接性是一种材料与另一种相连的方法。这一标准会对产品的选择产生重大影响，取决于基底。某些产品或材料不能与其他材料相连接，或者只有付出高昂的代价和额外的工作才能进行连接。连接性是适用于几乎所有材料的标准，所以必须从材料所在的整个细节设计的系统视角进行审视。连接方法将在第4章中进行更多地讨论。

抗断强度是指置于某一材料上时，足够强大到折断材料的荷载。在室内设计中，它一般是指在材料平砌的情况下，负载于材料平面的纤维织物和其他纺织品。这也适用于瓷砖、石材、以及其他承担局部荷载的材料。

耐化学性是材料对于暴露于化学品当中而产生的损坏、饰面改变以及其他有害变化的一种抵抗能力。因为化学品和饰面材料的可能性组合为数众多，所以大部分制造商都特别明确各自产品所能抵抗的化学品种类。

附着力是指一张薄膜粘附于基底之上的能力，如墙纸或绘画。

不退色性是指当暴露于光，大多为太阳紫外线时，对于饰面的颜色改变或颜色损减的抵抗能力。

抗腐蚀性是指产品对于暴露于湿气、化学品以及其他元素而带来的化学或电化学反应抵抗能力。当金属产品暴露于湿气中，抗腐蚀性就是一个典型问题。

制造质量是对产品在工厂内装配得好与否的评估。每一种工业都建立了对制造质量的评估标准。例如，根据建筑木工研究所（AWI）的建筑木工标准，木制品按照经济型、定制型和高级型这三个等级来进行评估。

耐热老化性是墙面材料对于持续高温而产生的劣化反应的抵抗能力。

可擦拭性是材料可以使用刷子和清洁剂进行重复清洁的能力。

耐污染性是材料对于在使用和移除其他材料后外表产生改变的抵抗能力。如同抗化学性一样，每一种产品都可以抵抗一部分染色剂，抵抗能力和所能抵抗的染色剂种类因产品不同而不同，因此应该查阅产品说明书来核实一种材料是否能够抵抗那些可能会在特定的应用过程中出现的染色剂。

可维护性

可维护性是在建筑物的整个生命周期中经历磨损的饰面材料、产品和细节所具有的一个重要品质。所有的建筑物和室内装饰都需要保养和维修，以便维持它们的外观，并保证服役期限。许多耐久性标准都涉及到可维护性问题；材料越耐久，需要进行的维护次数就越少。

除尘力是指材料能够使用任何适合的方法进行清洁的容易程度。例如，地毯必须易于用真空吸尘器来除尘，而饭店里的墙面饰材则应该易于水洗。因为无论什么样的建筑物，里面所用的一切材料都会随着时间的推移而变脏，所以在选择饰材并将其应用到细节设计中时，除尘力就是需要考虑的重要标准之一。

可修理性是指产品或材料在损坏时可被修复的能力。在为细节设计选择产品时，应当充分估计到将来细节中的损坏部件是否可以替换。设计师应该避免在细节设计中出现维修或替换一个部件十分麻烦或者花很多钱的情况。

恢复力是指材料在外来荷载下产生变形而在荷载消除后仍可以恢复原本尺寸和形状的能力。恢复力一般适用于软地板覆盖材料，诸如乙烯基铺地砖等。在含有软覆盖材料的墙面细节设计中，恢复力也是需要考虑到的重要问题。

自我修复品质是指材料在自身形状被改变或暂时改变时可以恢复原始结构的

能力。这与恢复力类似，但是可以适用于任何一种产品。例如，软木板上被针扎的洞在针被移走之后应该是可以自我修复的。

成本与交货时间

一处细节设计的成本以及它与整个项目预算的关系已经在之前的小节中讨论过了。无论如何，当单独看待一处细节时，它的成本应当与项目的总成本成比例，这一点非常重要。如果项目总造价是300万美元，那么为了在一处细节上节省100美元而花大量的时间和精力就是毫无意义的。另一方面，如果对一幢建筑物内的典型墙面细节设计进行调查研究可以节省3万美元，那么这就值得去做。另外，在大宗项目上省小钱往往也是划算的。如果有300个门，每个门的建造成本中哪怕只是减少100美元，那么节省的总成本累计为3万美元。

同时，如先前所谈到的，一处细节部件的可用性和交货时间会影响到设计师深化细节的方式。

可持续性

如果当地的、州立的或联邦的法规关注能源使用、挥发性有机化合物、室内空气质量，以及类似的问题，那么可持续性也被看作是一个限制。例如，加利福尼亚州对于挥发性有机化合物、灯光以及其他能源保护方面的问题就有非常严格的法规。无论如何，在大部分情况下，即便不存在政府监管和法规要求，可持续性也应该被看作是任何细节设计的一项基本功能。关于作为功能性要求的可持续性问题的讨论可参看第3章。

第3章

功 能

3-1 概 述

功能是指基于根本目的一处细节必须符合的需求或一系列需求。例如，一个门框必须为门提供支撑，防止门晃动，隐藏粗糙的开口，并提供一种用来关门和锁门的方法。如果开口是耐火的，那么框架的耐火性能也必须与开口上其他部件的性能相一致。虽然功能与设计意图、设计限制以及施工能力等问题都有一定关系，但它通常是独立于它们之外、不受约束的。在门框这一案例中，无论开口的设计或者像法规要求或项目预算这一类的限制如何，框架都必须能够支撑门。本章综述了一些细节设计的普遍功能需求以及它们的实现方法。

3-2 隐藏与装饰

细节常常被用来隐藏其他一些结构或者仅仅是作为表面装饰。例如，木质基底可以藏起地板与隔断的结合部。石膏外层为混凝土砌体墙外层提供了一定的光洁度。

在许多情况下，隐藏或者装饰细节是非常简单的，除了直接应用外几乎没有任何要求。在其他一些情形下，隐藏的细节可能就是所要掩盖的主要的细节组成部分，需要设计师考虑耐火性、耐久性、连接、移动以及公差方面的要求。隐藏和装饰的变化方式共有三种：覆盖基底，覆盖接缝和连接部，以及隐藏机电设施。

覆盖基底

覆盖基底是隐藏和装饰细节最简单的方法。可以直截了当地进行油漆，可以使用墙纸以及放置地毯，又或者像在高的隔断上悬挂厚重的石头面板这样的复杂工作。无论如何，即便是最简单的材料应用也必须考虑到材料局限性、基底的合适类型和准备情况以及材料的耐久性等问题。

大多数设计师和建筑师将应用材料的要求看作是格式条款。虽然交流是通过说明书的语言进行的，但是他们却因此而在细节设计和开展的最初阶段受益匪浅。设计师可以通过在设计过程早期对使用材料进行检查来预防问题的出现，同时可以为说明书的撰写者开发有用的信息，并且使得设计项目的各项工作都相互协调。

有两个细节对覆盖基底做出响应。

尽可能减少建造步骤

为了尽可能降低成本，并且加快速建筑进度，应该尽量减少装修的独立步骤的数量。例如，如果需要一个粗糙的石膏饰面，那么用单板石膏来建造就比用更为复杂的三道抹灰石膏更能满足要求。如果恰当的油漆被指定用在正确的干膜厚度上，就可以用一道漆而不是两道漆。

在适当的时候，最小化覆盖物的重量/厚度/尺寸

在大多数情况下，最小化重量、厚度或覆盖物的尺寸可以节省金钱、简化安装并且尽量避免出现结构问题。例如，使用薄石板材作为墙的覆盖物就不像使用传统的全厚度石材需要坚硬的基底。这样更快速，并且成本更少。参见图3-1。厚石材只有在基底明显不垂直的情况下或者在需要有独立的石面板的情况下才使用。

然而，最小化厚度和重量并不总是理想的。当考虑防火性能、音响效果、耐久性、可维护性以及安全性时，就需要重且厚的覆盖物。覆盖物理想的重量和厚度应该符合功能性需要，并且在细节设计开始之前就得到客户的认可。

覆盖接缝和连接部

在许多细节中，都存在不应该被看到的、粗糙的连接方式或者机械连接，要么是为了严格的美学原因，要么是出于安全、保险或者可维护性方面的考虑。例如，如果安装工能够正确地翻转边缘，地毯和相邻的瓷砖地板之间的接缝可以处理为没有覆盖物的风格，如图3-2（a）所示。但是，接缝处可能会藏污纳垢，地毯的边缘可能会磨损，瓷砖地板的边缘也可能会碎裂。有两个简单的办法，分别是使用金属边缘或者使用金属条来覆盖接缝，如图3-2（b）、（c）所示。虽然其他办法也可行，但是这两种是最简单的。

然而，有的时候，设计师可能会决定强调接缝和连接部位，使它们成为突出的设计特征。但这必须符合整体的设计观念，当然也会产生其他的问题。错综复杂的细节设计会淤积污垢、灰尘和碎屑，并且维护起来比复杂接缝覆盖结构要麻烦得多。

有三种细节设计对覆盖接缝和连接做出响应。

与其他功能性需求相协调

当决定如何覆盖一处接缝或连接时，就必须考虑到这处细节严格的功能性需求。这包括防火、音响效果、水分和湿度控制、耐用性、可维护性以及安全性等方面的功能。

图3-1 使覆盖物的重量/厚度最小化

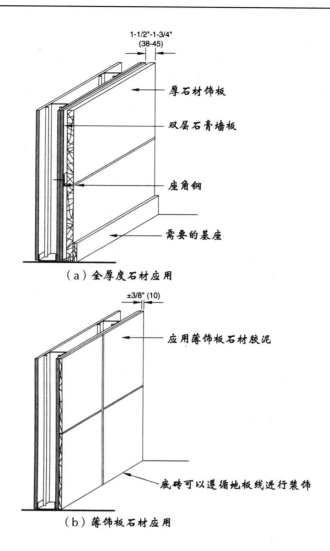

1-1/2"-1-3/4"
(38-45)

厚石材饰板

双层石膏墙板

座角钢

需要的基座

（a）全厚度石材应用

±3/8" (10)

应用薄饰板石材胶泥

底砖可以遵循地板线进行装饰

（b）薄饰板石材应用

如果要求具有耐火性，那么覆盖物在大多数情况下必须具有与建筑物相同的耐火等级和火焰蔓延等级，或者它必须是诸如完成装配前的检修孔盖板这样的已测试过的总成的一部分。例如，一个具有耐火等级的隔断上暴露的接缝无论怎么设计，经核准过的耐火结构是决不能少的。如图3-3显示了达到这一效果的一种方法。一个标准的暴露接缝被安装在墙板的第二层上，额外的一层石膏墙板提供持续的防火等级。不幸的是，这一细节需要用另外的一层石膏墙板来覆盖整个隔断，这增加了成本并延长了建设时间。

用于降低声音传播的建筑总成上的接缝必须受到特别关注，因为即便建筑总成的细节设计和建造再完美，一旦上面出现了哪怕是极小的裂缝，都会毁掉它的降噪声能力。小的接口和裂缝只能用隔音胶来封口才能较容易且有效，所以任何的装饰覆盖物仅是遮盖密封剂，而不是本身就具备隔音功能。

图3-2 覆盖接口

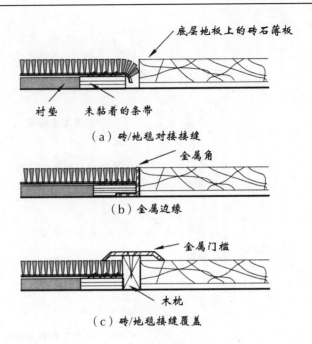

（a）砖/地毯对接接缝

（b）金属边缘

（c）砖/地毯接缝覆盖

　　覆盖物在潮湿的地区必须经过防渗水密封处理，以使自身能够抵抗潮湿的损害。大多数情况下，防水覆盖材料包括卫生间和浴室这种持续或间歇性潮湿的区域所使用的瓷砖等。高压装饰性层压板和人造石类的材料偶尔也用于工作台面这些偶尔会弄湿的区域。无论是哪种情况，接缝都必须密封防水，因为即便是轻微的潮湿都有可能损坏木材、饰面材料以及其他建筑结构。

　　隐藏接缝和连接也应该使用耐用的、容易维护的材料来进行。材料至少应该像周围的结构一样耐用，而覆盖物在磨损或损坏的情况下应该是可移除的。

　　最后，一处细节应该被覆盖起来，否则就得经过专门的设计来减少伤害人群的可能性。例如，明显固定在走廊墙上的扶手，如果所用的螺栓是暴露在外面的，可以制造出有趣的细节，但是产生的就不仅是安全性问题，而且还有后续的维护问题。在图3-4（a）中所显示的细节设计就有可能导致割伤人的手指和撕裂衣服的后果。

图3-3 暴露覆盖耐火隔断的接缝

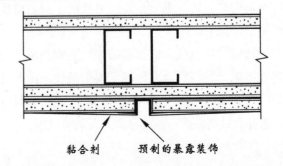

黏合剂　　　预制的暴露装饰

图3-4 覆盖连接以保证安全

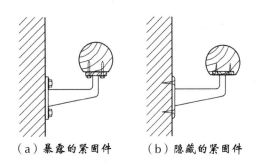

（a）暴露的紧固件　　　（b）隐藏的紧固件

如图3-4（b）所示，通过为螺钉开出凹槽，从而使得扶手自身将连接部隐藏起来，这样细节也得到了改善。通过将墙装托架的边缘打磨圆滑，也可将其藏污纳垢的可能性降到最低，并使维护更加容易。

与其他施工能力需要相协调

一旦一种覆盖接缝或连接的方法被选定，它就显示出自身在制造方面的问题。这些问题主要与连接功能、结构功能、移动功能、公差和建设功能有关。例如，设计师可能想要在需要控制缝隙的防火隔断上使用木质护墙板材料和装饰。细节设计必须顾及到隔断的移动问题以及装饰物的附着问题。如图3-5中显示出达到这一要求的一种方法。在这个例子中，用螺丝将一块木制装饰固定到接缝的一侧，提供一个活动的接缝。装饰饰面的深槽口允许嵌板与隔断一起移动，而接缝则仍然可提供持续的耐火等级。在这一细节设计中，嵌板必须符合建筑规范中对展焰等级的要求。

需要时将覆盖物做成可移除型

在许多情况下，下层的接缝或结构必须是无障碍的，以便进行维修和替换。覆盖物应在细节上充分进行设计，以便只使用简单的工具能够轻易进行移动，并且通过这种方式可以避免污染和物理性损坏。让覆盖物可移动也会使拆解整个项目工程以便循环利用或者重复使用独立的材料变得更加容易。

如图3-6（a）显示了一个可移动的背光源嵌板上的覆盖物，以使灯具和其他的电器部件能够便于保养。覆盖物用Z型夹从顶端悬挂并且在底部用磁性拉手固定。

图3-5 覆盖伸缩接缝的装饰

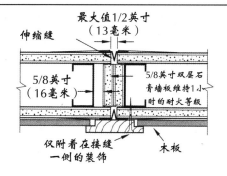

图3-6 使用可移动覆盖物

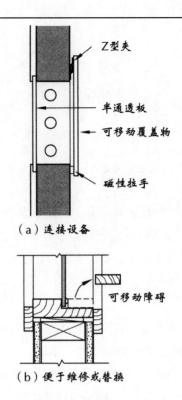

（a）连接设备

（b）便于维修或替换

不必使用工具或特别的安装知识就能很容易地移动覆盖物。如图3-6（b）显示了一个一般用于更换破碎玻璃的可移动障碍。

隐藏机电设施

使用隐藏性细节设计最常见的原因之一就是要隐藏建筑物的附带设备，包括机械管道系统、卫生管道和设备、电气管道和电线、照明设备以及喷水管道等。除了简单地隐藏设备之外，特定的机电设备还必须是无障碍的。对于防火挡板、风扇、供暖和空调机组、阀门、电气分线盒、控制面板以及类似设备的控制装置尤其是这样。

有三种细节设计可以对于隐藏机电设施做出响应。

增加隔断和顶棚的厚度

如果设备的尺寸不适合放进所使用的隔断或顶棚结构中，可以简单地按照所需要的样子将建筑总成设置得更厚或更大一些，以适应这些服务设备。对于建筑总成而言，可以仅在那些需要增加尺寸的区域进行扩展，也可以将整个隔断或顶棚都放大以使表面平整。

当然，要求增加的尺寸取决于所要适应的服务设备。在空间有限的地方，设备的额外尺寸应该与顾问工程师、承包商或供应商共同进行验证。如图3-7至图3-11显示了一些普通机电设施对于空隙的要求。表3-1中给出了普通卫生管道的实

图3-7 容纳空调配电装置的空隙

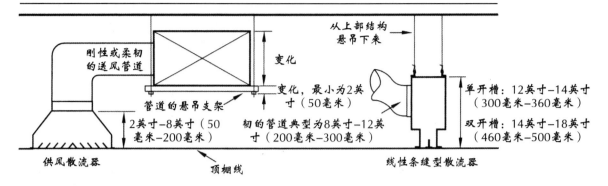

际尺寸。这些空隙只是为了初步的细节设计意图而确定的约数。一旦具体的固定装置或设备被指定，就应该立即证实所需空隙的确切尺寸。

使用独立管槽

当必须在一个空间内密集地安装多个设备，或者当不可能增加隔断厚度的时候，可以再建造一个单独的管槽。在两个背靠背的卫生间之间所设置的管槽墙，就是这类细节设计技巧的典型例子。这里用到了两排立柱，它们之间有足够的空间来容纳两个卫生间使用的所有卫生管道和固定装置悬吊支架。另外一个常见的例子是顶棚风室。在风室里，结构楼板和悬吊式天花板之间有足够的空间以隐藏

图3-8 管道的实际尺寸

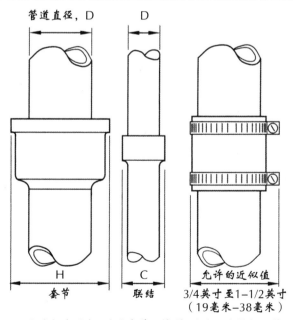

尺寸参见表3-1

图3-9 喷洒器管道空隙

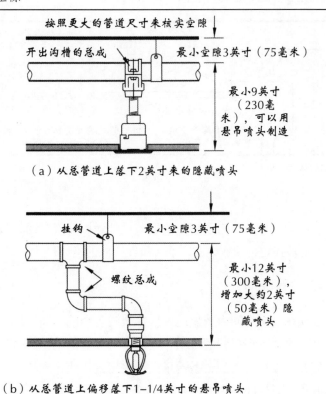

（a）从总管道上落下2英寸来的隐藏喷头

（b）从总管道上偏移落下1-1/4英寸的悬吊喷头

注释：所有尺寸规格都大概取决于管道的尺寸、
接合类型、喷头的类型和安装方法

所有必要的设备。如图3-12（a）、（b）中显示了一些通常使用独立管槽作为替代选择的情况。如图3-12（c）、（d）中显示的则是水平设备的解决方案。

暴露服务设施

在某些情况下，最好的办法是根本不隐藏服务设施，而是让它们暴露在外面。这通常只在设备位于悬吊式天花板正常位置上方的水平面上时才起作用。在这一位置时，设备相对安全，不容易被碰到，并且也不会干扰空间的功能。如果暴露管道系统、管子和照明设备与总体设计概念相一致，这一办法通常可以减少成本和建造时间，同样也对使新材料和它们的内含能需要最小化，否则这些都会被加到项目里去。设备可以保留自然状态，可以油漆成黑色以使得外观看上去最小，也可以油漆成亮色把它们作为一个设计特点，或者通过悬浮一个像开放顶棚一样的开放网格的方式来部分地降低重要性。一种流行的技法是使用一个标准的T型架悬吊式吸声天花板网格而不用任何隔音板，并且把所有在网格之上的设备漆成黑色。这样做的效果就是人们在与眼睛等高的位置看时就呈现出正常的顶棚平面，照亮所有在其之下的东西，而暴露出来的设备则在暗处不容易被看到。

如果机械设备是主要的设计特点，那么暴露它们有时会比隐藏它们成本更高。这是因为需要仔细规划它们的布局，精确整洁地进行安装，并且还要用到像油漆这类的额外修饰，从而产生额外的开支。

图3-10　电缆和电器柜的空隙

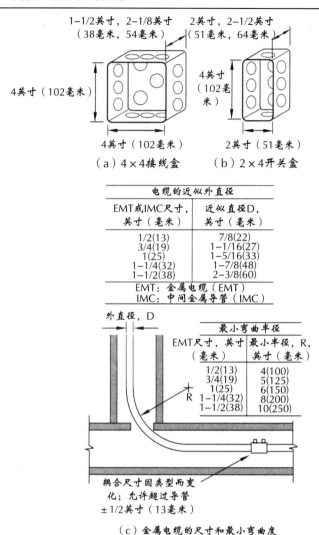

（a）4×4接线盒　　（b）2×4开关盒

电缆的近似外直径	
EMT或IMC尺寸，英寸（毫米）	近似直径D，英寸（毫米）
1/2(13)	7/8(22)
3/4(19)	1-1/16(27)
1(25)	1-5/16(33)
1-1/4(32)	1-7/8(48)
1-1/2(38)	2-3/8(60)
EMT：金属电缆（EMT） IMC：中间金属导管（IMC）	

最小弯曲半径	
EMT尺寸，英寸（毫米）	最小半径，R，英寸（毫米）
1/2(13)	4(100)
3/4(19)	5(125)
1(25)	6(150)
1-1/4(32)	8(200)
1-1/2(38)	10(250)

（c）金属电缆的尺寸和最小弯曲度

3-3　宜人性/宜物性

　　最基本的设计和细节设计参数之一就是对人的基本尺寸和活动能力的响应，或者对于物体服务环境的响应。在大多数情况下，人是室内空间的主要使用者，但是室内设计可能也注重如何同诸如工厂加工、汽车、动物或体育标准这一类非人文元素或规模相适应。

　　有四个细节对宜人性和宜物性做出响应。

关于人体尺寸和影响范围或物体尺寸的基本维度

　　军队和私营部门已经就人体的尺寸、形体移动能力等进行了广泛的研究，并对外公布了研究结果。对于室内设计师而言，有两部很好的参考书，分别是《人体尺寸和室内空间》与《男人和女人的身体测量：设计中的人文因素》。完整的书目信息可参考本书最后所附的资源。与其他资源一样，这些资源归纳整理了大量

图3-11 壁嵌式照明器械的典型空隙

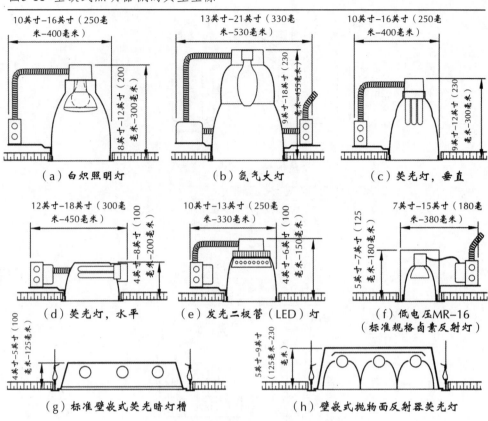

（a）白炽照明灯　　　　（b）氙气大灯　　　　（c）荧光灯，垂直

（d）荧光灯，水平　　　（e）发光二极管（LED）灯　　　（f）低电压MR-16（标准规格卤素反射灯）

（g）标准壁嵌式荧光暗灯槽　　　　（h）壁嵌式抛物面反射器荧光灯

注释：当空间有限时，要基于特定的灯具来确认尺寸

表 3-1 卫生管道和接合的尺寸

公称尺寸	L 型铜		钢管		塑料，聚氯乙烯（PVC），管壁厚度40		铸铁套节和套管	
	管，D	接合，C	管，D	接合，C 螺纹	管，D	接合，C	管，D	套节，H
英寸（毫米）	英寸（毫米）	英寸（毫米）	英寸（毫米）	英寸（毫米）	英寸（毫米）	英寸（毫米）	英寸（毫米）	英寸（毫米）
1/4 (6)	0.37 (9.4)	0.43 (10.9)						
3/8 (10)	0.50 (12.7)	0.56 (14.2)	0.675 (17.1)		0.675 (17.1)			
1/2 (13)	0.62 (15.7)	0.70 (17.8)	0.840 (21.3)	1.30 (33.0)	0.840 (21.3)	1.30 (33.0)		
3/4 (19)	0.87 (22.1)	1.00 (25.4)	1.050 (26.7)	1.50 (38.1)	1.050 (26.7)	1.50 (38.1)		
1 (25)	1.13 (28.7)	1.40 (35.6)	1.315 (33.4)	1.80 (45.7)	1.315 (33.4)	1.80 (45.7)		
1-1.4 (32)	1.34 (34.0)	1.50 (38.1)	1.660 (42.2)	2.30 (58.4)	1.660 (42.2)	2.40 (61.0)		
1-1/2 (38)	1.62 (41.1)	1.80 (45.7)	1.900 (48.3)	2.50 (63.5)	1.900 (48.3)	2.70 (68.6)	1.90 (48.3)	3.00 (76.2)
2 (51)	2.10 (53.3)	2.30 (58.4)	2.375 (60.3)	3.00 (76.2)	2.375 (60.3)	3.20 (81.3)	2.40 (61.0)	4.00 (101.6)
2-1/2 (64)	2.60 (66.0)	2.80 (71.1)	2.875 (73.0)	3.50 (88.9)	2.875 (73.0)	3.90 (99.1)		
3 (76)	3.10 (78.7)	3.40 (86.4)	3.500 (88.9)	4.30 (109.2)	3.500 (88.9)	4.60 (116.8)	3.5 (88.9)	5.30 (134.6)
4 (102)	4.10 (104.1)	4.30 (109.2)	4.500 (114.3)	5.40 (137.2)	4.500 (114.3)	5.80 (147.3)	4.5 (114.3)	6.30 (160.0)
5 (127)	5.10 (129.5)	5.40 (137.2)	5.563 (141.3)	6.60 (167.6)	5.563 (141.3)	7.00 (177.8)	5.5 (139.7)	7.30 (185.4)
6 (152)	6.10 (154.9)	6.30 (160.0)	6.625 (168.3)	8.00 (203.2)	6.625 (168.3)	8.00 (203.2)	6.5 (165.1)	8.30 (210.8)
8 (204)	8.10 (205.7)	8.50 (215.9)	8.625 (219.1)	10.60 (269.2)	8.625 (219.1)	9.40 (238.8)	8.8 (223.5)	11.0 (279.4)

来源：ANSI B16.3，ANSI B16.18，制造商数据

图3-12　使用独立管槽

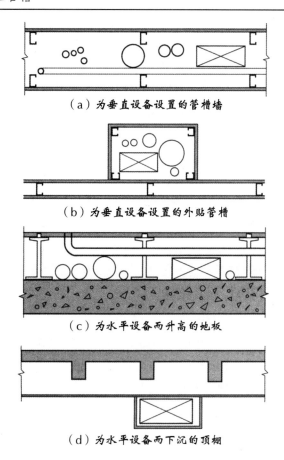

（a）为垂直设备设置的管槽墙

（b）为垂直设备设置的外贴管槽

（c）为水平设备而升高的地板

（d）为水平设备而下沉的顶棚

关于人体尺寸的数据，诸如平均值和相对百分位值等。其他的参考资源，如《室内绘图标准》，则为人类使用的空间及器物设计提供了类似的、简明的数据和推荐尺寸。

为了人类使用来设计细节必须将人体测量对于结构的需求考虑在内，诸如陈列柜、工作台、存储器、嵌入式座位、门、厨房用品和楼梯等。虽然大部分项目的尺寸标准都是按照普通人的平均尺寸进行开发的，但它们中的许多可能对于现代人的使用并不是最好的。例如，面盆和厨房台面的标准高度对于多数使用者来说通常是偏低的。

除了人体之外，对物体和过程的设计也会是一个挑战，因为它们的需求常常会在规模和环境上产生矛盾。

识知年龄、高度、能力上的不同

大多数细节设计的标准尺寸都基于身体健全的成年人的平均水平。在大多数情况下，一处室内细节设计必须适应许多不同的使用者。这些使用者在年龄、身材比例和身体能力上都有所不同。例如，成年人和孩子都能使用的楼梯应该有两套不同高度的扶手。一个带有控制装置的细节设计应该对于健全人群和残障人士来说都是无障碍的。

提供可调节的细节设计

如果可能的话，要把细节设计得能够适应不同人群的需要，无论是在细节生命周期的任何时间段都应该这样。可调节的架子、可倾斜的表面和可移动的隔断都是可调节细节的例子。因为需要额外的成本，所以并不总是可以使用可调节的细节，除非涉及到的便利性、用途或者人群的数量证明这样一个细节是非常有必要的。

提供可替换的完成

当不可能让一处细节具备可调节性时，可以考虑给使用者两个或更多的选择。例如，同时提供两个不同高度的服务台是一种常见的方式，使得站立者和坐轮椅的残障人士都能使用。

3-4 安全性：意外伤害防护

有两种类型的安全性。一种是来自意外伤害的安全性，诸如绊倒、割伤、切伤和坠落等；另外一种是来自故意伤害的安全性，诸如抢劫、枪击以及任何的恐怖活动。在许多情况下，来自意外伤害的安全性非常重要，以至于相关要求在建筑条例和很多其他规章中都有提及，如在第2章所讨论的。本节强调了其中的一部分，并提供了额外的、基于所有细节设计的安全参数信息。

对于意外伤害的防护，有八个细节可以响应。

使用防滑地板

环境中最常见的一些事故包括在楼梯上和坡道上滑倒，也包括在平整的地面上滑倒。包含地板的细节设计应该为预期用途选用足够防滑等级的材料。瓷砖、石材、水磨石和其他平整表面都存在潜在的危险，尤其是在潮湿的时候或者蒙上了油或滑腻东西的时候。

就像在第2章中所谈论的，耐滑性是由COF来进行评定的。COF 0.5通常被认为是最小防滑值，无障碍路线的最小值为0.6，而坡道则是0.8。

避免在人体可触及范围内出现尖锐边缘

许多细节设计和标准建造方法都会导致锐利的边角。这些对于人身安全都是不必要的危害，并且是易于预防的。因此，要考虑到人在柜台、工作台、上方橱柜、架子以及其他木制品附近的高度和特有的移动方式。同时还要把人们有可能抄近路的繁忙的交通要道附近的边角进行处理。边角或者弄圆滑，或者去除，否则就得在细节上设计成尽可能避免接触伤害的形态。参见图3-13（a）。

选择和细化五金器具以及暴露的紧固件时也应该尽可能地避免锐利的边缘，并避免将它们置于人们可能会刮到衣服或者划到手臂和身体其他部位的地方。参见图3-13（b）。

图3-13 避免锐利边缘

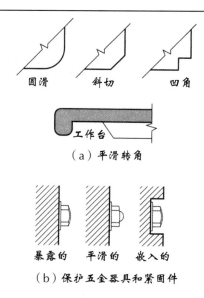

（a）平滑转角

（b）保护五金器具和紧固件

对于饰面材料，要仔细考虑如何避免把粗糙的饰面用到人们可能会碰触的地方，以防刮伤人的身体。

必要时提供扶手和护栏

建筑法规和ADA规章在多数的危险地段都对扶手和护栏做出了要求。这些危险地段主要包括楼梯、坡道以及超过临近地面30英寸（762毫米）的高台等。无论如何，即便在规章中没有规定必须要这样做，在诸如门廊和低台的旁边，在R-2和R-3组别住宅的起居室和卧室里3个或3个以下步级，以及在走廊的步级旁边，设计师也应该考虑设计扶手和护栏。

当使用扶手的时候，它们必须是容易抓住的，并且安装在离开墙一段距离处，允许握紧。IBC和ADA/ ABA（美国律师协会）对扶手的尺寸和形状都进行了限定。这些都显示在图3-14中。除了标准的I类扶手，IBC现在还允许扶手周长大于6-1/4英寸（160mm）的II类扶手。这些在R-3组别的（住宅）用房，在R-2组别的用房（套间、公寓），以及附属于R-3组别或附属于R-2组别用房的独立起居室的U组别用房中都是允许的。

正确地设计楼梯

大量的意外坠落都发生在楼梯上，无论在住宅还是在商业建筑内都有。同扶手一样，楼梯的设计很大程度上是由法规和无障碍性要求制约的，但这些都是可以接受的最低限制。设计师可以通过遵循一些规范来改善楼梯的设计。

■ 如果可能的话，踏步高度比法规最大值略微小一点。一个6-1/4英寸到6-1/2英寸（159毫米到165毫米）的踏步高度是容易越过的，尤其是对于上年纪的人

图3-14 扶手配置

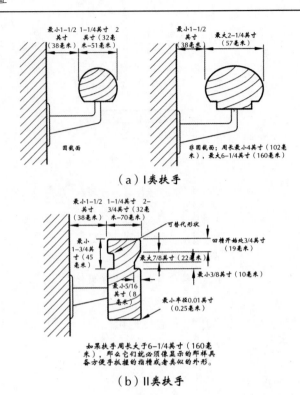

（a）I类扶手

（b）II类扶手

来说更是这样，并且在较长的阶梯步级上可以减少疲劳。不要使用小于4英寸（102毫米）的踏步高度。

■ 增加梯级的深度，超过最小值11英寸（279毫米）。除了匹配踏步高度的相对减少外，更深的梯级可以适应更大的脚和鞋的尺寸，并且提供更为稳固的立足点，为有可能发生的失足提供更大的面积空间，以防止摔倒。12英寸（305毫米）的深度比较适合于6-1/2英寸（165毫米）的踏步高度。

■ 按照法规要求，不要使用下部带有锐利边缘的梯级护沿，并且将护沿的突出部分限制于1英寸（25毫米）之内，而非IBC所允许的1-1/4英寸（32毫米）。按照IBC的要求，把护沿前沿的半径限制在1/2英寸（12.7毫米）。

■ 不要使用漏空踏步，即便这是当地建筑法规或居住风格所允许的。

■ 踏步与踏步之间的高度要保持一致性。虽然在任何阶梯步级中IBC都允许在最大的和最小的踏步高度和梯级深度间有上限3/8英寸（9.5毫米）的浮动变化，但最好还是保证相邻踏步高度的变化最大不要超过3/16英寸（5毫米）。

■ 设置阶梯宽度符合人们使用的需要。对于不是出口宽度要求的大型楼梯，能使得两人并行或者错身所需要的最小宽度是约60英寸（1525毫米）。当大于60英寸时，即便地方法规不要求，并非出口装置的大型楼梯也应该每隔60英寸宽就设置一个扶手。同时，即便当地建筑法规不要求，也应该给狭窄的楼梯两侧都安装扶手。

■ 对于表面坚硬的地板和楼梯，应使用防滑的梯级护沿，并且用对比色或对比材料来保证护沿清晰可见。应避免地毯或地板样式的混乱不清，从而产生很难识别护沿边缘的情况。

- 如果孩子频繁使用楼梯的话，应在护沿线以上24英寸（610毫米）处再设置一个扶手。
- 在应用于住宅时，应将扶手延伸至超过踏步的最顶端和最底部，虽然这些可能不像商业建筑一样严格要求。
- 避免扶手、栏杆和沿着楼梯的墙面上出现锐利的边缘。

标出全高玻璃

虽然如果前提是安全玻璃材料的话，IBC允许在临近步行路面处使用全高玻璃，但还是要考虑在玻璃的眼高位置设置水平窗框、防撞条或者其他清晰可见的标志，防止与玻璃发生意外碰撞。如果不要求有清晰视界的话，可以使用纹理玻璃或艺术玻璃，这样既能透光、又能有明显的警示阻挡效果。

避免单步阶梯

单步阶梯是不安全的。无论如何，如果要使用一个或两个台阶，它们也应当用明显的梯级、踏板和护沿进行标注，并且要安装扶手。应该考虑使用斜坡或者调整水平面高度来为最少三个梯级留出空间。

避免水平面上的轻微改变

水平面上的改变无论有多小，都会产生绊倒的风险。对于孩子和老人们尤其是这样。1/2英寸（13毫米）的一个小小改变都足以将人绊倒。在大多数情况下，无障碍原则将水平面上的垂直变化限制于1/4英寸（6毫米）。1/2英寸（13毫米）的水平面变化是可以的，但是只能从一个垂直装置到两个水平装置的斜面产生。如果可能的话，水平面的变化要小于这些要求的最大值，并且对于住宅用房和其他不受无障碍性原则要求的位置使用相同的指引。

使用无毒材料

在细节设计中使用的许多材料可能都含有诸如甲醛和挥发性有机化合物等有害化学物质。黏合剂、木屑板和其他板材产品可能含有甲醛，并且黏合剂以及其他饰面材料可能会含有挥发性有机化合物。请参考本章后面关于可持续性的内容。

3-5　安全性：免受蓄意伤害

所有的室内设计项目都需要一定的安全性，不论是像房子的前门锁一样简单的，还是像银行或者政府设施的警报安全系统一样复杂的。在大多数情况下，设计师或者细节设计师本身不开发安全系统，但是可能会与建筑师或者顾问密切合作，一起来把安全措施融合到隔断、门洞总成、玻璃窗系统、接待站、安全站、展示柜以及墙壁和顶棚安装设备里面去。开始细节设计之前，设计师应该收集和了解必须合并到细节设计中的设备类型、所有的电气通讯和数据传输等所有要求。

有五个细节响应蓄意伤害防范。

酌情使用锁、探测器和入侵警报

锁和警报是控制通路、保护财产、保护房间或建筑物内整个区域最简单的安全措施。锁可以简单如抽屉上的弹簧插销，也可以复杂如由监控中心管理的读卡控制门。有了由安全顾问、业主或建筑师所提供的信息，室内设计师可以提前计划来适应安全设备和硬件的要求，以便它们不会从视觉上影响室内设计效果。

根据安全要求级别设计物理障碍

虽然标准的室内隔断只为非法入侵或枪械枪击提供了少许的防护，然而当与入侵报警器结合在一起时，它们一般对于多数的使用情况都足够了。如果要求更高的安全性，则可以加强石膏墙板隔断或建造其他种类的隔断。如图3-15显示了一些可能的安全隔断。

就像在图3-15（a）中所显示的，大尺寸的钢立柱可以与安全网络一起使用，来创建一个隔断，就像任何其他墙板结构一样，具有大致相同的厚度。如图3-15（b）所示，也可以使用固体石膏隔断，但是它们建造起来更困难。如图3-15（c）所示，对于建造超高安全性的隔断，可能需要用到加强石材。无论如何，房主必须在细节设计开始之前就告知室内设计师所期望的安全等级。

必要时使用电子监控系统

电子监控是使用遥感装置对声音和电磁信号的侦听。当房主要求防护非法入侵这类问题的安全性时，有很多方法可供选择，而这些方法基本都是要求建造一个由连续传导材料制成的、能够捕获信号和将其导向地面的"笼子"。为满足大多数公司的需要，可以使用带有电子传导金属涂层的铜箔或非纺织物。这些东西要放置在装修好的墙后面，以避免被发现。对于窗户，可以使用精巧的金属网。同时，特别的屏蔽玻璃也是有效的，它们看上去就像普通玻璃一样。如果要将房间密封起来，就得把门设计成可以屏蔽无线电频率或电磁的门。就一切情况而论，对于特定产品的技术规格和细节问题都应该向安全专家进行咨询。

使用防弹总成

如果安全级别需要能够抵抗枪击，而不仅仅是人类的非法入侵，那么可以使用防弹盔甲，如图3-16所示。这是玻璃纤维强化复合材料在刚性层状胶合板上的使用，厚度为1/4英寸到1/2英寸（6毫米到13毫米）。它可以由多种饰面或用简单的油漆来覆盖。也有柔软的防弹装甲，是由石膏墙板来进行覆盖的。

图3-15 安全隔断

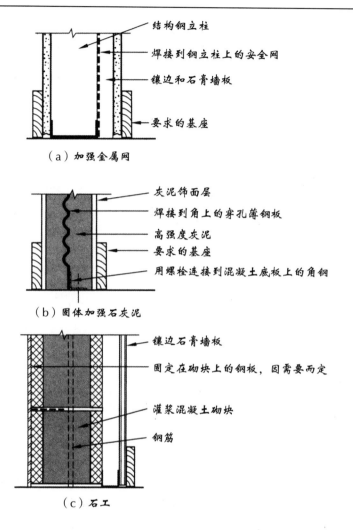

结构钢立柱

焊接到钢立柱上的安全网

镶边和石膏墙板

要求的基座

（a）加强金属网

灰泥饰面层

焊接到角上的穿孔薄钢板

高强度灰泥

要求的基座

用螺栓连接到混凝土底板上的角钢

（b）固体加强石灰泥

镶边石膏墙板

固定在砌块上的钢板，因需要而定

灌浆混凝土砌块

钢筋

（c）石工

为监控设计空间规划

虽然局部的细节设计并不严格，但空间规划可以有助于形成一个良好的、全面的安全方案。例如，如果有可能的话，安全需要相类似的空间应该布置在一起。这可以使得把带有物理障碍的区域包含进来，并使尽可能地减少所需电子设

图3-16 防弹隔断

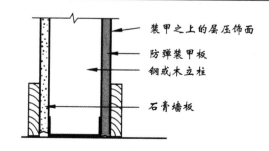

装甲之上的层压饰面

防弹装甲板

钢或木立柱

石膏墙板

施变得更容易。同样，可以将安保人员安置于一个中心位置，这里视线清晰可以看到所有的安全区域。商店店员、前台接待员和其他正常使用者可以安排到安保人员能够监控到的大部分空间里，以保证最低的安全性。

3-6 可持续性

如第2章所讨论的，如果当地或所在州对于材料、能源使用、挥发性有机化合物以及类似东西有相关规定和要求的话，可持续性就被认为是一种限制。无论如何，在大多数时候，创造可持续的室内环境应该看作是一种能够创造出功能齐全、健康可靠的环境的机会。这样的话，可持续性就应该被认为是所有细节设计都应该遵循的一项基本功能。即便设施的拥有者对申请美国绿色建筑认证（LEED）感兴趣，可持续性也应该被看作是一种机会，而不是一个约束。

可持续性作为一个宽泛的术语，其含义是在不危及或损害后辈子孙满足自身需求的情况下迎合当代人的需求。可持续性设计包含设计、操作和再利用观念，这些观念合在一起就能创造出功能齐备的、健康的、无污染的和环境友好的建筑物，同时又不会损害人们在舒适度方面的实际需要。当评估可持续的细节和产品时，设计师应该考虑到多种独立的标准，包括可回收内容、再循环能力、能量损耗和生命周期评价等，同时也包括下面所描述的其他方面的内容。

评估细节和产品可持续性标准主要包括以下几个方面。当然，不是所有的标准都适用于任何一个细节。另外，由于一些标准本身是相互矛盾的，设计师还必须多方了解，以做出正确的判断。例如，铝含有很高的内含能，但是再生铝含有三分之一的内含能，也很丰富，并且材料在使用寿命结束之后又可以回收利用。生产铝需要耗费大量的能源，而且不一定是在当地就能生产的。然而，即便是很小的一块、已经变形了的铝，其价值可能也远远超出上述的实际情况。同时，一处细节设计中，铝的数量与一栋建筑物内的所有材料相比可能也显得微不足道。但是，对于可持续性问题本身的关注则要比对材料数量及其生产成本等问题重要得多。

对于可持续性有12个细节设计来响应。

细化内含能尽量少的材料

用于一处细节设计或用作饰面的材料和产品，无论是对它的原材料来源、初加工过程、后期加工，还是直到制造完成建筑物产品为止，都应该要求使用尽可能少的能量。这包括对于材料和产品在其生命周期内进行运输所需要的能量。材料的生产也应该尽可能少地产生废料和污染。表3-2列出了一些普通建筑材料的内含能要求。当比照专卖产品时，生产厂商可以提供产品的内含能的信息。通常来说，由于运输问题的缘故，在建筑物附近生产产品需要更少的内含能。无论如何，材料的内含能在建筑物设计和长期作业的总体能量需要中所占的比例（估计大约为2%）是非常小的。

表 3-2 室内细节设计普通材料的内含能

材料	内含能	
	英国热量单位（Btu）/磅	兆焦耳/千克
细节元素		
木材	1080	2.5
石膏墙板	2630	6.1
木屑板	3450	8.0
铝（再生的）	3490	8.1
钢（再生的）	3830	8.9
胶合板	4480	10.4
玻璃	6850	15.9
钢	13,790	32.0
聚氯乙烯	30,170	70.0
铝	97,840	227
饰面		
石材（当地的）	340	0.79
黏土砖	1,080	2.5
锌	21,980	51.0
黄铜	26,720	62.0
铜	30,430	70.6
油漆	40,210	93.3
油布	49,990	116
合成地毯	63,790	148

来源：环境资源指南

将兆焦耳/千克转换为英国热量单位（Btu）/磅，要乘以431

使用可再生材料

如果一种材料能够在相当短的时间内自我再生，那它就是可持续的。符合这一标准的产品实例包括羊毛地毯、竹制地板和嵌板、草纸板、油布地板、白杨木定向刨花板（OSB）、葵花子板和麦草橱柜等。无论如何，这正如所有的可持续性问题一样，人们常常必须在矛盾的事实之间做出选择。例如，竹子是非常好的可再生资源，但是它必须通过长距离运输才能到达美国。然而，竹子可以很快地自我再生，以至于与换用其他材料相比，运输问题显得并不那么重要。

使用高回收含量的材料

一种材料含有的可回收内容越多，所需要的原材料和把原材料制成成品的能量就越少。消费后材料、后工业化材料、回收材料这三种类型的可回收内容都应该考虑到。消费后材料是指已经完成预期用途，从可回收的废品中转移或恢复，并且已经完成作为消费品使命的材料。后工业化材料是指产生于制造过程中，并已经恢复或从固体废料中转移出来的材料。回收材料是指已经恢复或从固体废料处理过程中转移出来的废料或副产品。使用含可回收内容的产品有两个好处。第一，它可以减少对产品或新材料的需要。第二，大量的使用为可回收产品创造了更好的市场，并且鼓励人们在减少消费的同时关注重复利用产品。

可能的话，使用能够减少能量损耗的产品或细节设计

除了使用内含能少的材料外，一些材料和细节也可能帮助减少建设过程的能量消耗。例如，合理使用玻璃窗能够改善日光照明，减少光能需求，单就这一点来说就与使用光反射材料产生的效果大不相同。如果建筑物是为了利用自然通风或太阳能而设计的，室内隔断、开口和其他装修和细节设计就不应当破坏建筑师和机械工程师所设计的供暖和通风系统。虽然细节设计影响建筑物的整体能量使用的机会是有限的，但是设计师应该时时刻刻考虑到它的可能性。

使用当地材料

使用当地生产的材料可以降低运输成本，并且还能增加设计的区域特色。总的来说，本地材料是指在项目周边半径500英里（804千米）以内提取、收获、恢复或生产的材料。与许多源自其他国家的传统室内材料相比，使用本地材料可以使项目在可持续性上大不相同。

使用不含或少含挥发性有机化合物的材料

如第2章中所提到的，目前环境保护署和某些州对挥发性有机化合物制定了相关规定。尤其是加利福尼亚州，对建筑材料和清洁产品中的挥发性有机化合物含量相比较其他的材料有更为严格的限制。许多室内材料包括建筑材料和普通的日用品中都含有挥发性有机化合物。建筑材料和细节中的挥发性有机化合物包括油漆、染色剂、黏合剂、密封剂、防水剂和涂封物、芯板材、家具、垫衬物和地毯等。其他来源还包括复印机、清洁剂和杀虫剂等。任何细节都应该尽量减少、甚至排除对挥发性有机化合物的使用。设计师甚至可能想要使用那些含挥发性有机化合物比环境保护署或当地法规规定量更少的材料。参考表2-12所列举的对饰面材料和黏合剂中挥发性有机化合物的一些限制。

使用含有毒物质少的材料

除了限制含挥发性有机化合物的产品，还应该选择那些不发出或几乎不挥发像氯氟化碳、甲醛等其他有害气体的材料。可能会挥发对人体有害气体的有机和无机化学材料有成百上千种之多。加利福尼亚州环境健康风险评估办公室已经列出了76种化学品（时间截止到撰写本书时），由州法规连同慢性吸入参考暴露水平（REL）一道进行了规定，以微克每立方米（μg/m3）计算。由此发展而成了加利福尼亚州第65号决议案，并在1986年获得通过。

绿色卫士环境研究所也制作了一份关于商品、商品中所含的化学品以及所许可的最大排放水平的清单。某些普通化学品包括挥发性有机化合物、甲醛、乙醛、四苯基环己烯、苯乙烯等，也包括大气微粒和生物污染。为了获得绿色卫士的许可，商品在通过了ASTM D5116和D6670测试以及华盛顿州室内家具和建筑材料法规、环境保护署家具检测法规的测试之后，还必须符合绿色卫士

的相关标准。

设计和选择材料时尽量避免潮湿问题

如果可能的话，应该选择那些能够防止或抵抗主要来自霉菌和细菌这类生物污染的材料。霉菌和细菌属于微生物，是一种能够产生酶以消化有机物的真菌。它们的生殖孢子可以出现在几乎任何地方。

霉菌的孢子需要三个条件才能生长：湿度、营养和华氏40度到华氏100度（摄氏4度到摄氏38度）之间的温度。营养物是最简单的有机物，主要包括木头、地毯、石膏墙板的纸张覆盖物、油漆、墙纸、绝缘材料、天花板的瓦片以及其他可为有机体提供营养源的物质。因为营养物和适宜的温度在建筑物内普遍存在，唯一防止和控制霉菌滋生的方法就是在不应潮湿的地方进行防范和控制，或者选择使用不含营养物质的材料。对于多数细节设计来说，除非临近水源或者是像厨房或浴室橱柜、位于潮湿地区的磨坊、水塘和温泉区这类潮湿源，否则防潮并不是个难题。

使用耐用的材料和细节

使用生命周期长的材料对于可持续性的贡献主要包括两方面内容。第一，耐用材料避免了制造新材料的需要，减少了能量消耗和资源的损耗。第二，耐用材料不需要经常更换，减少了浪费。另外还有一项额外的优势，总体来说耐用材料在一种产品或一栋建筑物的使用期内需要的维护更少。即使最初成本可能会高一些，但是全生命周期的成本则更少。

设计细节来简化维护

损坏或破碎的细节需要进行维护，或者部分需要更换。如同耐用性问题一样，这产生了对更多材料的需要以及废物处理问题。细节也应当被设计成在仅仅需要使用无毒和含低挥发性有机化合物的清洁剂就可以进行清洁的结构。

指定材料和设计细节以使循环利用潜力最大化

一些材料和产品比其他物品更容易进行回收利用。例如，钢材和铝材通常可以从其他材料中分离出来，并且通过熔化来制成新的产品，以减少新产品中的内含能。另一方面，建筑细节中使用的塑料是难以移除和分离的。如果可能的话，在进行细节设计时应当注意在掩盖和隐藏的同时，最好也让它们能够较为容易地回收利用。

表 3-3 可持续产品认证制度

制度	描述
美国国际办公家具协会（BIFMA） www.bifma.org	为办公家具系统和基座的挥发性有机化合物排放以及家具的可持续性衡量开发了两套标准。
弹性底板覆盖物研究所地板评价 www.rfci.com	地板评价制度测试和认证在加州地板产品是否符合严格的室内空气质量要求以及在加州这一质量要求在高性能学校和办公建筑物内的使用。
森林管理委员会（FSC） www.fsc.org	基于基本森林管理原则和标准，来监督国家和地区标准开发的国际机构。它授权对遵守其原则的组织进行认证。FSC 标识保证材料来自管理良好的森林并且遵循了其他的 FSC 原则。
绿色卫士环境研究所（GEI） www.greenguard.org	独立于行业之外，监督测试室内产品排放的绿色认证制度实施以保证室内空气质量可接受性的非营利性组织。
地毯和小地毯研究所绿色标签贴标制度（CRI） www.carpet-rug.org	绿色标签贴标制度是对于遵循了加州高性能学校制度的地毯、垫子和黏合剂自愿进行测试的制度。贴有绿色标签的地毯保证是低排放的。
绿色徽章 www.greenseal.org	独立为特殊类别的产品开发标准并且对符合高标准要求的产品进行认证的非营利性机构。
市场转型到可持续发展研究所（MTS） www.mts.sustainableproducts.com	市场转型到可持续发展研究所是一个监督可持续材料评估技术（SMaRT）制度组织。它基于以下 4 个方面的评分来识别可持续产品，分别是：（1）对于公众健康和环境是安全的，（2）能源减少和再生能源材料，（3）包括社会公平在内的公司和设施要求，以及（4）重复使用和回收利用。产品认证包括三个级别：银级、金级和铂金级。
麦克多诺布劳恩加特化工设计公司（MBDC）"从摇篮到摇篮"（C2C） www.mbdc.com	C2C 认证制度提供了两种产品认证：一是 C2C 工艺／生物养分认证，用于认证一种材料或者作为生物养分或者作为工艺养分可以被频繁地重复利用的情况；二是 C2C 认证，基于材料、营养二次利用、能量、水和社会责任等标准，共包含银级、金级和铂金级三个级别。
科学认证系统（SCS） www.scscertified.com	在其环境要求认证制度下，SCS 认证诸如生物降解性和可回收内容等特定产品属性。它同时也认证环保产品（EPP）。另外一个制度是室内优势认证，主要对于非地板室内产品进行认证。SCS 也在其森林认证制度下认证管理良好的森林。
可持续林业倡议（SFI） www.sfiprogram.org	SFI 制度给予基于环境要求和市场需求两者都符合 SFI 要求的加盟商不同的产品标签。

针对重复使用性设计细节

一个产品在原有建筑物内完成它的使命之后应该是可以被重复使用的。产品可能会变为弃物，但可以在另外一个项目中被重复使用，诸如一个门的装配，或者零部件应该像上面讨论的那样较为容易地被分离出来进行循环利用。例如，可以使用机械紧固件轻松拆除的细节设计常常比那些用黏合剂连接而在拆分时会毁掉整个部件或者难度太大而无法拆解的细节设计要好。

关于可持续性材料及认证程序的更多信息参见表3-3。

与细节参数功能相关的可持续性问题

- 询问覆盖一个细节是否是确实有必要的。这将对材料的需要降至最低，避免了可能出现的有毒材料，使得拆解细节以重复使用和回收利用更加容易。
- 询问隐藏建筑设备的需要。原因同上。
- 如果使用覆盖物，则使它们容易被移除以便重复使用和回收利用。

- 从设计和细节设计之初就思考"废弃"产品的责任。这包括思考细节中的材料如何被处置、回收利用或重复使用等。
- 在细节设计中使用无毒材料，诸如无甲醛板材、不含有挥发性有机化合物的黏合剂以及不排放有害化学气体的塑料等。限制有毒耐火材料的使用。
- 使用尽可能少含有那些弄湿后会支持霉菌和细菌滋生的有机物材料。如果不可能的话，则通过细节设计来防止潮湿侵入建筑总成。
- 为同一建筑元素准备多种用途。细工家具、可移动的隔断、类似的元素可以以不同目的来进行设计，以限制对现有产品的清理需要和对新产品的制造。

3-7　改变和可再定位性

建筑物或租用的室内场地的使用很少保持不变。如果可能，细节应该适应于它们在全生命周期内所可能发生的改变。很多情况下，细节可能仅针对特定的使用者或功能，当使用者改变时，细节则必须移除。如果这样的话，对于能够回收利用和重复使用的可持续性功能的响应就应该适用。例如，如果自助餐厅改造成银行，里面原有的服务线将几乎再也起不到作用。无论如何，很多时候设计师能够预期变化并据其进行设计。

对于变化和可再定位性有三处细节设计进行响应。

针对同一使用者再定位细节设计

在许多情形下，同一使用者可能占据同一处空间很长时间，但是可能需要偶尔（或频繁）进行改变以继续业务。这是最容易实现的响应之一，因为基础的物理环境要求对于同一使用者总是或多或少地保持相同。营业部就是这种情形的一个普通性例子，这里业务需要的改变、营业方式或者职员等都会对办公室和支援设备的安排产生新的要求。可移动的隔断或可拆式隔断是响应这类需要的最普通设计之一。橱柜、工作站、储物间和门框等都可以通过设计和进一步的细化使改变和重新布置成为可能。其他细节，诸如玻璃窗、石膏墙板或顶棚等重新安置起来可能不太容易，但是可以设计得相对简单、便宜并且容易解构。

针对功能相同但使用者不同的细节设计

业主或租客会不断搬走，一个类似的使用者会因为相同原因而占据相同的空间。现有的物理结构可能仅做较小的修改或仅对空间的其中一部分做必要的修改，就能为新的使用者效力。这常常发生在套间、公寓、办公室、零售商店以及一些饭店中。在这些情况下，基础细节可以在设计上保持结构不变，同时保证饰面容易进行修改。例如，零售商店里的嵌入式橱柜可以在照明和适应性上保留相同的尺寸和形状，但是要考虑到为不同的货物选用带有不同饰面新架子的简单性替换。

由于在最初设计的时候对未来使用者的需要和设计要求可能仅仅是粗糙的预计，设计师必须就可能会发生的改变做出最好的判断。

空间功能改变且使用者也不同的细节设计

对于这样的类型是更难以响应的，因为使用者的改变连带不同的功能，通常意味着完全不同的环境响应。例如，从饭店变成零售商店要求设计上、细节种类上、结构和风格上都有很大的不同。事实上，设计师所能做的最多也就是细化普通的建筑元素，像门洞、储物柜、悬吊式天花板系统、楼梯以及诸如此类的东西，以便它们能够尽可能地重复利用。

3-8 耐火性

如在第2章中所讨论的，在大多情况下，总体上耐火性被看作是一个限制。除非客户有额外的要求，否则设计师一般很少引入比建筑规范或地方消防局要求更多的耐火性能。无论如何，对于一项室内设计的总体安全性来说，耐火性也可以被看作是一项基本功能。如在第2章中所述，对于耐火性有两个基本的关注点，即饰面材料的表面燃烧属性和总成的耐火性能。

建立耐火性有五个细节设计进行响应。

在细节中使用不燃材料

当一种基础材料符合ASTM E136的要求时，它就被认为是不燃的。对于复合材料，根据ASTM E84或UL 723进行测试时，其结构基础必须是不燃的，并且表面不超过1/8英寸（3.18毫米）厚，最大展焰性为50。即便建筑规范没有要求全部细节或其中一部分是额定耐火的，但还是要考虑使用不燃建筑材料。例如，如果允许使用木枕，那么则最好使用金属框架进行替代。

限制易燃材料的总量

创建耐火表面最简单的方法是指定一种材料，根据ASTM E84测试时，其展焰性等级低于25（A类）。大多数商业性室内项目的饰面材料生产商都提供A类展焰性等级的材料。如果不是的话，那么就像以下所讲的，考虑应用耐火涂层。

当需要时使用应用型阻燃剂

当细节做出要求，应用型耐火性会呈现四种基本形式：用耐火材料包装、喷雾式防火层、泡沫材料或者涂层。包装通常是一层或多层的石膏墙面板，用来使钢柱或横梁具备一小时、两小时或三小时的耐火性等级。经过认证的操作方法在由UL出版的《建筑材料目录》、GA出版的《耐火设计指南》或其他参考书中都有提及。如图3-17显示了一个典型的两小时等级的、封入石膏墙板中的

图3-17　两小时额定钢柱外壳

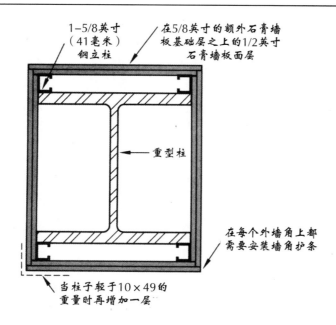

1-5/8英寸（41毫米）钢立柱

在5/8英寸的额外石膏墙板基础层之上的1/2英寸石膏墙板面层

重型柱

在每个外墙角上都需要安装墙角护条

当柱子轻于10×49的重量时再增加一层

钢柱。

　　喷雾式耐火层在建筑过程中一般应用于钢结构框架中，很少是室内设计师专用的。然而，如果这种防火材料在室内建筑过程中被移除或损坏了，则必须由有资质的工人来进行修复。

　　泡沫材料通常用在耐火门、阻火材料渗透耐火墙和地板以及应用涂层中。泡沫材料是指当暴露在高温中时会膨胀和烧焦，形成烟雾和阻火器的材料。泡沫材料通常的形态是密封剂、垫衬和涂层。这些通常不是由室内设计师来指定的，但是当需要正压力门总成的时候可能会用于门的细节中。当门要面对正压力防火测试要求时，它必须证实在其边缘或框架中有垫衬或泡沫材料。材料可以被置于沿着门边缘的一个小护板中，或者在框架中门的一侧。

　　耐火层可能也被应用于木板产品、饰面板、金属、纺织品和其他材料中，来产生A类展焰性等级。无论如何，可用的颜色和纹理可能是有限的，这取决于产品和制造商，并且可能会影响到最终完成后的外观。

只使用测试和评定过的总成和材料

　　耐火性等级的总成，诸如隔断、门、装配玻璃，需要根据工业标准进行测试，来批准可以用于建筑。例如，隔断和一些装配玻璃系统必须符合ASTM E119的要求，即建筑物结构和材料的防火测试标准测试法，而门必须通过NFPA 252，即门总成的防火测试。可参考表2-4，各种室内组件的防火测试要求总结。室内设计师必须与制造商核实一种产品或装配符合地方建筑标准的要求。

使用登记在册的或贴标签的组件

对于个别的组件，诸如电气元件、照明器材、门、五金器具和其他建筑产品，可能会要求独立的测试实验室来认证组件是否符合某项标准的要求。最有名的测试实验室是UL。当一种产品成功通过了规定的测试，就被贴上该实验室的UL标签。有许多种类的UL标签，每种标签的意义都不同。当全部产品完整地通过了测试，它就会获得上市标签。这就意味着该产品通过了安全测试，并且是在随后的UL服务程序监控下进行制造的。某一分类标签则意味着产品的样品仅仅是为了特定用途而进行测试的。除了分类标签以外，产品还必须持有表述测试条件的说明书。细节设计师应该查证这些所需要的产品，诸如电气元件等，是否是经UL认证或贴标的，或者是由其他测试单位测试或认证的产品。

3-9　声音控制

并非所有细节都必须提供声音控制，但是当它特别重要时，本节中所列出的细节设计响应就应该被考虑到。对于细节设计而言，有三种情况需要进行声音控制：在一个房间内控制声音、控制声音在两个空间之间的传播、以及控制贯穿空间或整个建筑物的振动。对于许多设计，室内设计师可以直接应用这些设计响应。对于较为挑剔的应用环境，诸如录音棚、音乐厅、大型报告厅以及毗邻大噪声源的空间（如铁路或主干道），就需要聘请声音顾问协助进行设计。

噪声控制和混响

在房间范围内控制声音可能不仅仅包括将有害声音（噪声）降到最低，而且还包括试图提高回音和混响。例如，在教室或音乐厅内就有这种需要。

对于声音控制有四个细节设计来响应。

控制或隔离源头

移除和控制源头是在房间内控制噪声最简单的方法。然而，如果噪声是由房间外面的机械固件发出的或者由房间内正常的人类活动产生的，那么这种方法则不一定总是可行的。如果是单一的机械部件发出噪声的话，这一部件通常可以通过隔离或调整来降低噪声输出。

避免集中噪声的房间形状

如果筒形穹隆门厅或圆形房间是由石膏墙板这类硬质表面装修的话，那么它们就会产生不良的声音聚焦。要谨慎使用这些形状，并且只在所形成的声音聚焦不让人反感或者不制造混乱的地方才进行使用。可替代的选择是将它们用吸音材料来进行覆盖。一部分地方聚焦声音而其余地方不聚焦声音的房间也可能会使人失去一些有用的声音反射。

控制反射表面的位置

像玻璃这样的高反射表面，会将噪声制造源反射到另外的区域。对于点声源，其入射角与反射角大小相同，所以用这一简单的几何学原理就可以计算出如何给一个装修好的表面定位。在另外的情况下，在报告厅或者音乐厅内的时候，反射声音则可能是令人愉悦的。

增加吸收能力

在一个房间内控制噪声最好的、最普通的方法之一是增加吸音材料。吸音是用来在一个房间内降低音强等级、控制不悦声音反射、改善谈话私密性以及减少混响的方法。关于音响效果和吸音的详细讨论超出了本书的关注范围，但是请记住如下要点：

- 材料对声音的吸收功能用吸声系数 α 来规定，吸声系数是指声音强度被材料吸收与到达材料的总强度的比率。因此，在自由空间内，最大的吸收可能性为1。总的来说，一种系数低于0.2的材料被认为是反射性材料，系数高于0.2的则被认为是吸收性材料。这些系数在制造商的技术文献中都有发布。
- 吸声系数会随着声音频率的改变而改变，而某些材料要比其他材料更善于吸收某些频率的声音。对于严格要求的应用场合，所有频率都应该检查，但是为了方便起见可使用单值NRC。NRC是一种材料分别在频率为250、500、1000和2000赫兹时测得的吸声系数平均值，四舍五入到小数点后两位，最后一位取0或5。如表3-4中显示了某些类型的降噪系数等级。数字越大，则材料的吸声效果就越好，这些声音涵盖了大多数室内设计中会遇到的频率。

表 3-4 降噪系数

材料	NRC
大理石或釉面砖	0.00
石膏墙板	0.05
混凝土上的乙烯基板	0.05
重型玻璃	0.05
木板条地板	0.10
胶合板嵌板	0.15
地毯，直接粘到混凝土上	0.30
地毯，1/2 英寸堆在混凝土上	0.50
重型丝绒织物（18 盎司）	0.60
悬吊式吸声砖，5/8 英寸	0.60
玻璃纤维墙板，1 英寸	0.80
悬吊式吸声砖，1 英寸	0.90

注释：这些是基于旧 NRC 等级的各种材料代表。SAA 是当前用来评估各种频段材料的噪声平均消减率的方法。

虽然大多数产品说明书仍然给出NRC等级，虽然两者相类似并且都提供了单值评价，但是NRC已经被SAA所取代。SAA是指当根据ASTM C423进行测试时，从200到2500赫兹的12个三分之一倍频带吸声系数的平均值。

- 一种材料对声音的最高吸收取决于材料的吸声系数和区域。计算这一质量的单位是赛宾，赛宾是最佳吸收1.0的材料1平方英尺的吸收值（国际单位制1赛宾等于美制10.76赛宾）。一个房间内的最高吸收是各种独立材料吸收的总合。饰面材料和建筑细节应该保持平衡来产生最好的房间总吸收。

- 一个房间的平均吸收系数应该至少为0.20。平均系数在0.50以上通常无法令人满意，从经济角度来看也不合理。低值对于大房间是合适的，而高值则适合于小房间或嘈杂的房间。

- 虽然吸音材料可以放置在任何地方，而大房间的顶棚在做吸音处理的时候却更为有效，墙面的吸音处理则对于小房间更有效。

- 总的来说，吸收能力随着多孔吸收器厚度的增加而增加，除非是低频声音需要特别进行设计处理。

- 像玻璃纤维或矿物棉这样的多孔型声音吸收器的吸收量取决于（1）材料厚度、（2）材料密度、（3）材料的孔隙率以及（4）材料纤维的方向。

传输控制

控制声音传输要比在一个房间内控制声音来说更为困难。对于细节设计师来说，最普通的方法是设计隔断来控制声音，但是这可能也包括在现有的建筑物内细化顶棚来降低声音在楼板间的传输。

简化隔断以及门等其他建筑组件的选择，一种被称为透声等级（STC）的单值等级常常被用于评定建筑的传输损耗。STC等级越高，障碍物（理论上）的阻声效果越好。如表3-5列出了一些STC等级，以分贝（dB）和它们各自对于听觉的影响进行考量。制造商的说明书、测试实验室和参考手册较为典型地给出了在不同频率下的传输损耗。

STC等级代表的是在实验条件下通过一个障碍物的理想损耗。隔断、地板和其他实地建造的建筑组件很少构建得像实验室一样。同样，障碍物中的破裂处，如裂缝、电源插座、门等，都会显著减弱整体的降噪性能。正因如此，障碍物的公认等级应该至少比实际想要得到的等级高上2到3分贝。

表 3-5 障碍物 STC 等级对听力的影响

STC	主观效果
25	通过障碍物可以清楚地听到正常讲话的声音。
30	高声讲话声音可以非常好地被听到和理解。
35	高声讲话可以被听到但不能听清。
42 - 45	高声讲话只能被微微听到，正常讲话声音不能被听到。
46 - 50	高声讲话不能被听到，如果非要听的话，只能微微听到大的声响而不是讲话声。

表 3-6 起居室的声音隔离标准

住所之间的功能分区		STC 等级，分贝		
房间 A	房间 B	等级 I，最大	等级 II，平均	等级 III，最小
卧室	卧室	55	52	48
起居室	卧室 [a, b]	57	54	50
厨房 [c]	卧室 [a, b]	58	55	52
浴室	卧室 [a, b]	59	56	52
走廊	卧室 [b, d]	55	52	48
起居室	起居室	55	52	48
厨房 [c]	起居室 [a, b]	55	52	48
浴室	起居室 [a]	57	54	50
走廊	起居室 [b, d, e]	55	52	48
厨房	厨房 [f, g]	52	50	46
浴室	厨房 [a, g]	55	52	48
走廊	厨房 [b, d, e]	55	52	48
浴室	浴室 [g]	52	50	46
走廊	浴室 [b, d]	50	48	46
住所之内的功能分区				
卧室	卧室 [a, b]	48	44	40
起居室	卧室 [h, i]	50	46	42
浴室	卧室 [g, h, i]	52	48	45
厨房	卧室 [g, h, i]	52	48	45
浴室	起居室 [h, i]	52	48	45
机械房	敏感区域	65	62	58
机械房	较不敏感的区域	60	58	54

[a] 最令人满意的规划是用隔断分隔功能相同的空间；例如，起居室与起居室靠在一起。
[b] 每当一个隔墙可能起到分隔多个功能空间的作用时，都应该使用最高标准。
[c] 或者餐厅、或者家庭房、或者娱乐室。
[d] 假设没有从走廊导向起居室的入口门。
[e] 如果门是走廊隔断的一部分，那么它必须与走廊具有相同的等级。最令人满意的设计都没有从走廊导向部分依附其上的前厅或起居室的门厅的入口门。
[f] 双壁结构推荐用于除了空中隔音外，还用于隔离由在餐具搁架上放东西或猛地关闭橱柜门而产生的冲撞噪声。
[g] 厨房和浴室的卫生管道隔振需要特别的细节设计。
[h] 衣柜可能被作为缓冲区来使用，但条件是使用了非百叶窗门。
[i] 导向卧室和浴室的门最好应该有实心结构并且应该装有衬垫来保证舒适的隐私等级。
来源：《多家庭住宅中的空气传播、冲击力和结构传递噪声控制指南》，美国住房与城市发展部（HUD），HUD-TS-24（1974）

IBC和诸多政府机构都对居民住宅建设规定了最小的STC等级。如表3-6总结了一些普通的STC要求。

在挑剔的环境里，传输损耗和障碍物的选择应该使用各种频率的值来计算，而不是仅仅用单一的STC平均值。一些材料可能允许出现音"孔"以阻止多数频率，但允许特定值域的频率传输。无论如何，对于初步的设计意图，STC值已经足够了。

虽然有许多方法来尽量减小声音传输的问题，包括空间规划和控制音源等，但另外还有六种细节设计来响应噪声传输控制。

使用块团

因为声能必须通过某种材料进行传输，才能在临近的空间被听到，所以它必须克服这种材料的惯性。材料越重或越大，声音传输就越少。例如，一块薄玻璃对声音传输的消减不会像石膏墙板隔断那样多。同样在这一方面，双层墙板则要比单层的好一些。

让块团具有弹性

虽然声音传输主要是由于隔断的体积而被减缓了，但隔断的硬度或刚度也是很重要的。给定两个每平方英尺重量相同的隔断，在减缓声音传输方面硬度较小的那个会比硬度较大的那个更强。使用弹力开槽或专卖产品来支持一层或多层石膏墙板可以降低隔断的硬度。用开槽或有弹性的产品使得墙板"漂浮"起来，以降低声音对其的冲击，而不是允许其传到立柱上，然后再穿过隔断。

在音障的空腔中放置吸声材料

当声音能够通过隔断或者顶棚的第一层材料传输到其中的空腔内时，它使得里面的空气产生振动，然后再依次使得下一层振动，从而传输声能。通过在空腔内放置吸声材料可以进一步减弱声能。通常用隔音层或简单的玻璃纤维绝缘层就能达到这一目的。在顶棚空间里，可以把声板放到悬吊式天花板瓷砖的顶部。

如图3-18显示了上述三种响应相结合的使用。

消除障碍物的缝隙并密封开口

除了障碍物自身的结构，其他变量对于控制声音传输也是很关键的。障碍物中的缝隙必须密封。地板、顶棚和相交的墙的边缘必须捻缝。同时应该避免穿透障碍物，但是如果必须穿透的话，也应该很好地进行密封。例如，电源插座不应该背靠背安装，而应该错列在单独的立柱空间并捻缝。管线、通风管道和类似对障碍物的穿透物体都为空气传播声音和机械振动提供了路径。它们不应该被牢牢地连接到障碍物上。另外，所有通风管道、管线与隔断之间的缝隙都要进行密封。

典型的开口，诸如门和玻璃窗开口等，在进行细节设计时必须沿着边缘进行密封，并且避免使用刚性连接。如图3-19显示了一种围绕门洞进行声学密封的方法。

室内玻璃窗开口要求综合使用各种方法来尽量减小声音传输。首先，玻璃应该置于有弹力的垫圈上，以尽量减少玻璃和框架之间的移动。其次，应该使用夹

图3-18 声音衰减隔断组件

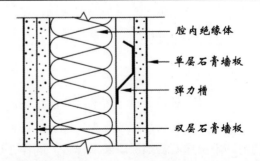

图3-19 门的声学原理

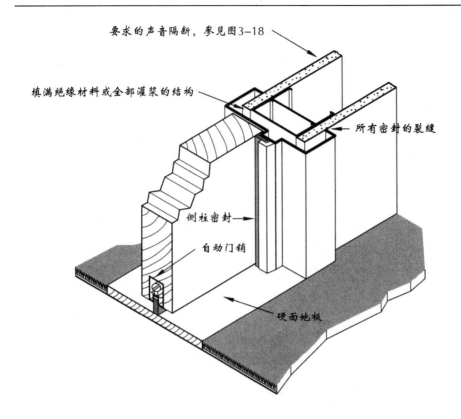

层玻璃来提供额外的块团,并且使用塑料隔层来制造阻尼效应。如果需要更高的STC等级的话,那么可以使用双层玻璃系统,如图3-20所示。

避免声音穿过风室

在写字楼和其他商业建筑中普遍存在一个问题,那就是如果隔断在悬吊式天花板处终止的话,声音会通过顶棚风室从一个空间传播到另一个空间。避免这一点的最好办法就是把隔断延伸到上面的结构板上,并密封好所有穿透的地方和接合处。然而,当不可能做到这些时,空间障碍物就应该被细化。两种方法如图

图3-20 为声音控制设计的玻璃窗细节

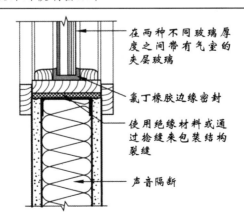

图3-21 风室和障碍物

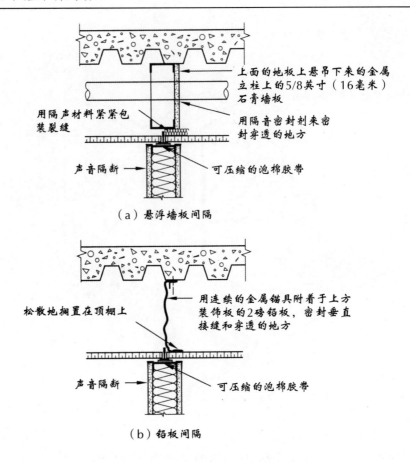

上面的地板上悬吊下来的金属
立柱上的5/8英寸（16毫米）
石膏墙板

用隔音密封剂来密
封穿透的地方

用隔声材料紧紧包
装裂缝

可压缩的泡棉胶带

声音隔断

（a）悬浮墙板间隔

用连续的金属锚具附着于上方
装饰板的2磅铅板，密封垂直
接缝和穿透的地方

松散地搁置在顶棚上

声音隔断

可压缩的泡棉胶带

（b）铅板间隔

3-21所示。不论任何一种方法，任何带有管线、通风管道或导管的穿透的地方都
必须进行充分密封。

减少穿过管道系统的声音

管道系统为声音传播提供了清晰的路径。管道应该镶有吸声材料，并且在振
动装置和附在上面的管道之间的连接不应该是僵硬的。如果管道系统连接两个
相邻的房间，它可能被放置成Z型或U型，来增加长度和避免为声音提供直线路
径。这些要求应该与机械顾问提出的要求相配合。

振动和冲击噪声控制

除了在空气中传播，噪声也可以由源头直接通过建筑物结构进行传输。硬面
地板上的掉落物体和脚步声是最为普遍的问题，但是机械、空调系统、卫生管道
固定装置以及水流过管道的时候都会产生结构噪声。

冲击噪声或由直接接触带有声障物体而造成的噪声可以发生在任何表面上，
但是一般情况下它发生于地板和顶棚总成。它通常是由脚步声、家具拖曳和掉落
物体产生的。

冲击噪声控制是由冲击绝缘等级（IIC）数值来进行量化的，它是地板/天

表 3-7 住宅单元之间的冲击绝缘等级

住宅之间的地板功能		IIC 等级，分贝		
房间 A 类以上	房间 B	I 级，最大	II 级，平均	III 级，最小
卧室	卧室	55	52	48
起居室	卧室 a, b	60	57	53
厨房	卧室 a, b, d	65	62	58
娱乐室	卧室 a, b	65	62	58
走廊	卧室 a, b	65	62	58
卧室	起居室	55	52	48
起居室	起居室	55	52	48
厨房	起居室 a, b, d	60	57	53
娱乐室	起居室 a, b	62	60	56
走廊	起居室 a, b	60	57	53
卧室	厨房 a, d, e	55	50	46
起居室	厨房 a, d, e	55	52	48
厨房	厨房 d	55	52	48
浴室	厨房 a, b, d	55	52	48
娱乐室	厨房 a, b, d	60	58	54
走廊	厨房 a, b, d	55	52	48
卧室	娱乐室 a, e	50	48	46
起居室	娱乐室 a, e	52	50	48
厨房	娱乐室 a, e	55	52	50
浴室	浴室 d	52	50	48
走廊	走廊 f	50	48	46

a 最令人满意的规划是让地板——顶棚组件分隔开功能相同的空间；例如，起居室在起居室之上。
b 这一安排比那些正好相反的敏感区域在相对较不敏感的区域之上的时候要求有更强的冲撞音绝缘。
c 要么是餐厅，要么是娱乐室，要么是休息室
d 厨房和浴室里的卫生管道的隔振需要特别的细节设计。
e 这一安排要求相等的空气传声隔音以及可能比相反的情况更少一些的冲击噪声隔离冲撞音绝缘。
f 楼梯大厅和走廊的适当处理要求特别的细节设计。
来源：《在多户家庭住宅中的空气传音、冲撞和结构噪声控制指南》，美国住房和城市发展部，HUD-TS-24 （1974）

花板所呈现撞击声的单值等级。在频率范围内，IIC等级越高，地板所呈现出的减弱撞击声的表现就越好。IBC规定了IIC等级的最小值，政府机构对居民住房建设也有相应的要求。例如，IBC要求住宅单元之间或者住宅单元和公共或服务区域之间的地板/顶棚总成IIC最小等级在根据ASTM E492进行测试时为50分贝（或现场试验时达到45分贝）。如表3-7所示，总结了一些常规的IIC要求。

提高地板IIC等级的最简单方式是增加地毯。也可以通过在地板下面安装弹性的悬吊式天花板、在结构地板上放置弹性垫片使装修地板悬浮起来、在地板和地板下面的装修顶棚之间的空气空间中放置吸声材料（绝缘）等方式来提高IIC等级。

对于振动和冲撞噪声控制有三种细节设计进行响应。

提供柔韧的连接

柔韧的连接可以用来隔绝制造噪声的建筑元素。柔韧的连接也可用于结合管道系统和管线。橡胶和钢质弹簧架可以用于机械装置中。卫生管道可以使用金属线吊于空中，或系于带塑料或橡胶夹子和架子的结构之上，以避免由于膨胀、收缩以及水流动而产生的噪声。

图3-22 专用声夹

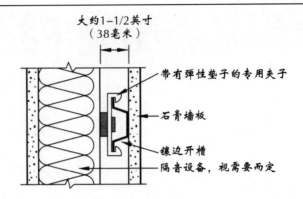

使用阻尼装置

使结构声响最小化的最有效方法之一是给噪声源装上垫子，使其与其余结构隔开。在门框上使用衬垫是这一方法中最简单的例子。对于地板，可以给坚硬的表面加上消声地毯衬或者铺上地毯。

对于隔断，最普通的细节设计元素之一是弹力槽，如图3-18所示。也可以用专用装置来替代，这种装置系在立柱上并使用弹力材料来固定标准的垫高槽。有两种已经加工好的类型；一种如图3-22所示。装置可以用于金属或木制立柱，也可以在屋顶或地板结构之下使用。制造商认为使用这种装置的隔断，其STC等级优于弹力槽。

让距离最大化

如果可能的话，把机械室、服务区和其他结构噪声源设置在一起，并且规划好，以使其尽可能地远离那些被规划为安静区域的地方。

3-10 防潮/防水

任何时候水或者潮气都有可能出现在室内细节中或者临近的地方，设计师必须采取一切措施来防止潮湿的侵入。潮湿会使得无保护层的含铁金属生锈、木头扭曲、能够吸收水分的材料膨胀、造成污点、损坏临近建筑物、降低隔离性以及制造霉菌和细菌环境等。虽然在许多室内细节中抗潮湿侵害不像在建筑物外墙防潮那么困难，但它也不会因此而变得不重要。

对于防潮和防水有六个细节响应。

使用无吸收性材料

当可能出现潮湿的时候，细节设计不应当使用任何可吸收水分的材料，诸如未保护的木头或者未被设计成能够排斥水的纤维织物。木头可以涂上防水涂料和油漆，否则就得密封起来，但是如果暴晒的话，则会造成保养问题。甚至对于覆盖层压塑料的工作台面，如果水从层压材料后面渗透进去的话，也可能毁坏工作台面。

使用有色金属

未保护的钢铁在潮湿的环境中会生锈。如果预计某个细节会有水侵入的话，应该避免使用结构支撑、扣件或其他铁制组件。如果要使用钢铁材料，就应该使用不锈钢、镀锌钢，或者给材料涂上另外的防护层。

消除或尽量少用接缝

把水挡在细节之外的最简单方法之一就是尽量减少接缝的数量和放置，因为接头的裂缝可能会不断地变大从而让水渗透进来。例如，将工作台面和后防溅板设计成一体的拱形边缘，而不是使用两个单独分开的板。接缝最好放置于垂直设备之上，因为在那里水有可能流走而不是像在水平表面上一样出现积水问题。对于持续潮湿的区域，诸如淋浴间等，应该尽量少用接缝以降低渗漏的可能性。

使用重叠结构

在有水会飞溅到垂直或倾斜的表面上、两块或多块单独分开材料的地方，它们应该像屋顶的瓦一样被重叠摆放，而不是用对接接缝连接起来。即使有小裂缝出现，瓦的效用将会防止水在装修材料后面流淌。

使用滴水槽

由于有了重叠部分，滴水槽借助重力就可以促使水从结构组件上落下，而不会因为毛细管作用或表面张力作用流回到结构里。一个滴水槽仅仅就是在材料下部的凹槽或锐边，这可以促使水沿着材料垂直流下去然后流走，而不是水平流淌回结构的主体（参见图3-23）。滴水槽普遍应用于建筑构件中，诸如最低的一级互搭板壁、窗台下方以及建筑物的悬壁结构上等。它们也可以用于出现大量水流的室内细节中，诸如商业用洗手间、淋浴站、水池和厨房等等。

使用正确的密封剂和接缝设计

密封剂通常用于密闭会出现水分的小接口。它们也可能会允许接口在保持密封的状态下出现较小的移动。在室内结构中，有两类接口：非移动接口和移动接口。非移动接口是那些相邻材料不希望彼此相对移动的地方。瓷砖淋浴内接缝就

图3-23　用滴水槽防潮

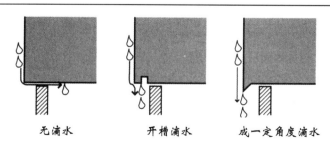

无滴水　　　　开槽滴水　　　　成一定角度滴水

图3-24 带有小块砖瓦的移动接缝

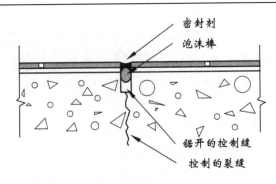

表 3-8 瓷砖伸缩缝合推荐宽度和间距			
	室内		
	陶瓷马赛克和玻璃窗瓷砖	采石场和摊铺机瓷砖	直接暴露于日光或潮湿环境中
间隔，英尺（米）	20–25 (6.10–7.62)	20–25 (6.10–7.62)	8–12 (2.59–3.66)
宽度，英寸（毫米）	1/8–1/4ᵃ (3–6)	1/4ᵇ (6)	1/4 (6)
ᵃ 1/4 英寸（6毫米）是最小值的最优选择，但是接缝永远也不要低于 1/8 英寸（3毫米）。			
ᵇ 与灌浆接缝相同，但是比超过 1/4 英寸（6毫米）。			

是一个非移动接缝的例子，因为瓷砖是牢牢地连接在支持墙上，墙在安装好之后的整个寿命周期内是不会移动的。非移动接缝在湿的区域里通常可以使用丙烯酸或硅酮密封剂来进行密封。

移动接缝是指那些设计来适用于材料膨胀和收缩、建筑物移动或建筑物的独立部分的移动而产生的预期移动。例如，移动接缝要求用于混凝土地板上带有控制缝的瓷砖地板上，或者用于有大面积砖地的瓷砖地板上。参见图3-24。

向材料生产商查证所需的接缝尺寸和位置。瓷砖接缝的推荐宽度和尺寸如表3-8所示。

在潮湿的室内区域中，移动接缝通常使用硅酮密封剂进行密封，使其具有良好的移动功能，并且不受水分的影响。

第4章

施工能力

4-1 概 述

施工能力是细节设计自身所产生的要求总和，不受细节的基础功能或者审美需要的支配。例如，每一个细节都必须拥有可靠的结构、使用适当的连接、容纳公差并且足够耐用，以保证符合自身预期的生命周期。本章将讨论以上这些内容以及关于施工能力的其他方面的问题，并且提供一些方法来处理这些在所有细节问题中都存在的普遍关注点。

虽然施工能力问题是所有细节设计问题中的一部分，但满足这些问题的方法可能与设计意图、限制或者功能相矛盾。尽可能用最好的方法来解决这些矛盾正是设计师的任务。例如，饭店服务台的设计意图可能意味着工作台面、开口框架和顶灯高度缜密的总成，然而除尘力、耐久性和建设的容易度等基础施工能力问题，则可能要求使用更为简单的材料和连接来进行装配。

4-2 结构要求

强度和结构是一种材料、产品或组件能够承受任何可能施加的荷载的固有性能的术语。这有可能就像细节的一部分可以支持细节的另外一部分重量的能力一样简单，或者也可能会像一个要经受复杂重力和风力荷载的总成一样复杂，以至于还需要结构工程师来进行计算。

对于许多细节设计师来说，结构要求并不挑剔；一个组件支持另外的组件和一般置于细节上的荷载性能是由结构的标准方法来满足的。例如，将中空金属门框固定在金属立柱上的典型的方法对于把框架固定在原地、支持门、抵挡开关门的力量以及抵抗由于人或物体穿过开口而偶尔对框架产生的碰撞是足够的。无论如何，如果门被细化得更宽、更高或更重，或者如果开发一个定制的框架结构的话，那么所要求的结构连接将需要检查并且设计成能够支持细节的独特荷载。

在其他情况下，细节的特定功能和限制要求设计师来寻找问题的唯一解答。例如，一个横跨两个支撑橱柜的工作台面将需要足够的结构支撑来固定任何放在上面的设备或材料，但是也要考虑到可能会出现有人倚靠或者坐在上面的情况。这些荷载必须通过材料和相关配置来承担，并且基于材料和工作台面的跨度、所允许的偏差量以及工作台面下要求的屈膝空间大小来进行规划。

基本的结构概念

虽然带有唯一结构的复杂细节必须由结构工程师来设计，但室内设计师也可以根据对于一些基础结构概念的理解来开发许多低荷载的细节。有了这些知识，设计师就能根据细节的基础配置、连接所需要的类型和组件的尺寸，来做出相应的决定。如果需要的话，结构工程师还可以核实细节的结构部分是否合适。

有许多种荷载是建筑物元素所必须能够承担的。它们以绘图的形式显示在如图4-1中。

压缩荷载把材料元素推到一起。要抵抗这些荷载往往需要通过使用体积足够大的结构元素和/或使用强度足够大的材料等方式。每一种材料都有能够抵抗单位面积荷载的特定性能。例如，每平方英寸钢材可以抵抗的压缩力比木材所能抵抗的要多。压缩荷载是各类材料最容易抵抗的典型荷载。木头、钢材、铝、黄铜、石头、混凝土甚至是塑料对于带有压缩荷载的室内细节设计都是很好的选择。

除了简单的压缩外，材料抵抗压缩荷载的另一个侧面也必须考虑到。这被称之为纵向弯曲荷载，是在一个纵列或其他垂直构件中的压缩力导致构件向外弯曲（以及荷载足够大时折断）的要害点，即使它有能力抵抗基本的压缩荷载。纵向弯曲普遍发生在长条形的直线元素上。例如，高桌子或工作台面上的非常细的腿部支持了很大重量，就会受制于纵向弯曲荷载。无论如何，在大多数情况下，通常使用的材料和室内细节的尺寸都不存在纵向弯曲荷载的问题。

拉伸荷载倾向于将材料的各元素彼此拉开。支撑悬浮重量的电线就在拉伸之中。一些材料，诸如混凝土或砖石，善于抵抗压缩荷载，而不善于抵抗拉力。另一方面，钢材的强度较高，足以抵抗较强的压缩力和拉伸力，一般应用于电线支撑。

当一种材料受制于拉伸荷载时，它会变得更长或者伸展开。伸展量取决于所支撑的重量或所受力的大小，也取决于支撑构件的强度和尺寸。对于多数室内设计和细节应用来说，长度的变化不是很重要，但是如果预料到有较重的荷载时，

图4-1 基础结构荷载

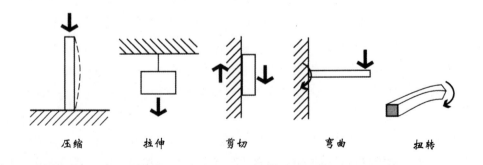

压缩　　　　拉伸　　　　剪切　　　　弯曲　　　　扭转

这一伸长率就必须考虑在内，并且由结构工程师来进行计算。

剪切荷载倾向于导致材料的各元素彼此相对滑动。剪切应力常常出现在像承重横梁这种大的结构部件中。同时，在室内细节中，剪切应力也经常出现在像支撑护墙板或橱柜的螺栓这种更小的元素当中。

弯矩是应用于一个元素的力量倾向于导致该元素围绕一点或一线旋转的向量。弯矩的量与应用荷载的量和力的作用线到转轴的距离成正比。在建筑结构中，弯矩多存在于仅一端有支撑的悬臂式横梁或者仅一侧有支撑的架子上。当一种材料连接到另外的材料上，连接处就必须抵抗弯矩力，因此必须仔细进行考虑和设计。即便连接处足够支撑荷载，悬臂式元素也可能因受到预料之外的力量作用而产生转向。室内细节设计的结构可以通过避免弯矩情形的出现而得到简化。

扭转是倾向于制造旋转的力的结果。有关扭转的一个非常简单的例子是用扳手来拧紧螺栓。对于多数室内细节，扭转力是不存在的或者量太小以至于不用考虑。

以下建议包含了处理室内细节设计结构问题的方法。

在任何可能的时候使用导向轴承连接

在大多数情况下，将一种材料直接搁置在另一种材料上会很容易调节一个细节中的重量负担或外加荷载。这建立了几乎任何材料都能抵抗的简单压缩力，并且简化了任何所需的连接。例如，把隐秘隔断直接放到地板上是比挂在墙上更容易做到的一种结构连接。第一种情况是，隔断的重量直接放在了地板上；而第二种情况是，重量必须被转嫁到刚性连接或紧固件上，造成剪切和拉伸荷载，在这种情况下紧固件和它们所在的基底必须适合支持重量。

一体化横梁作用

横梁是将水平元素搁置在两个或多个垂直元素上的最基本建筑形式。横梁上统一的或集中的荷载通过弯曲度被转嫁到支撑物上。如图4-2（a）所示，当一个荷载作用于一个简单的矩形梁时，横梁会弯曲，一部分在中心线以上趋向于缩短，被称为中心轴，而中心线以下的部分趋向于拉长。因此，横梁上部压缩而底部拉伸，最大应力在远离中心轴的极端距离上。

考虑到横梁抵抗荷载的方式，尽可能地把大部分横梁放置在远离中心轴的地方，这是最为有效的。这就是为什么钢制横梁要被加工成I型或H型，一些成品木栅栏要使用一个薄的胶合板网，并且在网的上部和底部都要带有较厚的结实的构件来构成I型总成。

对于简单的矩形，如果以垂直方向放置而不是水平的话，横梁作用是最有效的，并且呈现更坚硬、更结实的状态。参见图4-2（b）。例如，在实践中，如果一块1×2的木头被用来制成一个工作台面，最好将它以垂直方向放置而不要以水平方向放置。这一原则可被应用于木头、铝材、钢材或任何其他材料。当空间受

图4-2 横梁作用

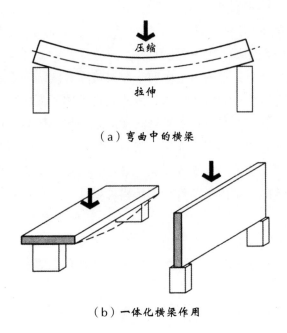

（a）弯曲中的横梁

（b）一体化横梁作用

限无法一体化横梁作用时，可以使用钢材或者铝板条，而不使用木头。

尽可能使用最简单的连接

因为大多数作用于室内细节的力是最小限度的，所以连接可以尽可能的简单化，以尽可能减少成本并缩短建造时间。只要独立的部件都得到充分地支撑并且彼此连接，就应当使用最直接的连接方法。例如，黏合剂可以用来代替螺丝，或者使用夹子而不用横木。

当需要时使用丰富的连接或者轴承

如果细节的结构完整性过于挑剔，那就多使用一些连接，以防某个连接可能出现脱落或者损坏的情况。例如，用三个螺栓而不用两个，或者一个细节组件可能直接放置于另一个的顶部来制造简单的重力承受连接，同时使用紧固件来保证两个元素固定在恰当的位置。

无论如何，关于使用多个连接的决定，如下面所建议的，必须要与使用简单结构连接的目标保持平衡，并且尽可能少地使用。相对于成本、建筑时间、审美和易组装性这些要求，设计师必须权衡确保细节结构坚固性的要求。

使用制造商核准的结构连接

对于使用制造前组件的细节而言，应该使用制造商提供的推荐规范。制造商通常能够为在各种各样的基底上安装他们的产品提供指导，并就使用哪些类型的紧固件给出建议。然而，如果制造的项目被应用于与预期不同的方式，连接则应该由结构工程师来进行审核。

为了重复使用的潜力使用可移动连接

虽然当前的建筑方式一般不对此进行考虑，但一个建筑物或细节可以被设计成可拆解的。这样的话，就允许建筑物组件被拆开重复使用、循环利用或者作为可持续设计大型规划的一部分进行适当的清理。关于可拆解的设计必须在细化过程中进行考虑，在建筑物生命开始之时而不是在结束时进行考虑。连接是设计拆解的关键组件之一，因为拆开一个建筑物必须要合理且容易，或者要决定仅仅是处理材料而不再对它们进行重复使用和循环利用。

制作便于拆解的连接的方法多种多样。例如，可以在适当的地方使用螺丝或螺栓，而不使用钉子或黏合剂，也可以使用夹子或压力接头，而不使用刚性连接。作为可拆解理念体系的一部分，应该尽可能少地使用组件来使拆开细节所需的时间最小化。

正如细节的其他方面，设计师必须平衡可拆解设计的实际性与可能获得的持续性效益，以及成本、功能和细节设计的诸多其他方面的关系。

4-3 连　接

连接是指细节的各部分彼此连接和连接到细节固定基底上的方法。连接可以用黏合剂、钉子、螺丝、螺栓、胶带或维可牢®制成，亦或通过电力紧固、压接、打钉、定位焊接或软焊接来实现。当然，使用哪种方法取决于要固定何种材料，但是还包括外观、成本、强度、安全性、简单性、有安装空间、可调整性以及可以便于拆解细节的能力，如上一节所述。例如，钢材可以被焊接、用螺栓连接或者用螺丝拧到其他钢构件上，而对于木质构件则只能用螺栓连接或用螺丝拧紧。即使两块钢材需要连接，关于安全性的考虑和对于熟练焊接工的需求也可能建议采用其他方法。

为刚性连接选用适当的方法

刚性连接是指那些不打算移动或不提供偶然移动的连接。刚性连接包括钉子、螺丝、螺栓以及夹具等紧固件，也包括定位焊接和软焊接连接等。黏合剂、胶带和压接提供的是一种稍微不太刚性的连接，如果在两个材料上的作用力足够大的话，会允许出现很轻微的移动。螺丝和螺栓倾向于比钉子、黏合剂和夹具固定得更牢，同时在需要一定的可调节性时是十分有用的。如果设计师想要把连接的方式强调为细节审美的一部分，那就可以使用螺丝和螺栓，甚至夸张其尺寸。如果设计师想比标准连接更多的话，那螺丝和螺栓还有各种类型可供选择。根据连接头的类型，有铁的、不锈钢的以及一些其他材料。其中的一些显示在图4-3中。大多数螺丝都有各种各样的螺丝头可用，包括开槽的、飞利浦的、正方形的、六角形开槽的以及单向防改的等。

图4-3 螺栓和螺丝头的类型

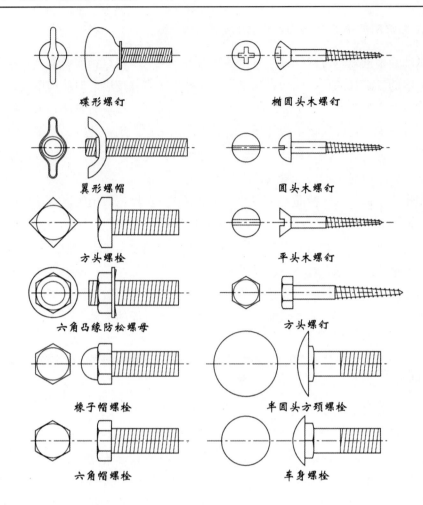

碟形螺钉　　　　　　　椭圆头木螺钉

翼形螺帽　　　　　　　圆头木螺钉

方头螺栓　　　　　　　平头木螺钉

六角凸缘防松螺母　　　　方头螺钉

橡子帽螺栓　　　　　　半圆头方颈螺栓

六角帽螺栓　　　　　　车身螺栓

基于用途确定可移动连接类型

一处细节一定包含许多活动件，诸如橱柜盖板或展示柜滑动台等。活动连接有各种各样的方式和五金类型。选择什么样的类型取决于活动部分是否需要完全活动（松散的）、滑动、摇摆、旋转或者是它们的组合。当仅仅需要临时使用时，松散的组件是提供可移动面板低成本的、简单的方法。面板可以通过螺丝或螺栓来固定。对于面板、橱门和其他必须反复打开的结构元素，应该使用某种合页，可能包括对接式合页、环包式合页、转轴式合页、钢琴合页和暗式链条等。其中一部分显示在图4-4中。

其他特定的五金件可用于将门或抽屉连接到橱柜和其他木制品上。这些包括叶片滞留、盖滞留、门滑轨、上开装置、滑块、跑道和滑动门五金等。

使连接的数量和类型最小化

如在上一节中提到的，除非需要过多的连接来保证安全性或者在挑剔的环境中使用，否则尽量减少连接的类型和数量。例如，对于一处细节中的每个连接仅仅使用一种类型和尺寸的螺栓，并且如果可能的话，在所有细节中都这样使用。

图4-4　合页的类型

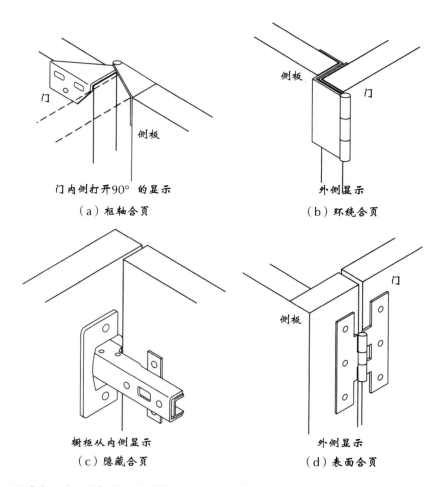

（a）框轴合页　门内侧打开90°的显示

（b）环绕合页　外侧显示

（c）隐藏合页　橱柜从内侧显示

（d）表面合页　外侧显示

这可以减少工人混淆不同总成连接头的可能性。把数量和类型都最小化还可以普遍减少建筑时间，并且使成本降到最低。

让连接无障碍

当细节中显示存在任何种类的连接时，在最初的建造中就必须预留足够的空隙来安装连接，如果必要的话，还要移除连接并拆开结构。例如，必须留出安装和收紧螺栓或螺丝、使用黏合剂、焊接连接或者使用电动工具的空间。同时，必须提供能容纳工人的双手和任何可能会使用到工具的空间。

4-4　移动性

移动性是指细节中可以为任何所预料到的细节本身或者细节组件的移位，以及细节所必须适应的整个建筑物的移动所采取的预先措施。建筑物移动的原因多种多样，室内结构必须适应这种移动。移动可能是由温度变化、结构的偏向、风引起的摇摆、地震运动、建筑物的沉降或者木材的扭曲而产生。这种预期的移动量将决定细节如何响应。

图4-5 室内木质产品的推荐平均水分含量

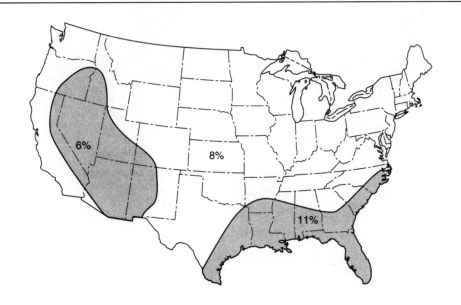

使用适应环境的材料

能对湿度和温度变化做出反应的材料，诸如木材等，应该在同将来使用时差不多相同的温度和湿度标准下进行风干和安装。如果它们来自于一种与将来的使用环境完全不同的气候环境，那么安装之前应该按照制造商的建议在现场把它们贮存一段时间。如图4-5显示了室内细节中应用的木制品的推荐含湿量标准。

使用背部减压木材

扁平的实木板会由于板两侧的收缩不同而容易产生翘弯畸变的现象。通过给木板背部或向下的一面减压的方式可以尽量避免这一现象的发生，如图4-6所示。可以在木板背面切开一些小切口或切除较宽的一部分，这一方法也使得木板能够较为容易地附着到两个略微不平的表面上。通常，车间预制的木质装饰出厂时就要经过背部减压处理。定制的木板可能需要在现场减压或者根据建筑本制品

图4-6 背部减压

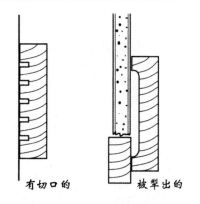

有切口的　　　被犁出的

说明书中明确表示的方法进行处理。

使用控制缝

　　控制缝是特意做到建筑组件中的，以使任何偶然出现的破裂都发生在预定位置上的小接缝中。例如，控制缝普遍会在混凝土板里呈现出小开槽的形态。这些开槽使得混凝土变得略微脆弱，以至于较小的破裂会被隐藏在接缝里，而不是在板子上面像胡乱的裂纹一样显露出来。在室内结构中，控制缝有时被错误地称为伸缩接缝，使用于大范围的木质护墙板或木地板中。对于齐平的木质护墙板，应当在两块板之间使用放松接缝。放松接缝是带有明显转角的，有大约1/16英寸（1.6毫米）的微小斜面。参见图4-7。虽然接缝是明显的，但看上去像是经过深思熟虑的设计方案，并不会引起反感，并且可以隐藏木板轻微的收缩。如果没有它的话，任何在接缝处的收缩都会变得非常明显。控制缝也可以通过在地板上放置锌条的方法应用于水磨石地板。这种锌条与地板齐平，可以作为装饰图案的一部分来区分不同颜色的水磨石。

提供伸缩接缝

　　伸缩接缝可以比控制缝允许更大范围的移动。它们广泛应用于石膏墙板、灰泥、瓷砖、木护墙板以及其他会膨胀、收缩或可能由于其他原因而轻微移动的材料中。例如，瓷砖地板中的伸缩缝可以调节支撑板的轻微偏向以及地板本身的膨胀和收缩。如图4-7（b）和（c）显示了一些在室内细节设计中普遍使用的控制缝和伸缩缝。

图4-7　室内控制缝和伸缩接缝

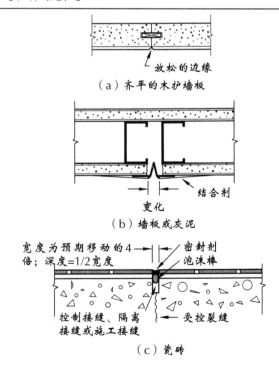

（a）齐平的木护墙板

（b）墙板或灰泥

（c）瓷砖

如果预期会有大量移动的话，那就应该使用滑动接缝或建筑伸缩接缝，如下所述。

使用滑动/重叠接缝

调节移动的简单方法，无论是使用控制缝还是使用伸缩缝，都是要细化重叠的材料，否则就得允许其滑动。参见图4-8。这一类型的细节可以用于木材、金属、塑料或专卖产品中。滑动接缝可以与暴露部分相结合，来允许材料移动而不被发现。如图4-8（e）中所示，墙板可以彼此齐平地安装到墙夹上，之间留出一点暴露空间来。夹子把板子固定在原处并且承受重力荷载，而允许其水平移动。板之间的暴露部分可以有效地隐藏任何轻微的移动。另外还有一个优势，就是夹子可以方便板子较容易地取下来，进行维修或者替换。

使用滑动接缝

当一个细节中预期到会有大量的移动时，就应该用滑动接缝，以便在不破坏细节或周围材料的情况下来允许细节移动。例如，在耐火隔断和地板的底面之间，除了需要恰当地密封接缝以防止火和烟渗透进来以外，地板潜在的偏向也必须考虑到。如图4-9所示，一个典型的现场组装的细节。这一细节提供了一个制造出耐火密封的滑动接缝，同时允许板子在不压曲隔断的情况下偏斜大约1/2英寸（13毫米）。另外一个方法是，使用如图4-10中所示的专卖产品，这种产品的功效也一样，但是允许更大的偏向。有许多专卖产品可以使建筑隔断的活动接缝

图4-8 滑动接缝

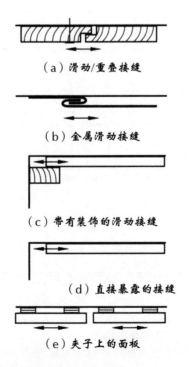

（a）滑动/重叠接缝

（b）金属滑动接缝

（c）带有装饰的滑动接缝

（d）直接暴露的接缝

（e）夹子上的面板

图4-9 位置构造滑动接缝

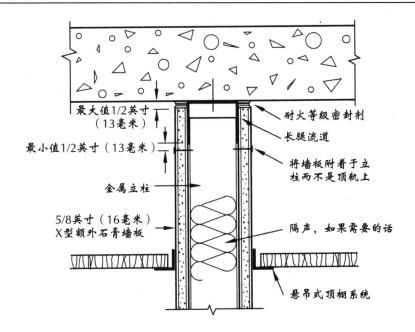

更为轻松，同时允许各种不同程度的板子偏向。

在高层建筑物中，显著的水平移动可能是由于风力荷载所导致的。如果室内隔断是设计在窗框背面，而不能适应这种移动的话，那么就会造成隔断的破裂或弯曲，就像垂直偏转一样。因此，应该提供如图4-11所示的滑动接缝。建造时可

图4-10 专属防火滑动接缝

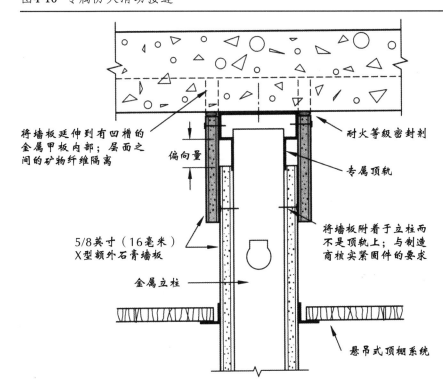

图4-11 围墙上的减压接缝

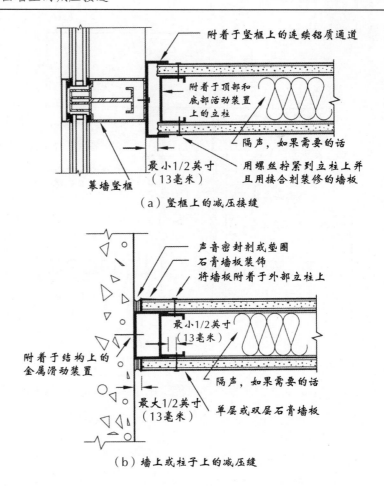

（a）竖框上的减压接缝

（b）墙上或柱子上的减压缝

以用普通材料或者专卖产品。预期的偏向量应该由结构工程师来进行核实。

使用建筑伸缩接缝

当预期到有非常大的移动时就必须使用一种不同类型的接逢。这种移动是由整幢建筑物的全部楼层以不同的频率移动或者由于地震引起的。用于这种移动的接缝被称之为建筑分离和地震分离接缝。它们一般由建筑师和结构工程师来放置和设计，作为建筑物设计的一部分。有专卖产品可用于调节地板、墙和顶棚的不同程度的移动，并且室内设计师可能在大型建筑物中遇到这类接缝。如图4-12中所示，是这类接缝中的两种。通常，制造商都会提供将相邻的装修材料合并到接缝上的方法。

提供净空间

调节小型或大型建筑物移动的最简单方法是将室内结构总成和组件从建筑物结构上分离开来。如图4-13所示。这可以使建筑物在不把任何破坏力转移到室内材料或组件上的情况下进行移动，并且还允许室内结构相对于建筑物结构单独地移动。当然，这仅仅是在连接可以从一个功能点上打开的前提下才可以，例如一

图4-12 建筑物分离接缝

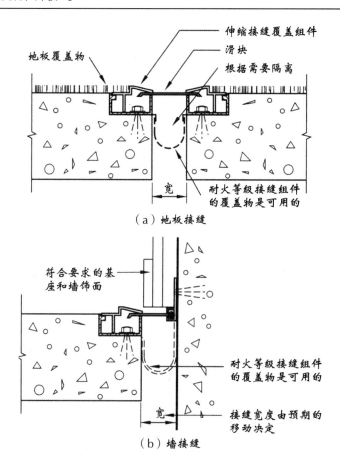

（a）地板接缝

（b）墙接缝

个远离顶棚和外墙的隔断不能提供完全的视觉和听觉的隔离。

4-5 公 差

公差是指在尺寸、方位、形状或位置上与理论上的精准值之间的可接受偏差。建筑物结构中存在的公差表明了没有任何东西是可以毫无瑕疵地被建造出来的。建筑材料或产品安装公差量取决于材料本身、生产公差、制造公差和安装公差。结构中的某些公差是非常小的，而某些又是非常大的。例如，在车间里制造的建筑木制品可能存在百分之一英寸范围之内的公差，而现场浇注的混凝土可能

图4-13 提供净空间

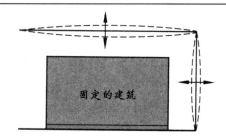

表 4-1 普通的行业标准建筑公差

建筑元素	公差	来源
混凝土板等内材，水平从规定高程	±3/4 英寸（±19）	ACI
混凝土板等内材，平整度在 10 英尺（3 米）直线尺以下	±3/8 英寸（±10）	ACI
混凝土悬浮板，水平从规定高程	±3/4 英寸（±19）	ACI
混凝土悬浮板，平整度在 10 英尺（3 米）直线尺以下	±1/2 英寸（±13）	ACI
混凝土横梁和墙的位置	±1 英寸（±25）	ACI
混凝土开口尺寸，垂直开口，如窗户和门	+1 英寸，-1/2 英寸（+25，-13）	ACI
混凝土柱子尺寸超过 12 英寸（305 毫米）	+1/2 英寸，-3/8 英寸（+13，-10）	ACI
混凝土砌块，规划位置	20 英尺内 ±1/2 英寸（6.1 米内 ±12.7）	ACI
混凝土砌块，垂直	10 英尺内 ±1/4 英寸（3.05 米内 ±6.4）	ACI
室内石墙面覆盖层	±1/8 英寸（3）	MIA
石瓦尺寸	±1/32 英寸（0.8）	MIA
粗糙木材框架，位置	±1/4 英寸（6）	RCPS
粗糙木材框架，垂直	10 英尺内 ±1/4 英寸（3050 内 6）	RCPS
10 英尺内带有地板下的粗地板的粗糙地板框架	10 英尺内 ±1/4 英寸（3050 内 6）	RCPS
带有地板下的粗地板的粗糙地板框架整体	20 英尺内 ±1/2 英寸（6100 内 13）	RCPS
木制品现场对接木材对木材的安装项目：		
齐平和裂缝宽度，优质级	±0.012 英寸（±0.3）	AWI
齐平和裂缝宽度，定制级	±0.025 英寸（±0.65）	AWI
木制品现场对接木材对非木材的安装项目：		
齐平和裂缝宽度，定制级	±0.025 英寸（±0.65）	AWI
齐平和裂缝宽度，定制级	±0.050 英寸（±1.3）	AWI
幕墙和店面安装，垂直	12 英尺内 ±1/8 英寸（3600 内 ±3）	GANA
水平位置上的石膏墙板隔断	±1/4 英寸（6）	Various
石膏墙板隔断，垂直和顶棚水平面	10 英尺内 ±1/4 英寸（3050 内 ±6）	Various
最大弯曲度 1/4 英寸光滑玻璃从 71 英寸到 83 英寸长	0.47 英寸（12 毫米）	ASTM

工业标准原始来源：
ACI　美国混凝土学会
MIA　美国大理石学会
RCPS 住宅建设业务指南，第 3 版，家装施工人员改装工协会 ™
AWI　建筑木制品质量标准，第 8 版
GANA 北美玻璃协会，玻璃窗手册
ASTM 美国试验材料学会，C1048
建筑公差完整目录参见《建筑公差手册》第 2 版，大卫·肯特·巴拉斯特. 约翰威立国际出版公司。

会有几英寸的公差。

　　室内设计师必须了解结构组件和细节的相应生产公差和安装公差。如表 4-1 给出了一些普通的结构组件的行业标准公差，包括室内结构所基于的基础建筑公差以及室内组件本身的公差。当然，对于诸如一块混凝土地板这样的建筑结构公差而言，室内设计师必须调节任何室内结构中会出现的公差和现有条件。对于室内组件，考虑到需要更小的公差值，可能会增加成本和结构元素的安装时间，设计师可以选择按照行业标准公差来设计，也可以指定更为严格的公差。

　　下列指导方针可以用于在开发细节的时候调整公差的一些方法。如图4-14所示。

提供垫片空间

　　一个垫片空间允许将一个必须以紧公差来安装的建筑组件被放置到另外可能有更大公差的结构组件内部或者邻近的地方。例如，门框必须被放置得完全垂直和水平，为的是门能够正确地开合，但是它所放置和依附的开口边缘却通常是粗

图4-14 调节公差的方法

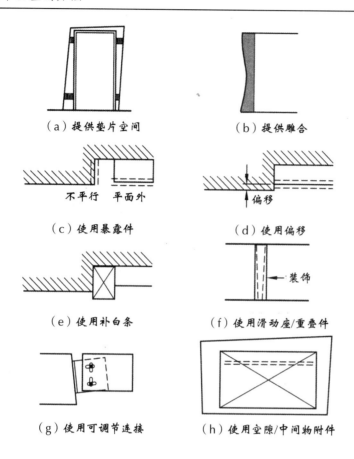

（a）提供垫片空间　　　（b）提供雕合

　　不平行　平面外　　　　　　偏移

（c）使用暴露件　　　　（d）使用偏移

　　　　　　　　　　　　　　　　装饰

（e）使用补白条　　　（f）使用滑动座/重叠件

（g）使用可调节连接　　（h）使用空隙/中间物附件

糙的而且是不垂直、也不水平的。参见图4-14（a）。垫片被用于在两个组件之间提供可变的空间。垫片通常是薄的木片（一般是锥形的）、金属片或塑料片，它们可被用于填充空间。垫补典型地应用于安装门、玻璃窗开口、橱柜、护墙板以及必须安装得垂直和水平的任何结构元素。在大多数情况下，所呈现出的不规则垫片空间和垫片必须用装饰物进行覆盖，否则就得用细节来进行隐藏。

提供雕合

　　雕合或雕合块是略微大一些的材料，是用来适应其他边缘不整齐情况的定制装饰。如图4-14（b）中所示，雕合可能被用于将一个笔直的而且垂直的橱柜边缘靠在一面弓形的或略微不够垂直的墙上。当缝隙由雕合来填满时，一般的变化眼睛是看不到的。

使用暴露件

　　暴露件在视觉上是通过使用一个小空间来把一个建筑元素与另外的元素分开，这一空间通常是在3/8英寸到1英寸（10毫米到25毫米）的范围内。参见图4-14（c）。暴露件可能与材料所允许的一样深或者由设计师灵活处理。两个元素如果边缘和表面不是平行或齐平的，就可以使用暴露件来将它们分开足够的距离，以便不平行或不齐平的外观不那么明显。暴露件是一种大范围地使用在建筑细节中的有效设计。除了调节公差之外，暴露还提供了一种方法来分开和装修不同材料，以及建立有趣的光影划线。如果裂缝必须被物理性地封堵的话，那么可能将一个雕合块嵌入得很深来制造一种暴露。暴露可能被装修成与其中一个或所有相邻材料相同的颜色，以及使用相同的材料来帮助它最小化，或者会油漆成黑色，或者装修成对比色。

使用偏移

如图4-14（d）所示，偏移与暴露相似，它从视觉上隐藏了两部分材料在表面上的轻微不同。偏移常常也被称为暴露，它最经常地应用于隐藏两个相邻表面略微不在一个平面上的状况。当两块木质装饰连接在一起的时候会普遍用到它们，可以把其中一块放得离另一块差不多一英寸的距离，而不是把两块木头完全沿着边缘对齐。例如，门套装修通常往回拨离开门框自身正面大约1/4英寸（6毫米）。

使用补白条

补白条是延伸到两个边缘或平面之外的、从视觉上分开和掩饰在齐平或对齐方面的任何差异的分离结构元素。参见图4-14（e）。它们所用与暴露一样的方法来隐藏较小的不规则性，但是补白条延伸到原始材料之外，凭借自身特性成为一个突出的设计元素。补白条也可以嵌入两个相邻表面来制造一处暴露，但是通过不同的涂层，来强调补白条，而不是试图将它隐藏。补白条也可以起到与雕合块一样的作用。

使用滑动座或重叠装置

滑动座或重叠装置是细节用来隐藏建筑元素之间所存在瑕疵的普通的安装方法。如图4-14（f）所示，一块已完成了的、应用于两个相邻板块之间的木制模塑轻易地隐藏了任何在垂直和齐平校准上的瑕疵，同样也隐藏了修饰得不太好的面板边缘。多数结构中的模塑或装饰块适用于这一目的。例如，一个橡胶底座隐藏了地板和墙面之间不完美的缝隙。门套装修遮盖的仅仅是垫片空间，但是也遮盖了粗糙开口上存在的不够垂直的公差。

使用可调节连接

当细节中的两个组件必须进行连接时，则提供一个能够轻微调整的连接方式。当需要细化硬片与硬片之间的连接时，使用槽缝螺栓孔就可以很容易地进行调节，如图4-14（g）所示。桌子或其他橱柜上的地脚平衡螺丝也是在细节中进行调节的方法，这是使用螺丝接头在多种细节中进行完美调节的范例。根据细节的需要，调节能力需要达到一维、二维或三维。

留出充足的空隙且合并中间附属物

在大多数时候，处理建筑公差最好的方法是提供空间来容纳那些用于连接装饰物与有瑕疵的结构元素的中间材料。如图4-14（h）所示，如果块板必须安装得完全垂直、水平并且平放在一面粗糙的混凝土墙上，可以使用独立于面板自身之外的、任何所需的垫片和结构紧固件在混凝土上安装一个或多个挂带。这样一来，面板就会像结构所需要的那样从挂带上悬吊下来。这一方法要求在混凝土表面和面板背面之间设计出充足的空间，以便悬挂带子、垫片和任何机械紧固件。

4-6 空　隙

空隙是用于安装、制作连接、允许公差以及为其他施工项目提供空间所要求的建筑元素之间的空间。空隙的要求常常被设计师遗忘，因为细节设计是在纸上通常作为一个完整的总成、孤立地进行观察和构思的，因此设计师可能会没有注意到建筑物与周围需要的机动空间。当进行细节设计时，避免空隙问题最好的方法是在头脑中想象一下装瓦工和安装工实际上是如何履行他们的职责来进行细节构建的。

为工作和组装留出空间

一处细节必须为工人使用工具以及手和胳膊伸进去进行装配提供足够的空间。大多数的手动工具不需要太大的空间，但是一些电动工具在使用时除了工人的手和胳膊所需要的空间之外可能还需要额外的12英寸（300毫米）或者更多的空间。例如，一处要被附上石膏墙板饰面的细节上，上面的小间隙必须提供空间便于工人从事连接墙板、缠绕接缝以及应用密封剂等各种工作的开展。

有时，在螺丝或螺栓连接方向上仅仅90度角的改变就可能足以解决一个紧固件安装的问题。

提供安装零部件的空间

细节的独立组块必须被放在应该的位置里。这常常需要将一个组件放到其他东西的上面，或者将部件倾斜、旋转才能放进去，否则就得在另外一个比最后位置所要求空间更大的空间里进行操作。例如，在通风管和管道系统下面必须留出充足的空余空间，用来将吸声天花板瓷砖倾斜并安装进去，即使瓷砖和悬浮网格本身在它们最终的位置里所占的空间也就仅仅是一个窄信封那么大。

允许公差

如前面所述，应该考虑到公差，允许各种类建筑元素在安装时略微偏离它们理论上的位置，并且允许材料根据它们的生产公差在尺寸上有所变化。当为公差考虑空隙的时候，设计师必须同时考虑到公差的累积，这可能会比各个组件的单个公差要多。

4-7　耐久性

耐久性是对于材料或细节经受严格使用的要求。例如，经常有人出入的走廊隔断的拐角应该是足够耐久的，以至于货物碰撞时不会产生凹陷、划擦和剥落的现象。

耐久性也是可持续性的一个重要方面。如果一种材料或者细节组件必须被频繁地更换或者维修，那就需要用到更多的能量和资源来维护细节。参考第3章，以获得更多有关可持续性的细节信息。

下面的建议列举了一些使细节具有耐久性的方法。

自我耐用

细节可以在没有应用任何保护的情况下通过它们自身而具备耐久性。

使用坚固的、沉重的、耐用的材料

在细节中使用的材料，尤其是暴露在外频繁使用的部分，可以指定使用坚固的、沉重的材料，否则就得使用耐用的材料。诸如混凝土、砖头、石头、一部分金属材料等在室内的应用通常是非常耐久的。其他的材料，如木头等，其硬度是不同的，这取决于所选用的品种。例如，橡木就比松木和白杨木要坚硬。虽然也有能经得起频繁使用的墙板，但水泥作为饰材总是比石膏墙板更坚硬耐用。许多制造商都提供耐用的产品品种。例如，有专门预定用于学校和预期可能出现蓄意或意外破坏的其他建筑物里的吸声天花板瓷砖等。非常耐用的材料可能最初的成本更多，但是当考虑到用于更换和维护的成本时，从生命周期来看成本则更少。

设计师也可以指定和细化那些可能时间一久就会出现磨损的材料，但是那些不显陈旧的材料则可以轻易地再抛光。例如，像橡木一样的硬木材会饱受碰撞、摩擦以及类似的磨损，但是却因年久而呈现出引人注目的独特光泽。当饰面极度磨损时，木头可以用砂纸打磨和再抛光。

不要滥用脆弱的表面

如果一处细节具有易损坏的饰面、表面或边缘，设计师可以将那些部分放到远离损害的地方去。例如，可以使用修圆的石膏墙板，而不使用那种有90度直角边的墙板。一个装饰性软金属条可以被嵌入墙面以下，而不是与墙齐平或凸出墙的表面。装饰性木模塑可以放置在与肩同一水平面之上，而不是之下。

应用型保护

如果出于成本、可用性、设计意图、功能或者其他施工能力方面的原因，必须使用易损坏材料的话，那么在将其建造到细节之中时还有各种策略可供使用。

用防护物遮盖饰面

保护一种东西最显著的方法就是遮盖它。木门上的一个刮板或护板就是这种策略的简单例证。可以将透明的塑料板安装到脆弱的墙面上或者将玻璃放到水平的木制品表面上。无论如何，设计师都必须决定是否使用保护材料来遮盖细节的一个部分或表面，是否要让步于设计意图或造成比要解决的问题更多的问题。就像在接下来关于可维护性的小节中要讲的，在大多数情况下，如果材料必须使用防护物进行遮盖的话，那么使用更加耐用的材料或者容易维修或更换的材料来替代它才是上策。可替代的、类似的材料也可以予以考虑。例如，对于一个工作台面，可以选用带有木纹图案的压层塑料饰面作为代替，而不是用真正的木制表面。

在关键的边缘和表面安装护栏

对于一个表面，只需要保护其要害部位，而不是把整个饰面或表面的一部分都盖住。隔断的一个外角上的护角就是这种情况。如果需要防护栏的话，设计师就可能会考虑把它们做成一个设计特点，而不是试图隐藏他们。例如，对于一个隔断，可以把大的、不锈钢杆放在拐角的外侧边缘，而不是使用透明的塑料护栏。

分开饰面与栏杆/标杆

一处细节的表面、边缘或其他部分可以通过与相应的材料和可能产生损坏的任何地方保持距离，这种物理性的分开方式可以保护其不受损坏。例如，一个栏杆或一系列简单的金属杆可以用在墙前面来防止手推车、人类和货物对隔断的低处部分造成破坏。

4-8 可维护性

可维护性是一个细节在室内空间中能够允许自己在生命周期内保持自身使用的初始状态或水平的能力。这可能包括细节或组件容易进行清洁和调整以及维修和更换的能力。

除尘力

使清洁和其他维护变得容易

物品维护越容易，其自身维护的可能性就越大。这包括住宅这一类由使用者或居住者来进行维护的细节和饰面，也包括由专门的维护人员来维护的细节和饰面。让一处细节变得容易清洁，对于每天必须都保持干净、卫生的建筑场所，诸如饭店、医院、卫生间、厨房和宾馆房间等是尤其重要的。必须频繁清洁地室内组件所使用的材料和连接应该尽可能得少。不同的材料可能需要使用不同的清洁用品，然而，清洁工人实际上往往仅使用有限数量的清洁用品。许多连接、边缘、角落和接头等也会使得细节难于清洁，并且清洁一次需要花费很长时间。

使用平滑的、不吸水的表面

在大多数情况下，材料越平整、越不吸水，清洁起来就越容易。无论如何，诸如黄铜或平整油漆过的石膏墙板等这一类细节，如果不能正确地进行清洁，可能很容易就被刮擦、划花。就有关除尘力的所有问题而言，设计师必须明白由谁来维护空间以及通过什么程序来维护。专业清洁工可能会比使用者/居住者更为正确地清洁材料和表面。

避免锐利的内角和小区域

锐利的内角以及小的缝隙和凹槽是尤其难以清洁的。对于内凹的底部和其他类型的圆角，用拖把和抹布擦拭其表面时是又快、又容易的。当考虑到会出现卫生问题以及清洁难易程度问题时，就应该避免使用任何类型的小尺寸连接头、边缘或接缝。螺丝钉头这种简单的部件，都会留存污垢和油脂，几乎不可能彻底清洁。如果可能的话，尽量把会产生小接缝或转角的单独组件做成可活动的组件，以便于清洁。

尽量减少清洁表面上的连接

最容易清洁的表面是光滑的、平整的和没有中断的表面。如果不考虑所有橱柜、桌子和椅子腿以及其他与地板交叉的家具和建筑元素的话，地板是相对容易清洁的。细节设计师必须考虑清洁的频率和使用什么样的方法来清洁的问题。例如，使用压铆螺母柱将一块透明玻璃板从隔断上悬吊下来作为一处标记，这可能会成为一个有趣味的设计特色，但是上面有各种各样的连接器，而玻璃和隔断之间的间隙又太小，这会直接导致玻璃后面聚集的灰尘和污垢非常难以清除。因此，可以用另外的细节设计进行替换，那就是可以把标记直接背靠隔断安装到一个四面的框式支架上，那么需要清洁的就只有一个大元素，从四周擦拭即可。同理，长椅或橱柜可以做成悬臂式的或从隔断上悬吊下来的，而不是直接放在地板上，这样的话拖地板就更容易了。

选用不需要除毒的产品

虽然设施维护并非室内设计师的职责，但仍然要选择和指定那些不需要复杂清洁程序或者危害室内空气质量的有毒清洁剂来进行清洁的材料和饰面。作为选择过程的一部分，室内设计师可以查看制造商的清洁说明，来决定是否需要任何有毒物质来进行日常维护。也可以检查"推荐清洁剂材料安全数据表"来帮助确定材料毒性。

适应性

在很多时候，建筑细节必须具备一定级别的适应性，以便在细节建造完成时用来调节公差，以及在使用一段时间后允许进行重新组合，或者允许细节按照需要进行运转。一部分建筑产品，如闭门器等，其中都有一定的适应性，而在其他时候，细节设计师则必须将细节设计成可调节的。

提供宽松的连接

宽松的连接是指那些在固定材料使其保持在适当位置时还可以允许一定移动量的连接。宽松的连接通常用于那些必须提供移动的细节中，这些移动或者来自材料膨胀、收缩或者来自相邻建筑的移动，同时也要考虑到最小适应性或易拆解性。宽松连接的例子包括以下几种。

- 垂线式元素。例如，悬吊式天花板就顾及到了在建筑过程中对于顶棚高度的很好的调节性，在保证顶棚完整性的情况下还考虑到了上层地板的偏向问题。
- 提供单向滑动的夹子。例如，安放在Z型夹上的壁挂式面板可以通过垫衬很好地适应公差，还可以在建造过程中提供调节性，并且允许面板适应使用过程中出现的轻微移动。
- 夹子或其他提供摩擦适应性的组件。例如，独立式的墙板可以与夹子相连接，为的是容易安装和拆除。将玻璃固定就位时使用紧紧密合的玻璃密封条或者弹性材料。
- 由重力固定就位的宽松组件。可调节架子可以直接安置在支撑架上或者滑到护壁里，以便于进行重新定位。使用刚好放进插槽的金属标签连接，同样也利用重力将材料固定就位，可调节橱柜标准也是一样的。
- 没有黏合剂和机械紧固件的木头接缝。例如，塞缝片和舌榫接缝允许木头膨胀和收缩，可以适应较小的建筑移动。
- 如图4-8到图4-11中所示的活动接缝。

使用可重新定位的紧固件和连接

可重新定位的紧固件在安装之后会产生紧密的连接，但是也顾及到了建筑过程中需要进行的调节以及建筑组件用过以后的重新定位。例如，橱柜门如果在使用过程中出现下垂的话，可调节的枢纽可以允许其进行重置。因为这种连接必须有能力负担多重紧缩和放松，因此它很多时候必须用到某种螺栓和螺母，或者在螺纹管件中放置定位螺钉。如图4-15所示，是三种可重新定位的连接。

图4-15（a）所示的水平螺栓允许对平行于螺栓长度的方向进行调整。一旦垫片到了适当的位置，两个螺帽就会相对它拧紧，将其固定。这类连接如果和槽缝螺栓孔用到一起，就可以在两个方向提供调节。虽然图4-15（a）显示了垂直

图4-15 可重新定位的连接

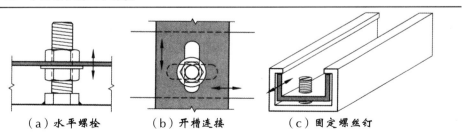

（a）水平螺栓　　　　（b）开槽连接　　　　（c）固定螺丝钉

的调整，但细节可以在任何的方向提供很好的调节。在桌子和橱柜上使用的地板调整脚就是一种水平螺栓的例证。

图4-15（b）中所示的开槽连接，顾及到调节垂直于螺栓长度的方向。与相邻垫片上的槽缝孔一起使用时，这种连接可以提供双向的调节。

定位螺栓是小的螺栓类紧固件，它以螺纹来通过其中一个可调节部件的配合孔。参见图4-15（c）。当两个部件就位时，定位螺栓拧紧并且通过将一个部件压在另一个上面的方法将两个垫片固定在一起。这类连接要求两个垫片中的一个是安装好的，以便一个垫片由另外一个来固定就位。定位螺栓紧固件通常只在一个方向上提供调节。

使用弹性接头

弹性接头是通过连接器的硬度来把两块部件固定在一起，同时仍允许移动的半刚性接头。弹簧、金属弹簧夹、硬弹性板等都是弹性接头的例子。弹性水管设施连接常常用于连接排水管道，可以防止由于建筑物移动而产生的弯曲或破裂。虽然弹性接头在室内细节设计中应用不多，但是它们为将两块建筑元素连在一起提供了有效的方法。

维修和更换

几乎所有的室内装修最终都会磨损，或者经过正常使用、或者因为意外事故而产生损坏。室内细节应该提供较为容易的方法，来维修全部细节或一部分细节，或者直接进行更换，对于那些容易损坏的细节尤为如此。

使用可修补的材料

维修最简单的方法是使用那些可以进行修补或再抛光的材料和饰面。石膏墙板和水泥这两种材料，可以由合格的行业工人来进行修补和重新油漆，之后看上去会崭新如初。如果一种材料不能小范围地成功修补，设计师可以在小的局部细化饰面，以便仅仅需要将其中一小块进行边对边的更换，而不是更换整个表面。例如，一面大的墙可以被建造成一段一段的，中间有突出分隔。如果一个小的区域损坏了，那么仅仅是突出之间的一段需要更换或维修。现有的墙和维修部分之间的任何小的差别都不是很明显。

使用可互换的部件

当一种材料或饰面不能成功修补，那么细节就可以被设计成可替换的。对于这类方法，地毯块和顶棚瓷砖就是两种常见的例子。对于其他种类的室内细节，独立部件可以附上可移动的紧固件，否则就得设计成受损部分可以用新部件来替换的形式。如果部件是不同寻常的、罕有的或者采用了特别印染技术的，设计师就应该详细说明所要更换的部件是出自何种特殊原料，以便客户作为自行维护的参考。

例如，墙在易受频繁使用影响的地方可以被装修成安装在夹子上的独立面板的式样，以便如果其中一个损坏了，它可以较为容易地被移出并且用完全相同的面板来进行替换。同样地，一个木制品细节可以沿着磨损最多的边缘附上可移动的模塑条。当木头被压凹、划损或切割的时候，可以使用新造的构件来对它进行替换。

考虑维护通道的容易度

细节应该被配置成任何可能需要的维护都能很容易地实现的样式。这包括为工人和工具提供充足的空隙，使用容易拆开的连接，以及把紧固件的方向确定在易接近的位置。

4-9　建筑过程

建筑过程是各类行业工人完成室内空间的建筑任务所采取步骤的顺序。无论细节的设计意图或者怎样迎合功能性需要，所有的细节都反映出这样一个事实：建筑物是由已加工好的元素和现场组装的元素结合起来的，它们需要一定的工作顺序，并且由那些可能属于不同组织的、技术水平参差不齐的行业工人来进行建造。

除了简单的物理建造能力外，建筑过程还经常与成本和时间密切相关。一个使用许多材料的复杂细节比简单的细节要花费更多的金钱和时间来进行建造。下列建议提供了一些方法，在进行室内设计时可使建造变得更为有效。

部件的数量

设法减部件的总量

设计师应该设法减少细节所包含的零件和部分的总数量。这样可以让建筑简单化、减少犯错机会、加快建筑进度并使成本降到最低。如下所述，使用最大数量的预制组件也可以使建筑简单化并且在总体上提高质量。

尽量减少组件尺寸和类型的变化

如果可能的话，细节中独立的组件应该在尺寸、类型和结构上都保持相同。订购和储备各种各样的材料不但更困难，而且材料的数量越多工人用错的可能性就越大，尤其是当它们的尺寸、形状和材料相近的时候。无论如何，尽量减少独立组件的各种变化未必意味着统一，以及在最终设计上呈现出过分简单化的外观。通过在一项工程中协调所有的细节设计，设计师也可以精心设计并开发出一些好的细节，并且以各种方式来使用它们，满足设计意图，同时也解决一些其他的功能性问题。下面就是一些需要考虑的想法。

- 限制不同隔断类型的数量。例如，一个耐火隔断可能在一些情形下也被用作听觉隔断。
- 有限地发展墙板装饰和饰面。
- 尽量减少不同的门、框架和玻璃窗类型的数量。
- 发展一些顶棚细节并在工作过程中以不同方法使用它们。

- 限制木制装饰的型材和尺寸的数量。这不仅提供了更多的设计一致性而且可以减少成本。
- 尽量减少不同类型和不同尺寸的装饰性金属数量。
- 当需要用到紧固件时，它们的尺寸和材料都应该相同。

次　序
简化建筑的顺序

多数细节所要求的远比一个工人能安装的更多，并且对于完整的过程需要固定数量的步骤。在可能的情况下，使进行细节设计所需的独立步骤数量尽可能少，以便与设计意图、限制和功能性问题相一致。同时，也要考虑到需要用到什么样的工具和设备。例如，使用木制框架来进行室内玻璃板的安装可能要求若干步骤，包括安装框架、玻璃窗障碍和包装装饰等，而使用铝制框架所需要的步骤更少。

从粗糙到完成的施工顺序

彻底想清楚承包商将要如何建造细节。总体来说，设计一处细节时，好像所有粗糙的建筑都将首先被完成，然后逐渐地推进来进行更多的精装修。不要等到某些细节完成了一部分之后才开始建造和安装那些需要粗糙结构的细节，诸如金属或木制框架。所有较脏和较潮湿的工作，诸如墙壁构架、机械安装、墙板装修和抹灰铺瓷砖等，都应该在精装修工作和安装建筑木制品之前完成。

可能时利用重复的总成

就像在一条生产流水线上一样，重复的工作是高效的且低成本的。通常，细节和所有室内结构的设计都应该使用尽可能多的、重复的总成。例如，所有的墙板都应该使用相同的方法进行安装，门应该以始终如一的方式安进门框里，玻璃窗细节应该是一致的，并且瓷砖的安装应该是统一的。在任何可能的时候，都应该使用模块化的单元。

劳动力贸易分工
使总成所需贸易数量最小化

因为劳动力是建筑总成本的一个重要组成部分，所以任何减少劳动力需求的方法都将节约资金。总的来说，细节建造所需工人涉及行业数量少的要比涉及行业多的成本少。还有另外的好处，就是可以减少在施工现场发生劳资纠纷的可能性。

排好序以便每一种贸易只进行一次

细节应该进行充分设计，每个所需要的行业都应该只被用到一次。例如，不应该让成型建筑工和墙面装修工先建造一部分细节或墙体，然后不得不等待木匠或研磨安装工人完成他们的那部分工作后，再回到施工现场来完成剩余的工作。

如在以前的章节中描述的，应该把细节的建筑设想为从粗糙到精致的过程，然后再思考行业工人的顺序。

考虑工会管辖权

项目建造会受制于所处的地理区域，工会管辖权也有可能会对设计师发展细节产生一定的影响。在某些地区，工会可能对于每个工会的工作限制以及工人可能（不可能）合作都有非常严格的规定。就像上面的段落中所讨论的，对于所从事工作类型的限制可能会导致一个行业必须不止一次地被涉及到。如果设计师是第一次在一个新区域开展工作，那个他们首先就应该与这个地区的其他设计师或者承包商进行沟通，从而对这些特殊问题或相关的工会要求有所了解。

考虑当地劳动力的可用性

如果一个项目的室内结构很复杂，并且包含了不标准的建筑施工方法，那么这一工作可能需要高技能的熟练工人或者需要大批的工人来做。在一些区域，可能很难找到这样的工人。如果情况确实是这样，要么就使用不太合格的工人使得工程质量受到影响，要么就必须从别的地区引进工人从而使得项目成本增加。因此，当地劳动力的可用性，无论是从数量上还是从质量上来说，都可能会影响到项目的设计和细化。如果某一类型的熟练工人是不可用的，设计师可能就要考虑简化细节或使用预制组件，而不是实地建造。

成品 vs *定制部件*

只要可能的话，设计师就应该使用标准的成品组件，而不是设计定制部件。这样可以降低成本并且使维修和更换更加容易。例如，无论使用哪种金属，设计师都应该调查所有可以考虑到的标准形状和尺寸，而不是去为一块装饰金属开发定制的型材。同样地，可能会有同样功能的或更好的、更便宜的且更节省建造时间的标准制造组件可用，而不需要细化一块石膏墙板边缘装饰或底板来作为顶棚细节。

车间 vs *现场组装*

虽然大部分的建筑都包含标准做法，关注什么是现场建造的、什么是已加工好的或车间预制的这一类问题，但仍然会存在某种场合，使承包商或设计师可以决定一项工作的某个特定部分怎样来完成。例如，许多木制品项目可以由合格的装修木匠现场制作或者在小的车间进行组装，然后再由车间的工人来安装。现场制作在提供公差和精准的安装配合上具有优势，而车间组装的项目通常来说质量更高并且可以缩短建筑时间，因为它们可以在其他建筑项目进行的同时制造出来。如上节所述，如果没有合格的工人来现场施工的话，就有必要使用车间组装的项目。在必须作决定的时候，就需要平衡质量、时间、成本以及工人的可用性等问题。

第二部分

元　素

第5章

划分和创造带有
永久性屏障的空间

5-1 概 述

　　永久性的垂直屏障是室内设计和建筑中最基本的建筑元素之一。虽然通常被称为一面墙或隔断，但是设计师应该在初步设计中就将这种建筑元素作为一个垂直屏障来进行考虑。这样将有助于将注意力集中于重要的品质上，即这一元素必须要迎合的审美和功能需求这两方面的问题。然后，设计师可以运用技术和必要的材料来迎合问题所给出的条件范围内的要求。

　　在大多数情况下，外部的墙、柱以及整体室内净高是超出设计师控制的。然而，诸如隔断等垂直的设计元素则是设计师可以控制和使用来定义空间和调节内部外观的主要元素之一。它们常常是尚未充分使用的设计元素。虽然外部墙、窗的布置、室内承重墙、柱和梁等可能都暗示了如何来分割室内空间，但是非承重垂直屏障可以在任何地方进行放置，只要它们满足项目程序并符合管理机构的要求即可。

　　垂直屏障可以被用于将一个空间分割为两个或多个更小的空间，用一个或更多的屏障来定义空间，阻挡从一个区域到另一个区域的视线，阻隔声音传播，提供防火墙功能，给装饰性表面提供支持，亦或所有这些功能的任意组合。

　　本章将讨论永久性屏障的使用，因为它们要牢牢地附着在建筑物表面并且要在空间的整个生命周期中都保持在这一位置。参考第6章，了解当使用者的需求改变时重新放置可移动的或临时性垂直屏障的类型。

5-2 元素概念

垂直屏障的创建方法几乎是无限的。表面的范围可以包括从简单的、带有应用装饰的平板到复杂的、支持储存元素和电子设备的结构。屏障可以是不透明的、半通透的、透明的或者是几种透明度不同的材料的结合。它们可以是笔直的、曲线的、有角的、全高的或局部高的。即便受到诸如耐火性或安全性等约束条件的限制时，隔断的配置方式仍然是千变万化的。

如图5-1显示了一部分永久性垂直屏障的设计方法。虽然它们的分类方法有很多，而且还有无数可能的变化，但在这里仍然将它们分成了平面的、预制构件的、开口的、半通透的、局部高的和较厚的种类。这些图显示了在不考虑特定材料或细节方法的情况下，设计一个屏障的一部分基本方法。在下面的小节中，会以更细节化的方式对它们进行讨论。

5-3 功 能

永久性隔断通常适合于各种功能。最重要的是，将一个空间的使用与另外的空间区分开来，并且创造出视觉上的和物理上的屏障。通常来说，标准石膏墙板隔断就是对这些需要所做出的响应。无论如何，通过最初对一处屏障所必须适用的所有特殊功能进行思考，设计师可以就材料和细节方面作出比仅仅依靠石膏墙板更好的选择，从而适用于各种需要。

永久性隔断通常提供如下的一个或多个功能：

定义空间

暗示通行限制

控制物理通道

制造安全性

控制视线

控制光线

控制声音

限制火和烟的扩散

限制辐射

支持架子和其他的固定装置

为艺术品和装饰品提供支撑

例如，如果一个垂直屏障的意图是暗示通行限制和定义空间，那么对于这些需要相应的物理响应就可以是一个标准的石膏墙板隔断或者简单如一块从顶棚上悬挂下来的布或独立式屏幕，只要符合防火需要即可。仅仅在明确了附加功能的时候，屏障的材料或物理配置才需要修改。

图5-1 垂直屏障概念

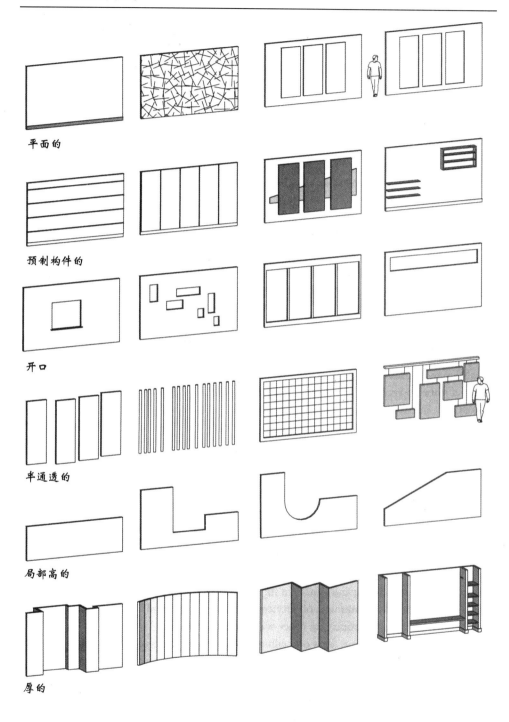

平面的

预制构件的

开口

半通透的

局部高的

厚的

5-4 限 制

对于永久性隔断，限制通常包括现有建筑物的地板和顶棚基底、非燃建筑规范要求、耐火性和展焰性、预算以及材料的可用性。

表 5-1 适用于永久隔断的耐火测试

测试号	测试名称	说明
ASTM E84	建筑物表面材料燃烧属性标准测试方法（也叫斯坦纳隧道试验）	测试饰面材料的展焰性和发烟量
ASTM E119	建筑结构和材料燃烧试验标准测试方法	这是诸如隔断等建筑物总成的耐火性标准测试
ASTM E136	材料在 750℃垂直管式炉中的反应测试方法	这是基本材料的非燃测试
NFPA 258	决定固体材料起烟量的推荐实验	评估可燃和非燃材料和总成发烟量的特定光学密度
NFPA 265	评估全高面板和墙面上的纺织品覆盖物对房间火灾助长性的燃烧测试（也叫做墙面纺织品覆盖物房间角落测试）	评估墙面纺织品饰面在全尺寸实物模型中对于火灾的助长性
NFPA 286	评估墙和顶棚室内饰面对于房间火灾助长的燃烧测试标准方法（也叫房间角落测试）	评估墙和顶棚饰面（除纺织品外）对火灾助长的程度

地板和顶棚基底可能对于隔断如何固定具有一定的意义，同时地板和顶棚之间的距离或结构也可能暗示了要用来跨越这一距离的隔断材料的类型和尺寸。

对于商业建筑，大多数装修材料是符合展焰性要求的，可以用于除围墙出口、安全通道或走廊以外的空间里。然而，使用纺织品和塑料可能存在一些问题。对于一项给定的用途，必须核实单个材料是否经过了特定的展焰等级测试。参见表5-1，关于可能适用于永久性隔断的耐火测试总结。

商业建筑的装修材料基于居住人群必须达到A类、B类或C类，无论它们所应用的建筑物里有无自动喷水灭火系统。这些要求都在IBC表803.5里列出。

5-5 协 调

垂直隔断必须总是与顶棚和地板的附着、基准条件、公差和结构支撑等情况相协调。另外，永久性隔断可能也包含电气和通讯设施、卫生管道以及大块的建筑木制品、工艺品、电子产品或其他的墙体支撑物。

更多关于顶棚和地板连接的方法，参见第10章。

公差协调

建筑公差可以从诸多方面影响永久性隔断的安装。最显著的是，商业建筑物和许多住宅的地板不是水平的。混凝土板浇灌到金属盖板上的情况尤其棘手，有时在径距中央偏向约1-1/2英寸（38毫米）。虽然把立柱和石膏墙板进行切割来适应这种变化，但是当安装诸如玻璃、金属面板、橱柜或预制饰面这些刚性材料的时候，不水平的地板还是存在诸多问题。地板不水平还会造成某些基座应用的相关问题。

表 5-2 地板的标准行业公差

地板类型	公差	公差来源
栅格板高程自理论垂直面	±3/4 英寸（19 毫米）	ACI 117[a]
栅格板平整度，常规的，90% 兼容[b]	±1/2 英寸（13 毫米）	ACI 117
适度平整，90% 兼容	±3/8 英寸（10 毫米）	ACI 117
平整，90% 兼容	±1/4 英寸（6 毫米）	ACI 117
木地板框架，垂直于托梁	20 英尺中 ±1/2 英寸（6100 毫米中 13 毫米）	住宅性能手册[c]
木地板框架，平行于托梁	32 英尺中 ±1/4 英寸（813 毫米中 6 毫米）	住宅性能手册[c]

[a] ACI 117：混凝土结构和材料的规格及其评注，美国混凝土学会
[b] 90% 符合性的意思是若干等同于最小值以平方英尺为单位的地板面积的 0.01 倍（以平方米为单位 0.1 倍）的测量值必须带走，而 90% 必须在第二栏的值以内。
[c] 住宅结构性能手册，第 3 版。住宅施工人员协会改型工 ™ 委员会

参见表5-2，关于一些应该预见并在细节设计中考虑到的地板行业标准公差。

当水平度对于室内建筑的应用很关键的时候，可以在地板增加额外固定荷载的结构限定范围内将混凝土地板的高点打磨下去，同时将低点用水平混合物进行填充。也可以使用活动地板，在为机械、电气和通讯设施提供空间的同时，解决地板不水平的问题。

5-6 方 法

虽然有许多方法来细化概念性想法，如图5-1中所示，但在这一节中所显示的草图还是提供了有用的起始点。

平 面

平坦的隔断

一个平坦的隔断是分隔空间最简单的方法。建造起来既容易又便宜，并且可以适应各种各样的装修。最普通的结构是金属或木头立柱上的石膏墙板，要么朝向上方的结构，要么朝向商业建筑里悬吊式天花板下方，要么朝向住宅建筑的顶棚平面。参见图5-2（a）。

应用纹理

纹理可以被直接应用于一个平坦的表面，正如油漆、灰泥或其他涂层，或者像一个粘在或用螺丝拧紧在基座的单独饰面一样。如表5-3所示，列出了提供这种纹理一部分的制造商。咨询个别制造商可以获得关于具体应用方法的建议。当基础建筑分区需要听觉上的、安全层面的或者耐火性的需要，但是又需要更多的装饰表面时，应用纹理就变得很有用。如果将它们作为易移除连接的独立结构元素来使用，应用纹理一旦变脏或损坏，或者需要改变的话，就可以进行替换，而不会影响到支撑隔断的完整性。

图5-2 平面屏障的类型

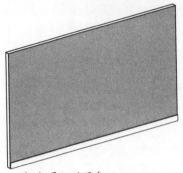

（a）平坦的隔断

带有应用基础的平坦的墙是最普通的隔断类型。它容易建造、成本不高并且可以为各种各样平滑的室内饰面提供良好的基础。这类隔断最常见的建造方法是在金属或木头立柱上应用石膏墙板。它们也可以用单板石膏、金属板条上的刚性灰泥或者混凝土块砌筑的单元来建造。

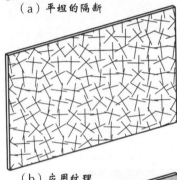

（b）应用纹理

应用纹理隔断是简单的平坦隔断的变体，但是带有较深的应用纹理。纹理可能是诸如带纹理的灰泥等饰面材料的一部分，或者是应用或附着于隔断基础上的分开制造的产品。这种隔断在主要起到装饰作用的同时，其安全性、耐火性能以及声音衰减等功能性要求可以因基础隔断而实现。

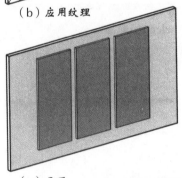

（c）凸面

凸面隔断用于给平坦的墙提供深度或满足应用隔音板等功能性目的。凸面可以简单地建造成附加的一层石膏墙板或者是诸如织物、木头或金属板这样的单独材料。面板可以是相同尺寸对称应用的或者是不同尺寸不规则应用的。

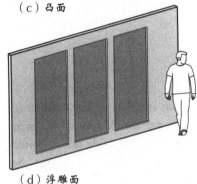

（d）浮雕面

浮雕面隔断服务于同凸面相似的目的，但是突出的面板是在主体隔断表面平面以下的。这种隔断造价更高并且建造更难，因为必须要建造两层或多层材料以达成效果。例如，如果建造石膏墙板，必须将一整块墙板附着于框架之上，将第二层进行切割、安装和修饰以提供饰面层。

凸　面

　　如图5-2（c）中所示，从薄板的直接应用到具有实质性厚度的独立元素结构，凸面效果可以通过多种方式来制造。用于制造凸面的建筑元素必须附着于一个足够结实、能够支撑它的基底之上，较为典型的是使用石膏墙板隔断。如图

表5–3 专门的墙饰面和总成制造商		
制造商	**网址**	**注解**
应用纹理		
建筑系统有限公司	www.archsystems.com	用可持续材料制成的雕刻、编织、带有浮雕图案的木板
Brush	www.robin-reigi.com	固体表面材料黏土法定制框架板，不透明的或半通透的
顶棚插件公司	www.ceilingsplus.com	金属墙幕墙系统
框架＋表面公司	www.forms-surfaces.com	带有各种饰面以及表面图案和纹理的各类金属板
Fry Reglet	www.fryreglet.com	附着于石膏墙板栅格上的24英寸×24英寸标准定制钢板、铝板、木板、玻璃板、层压板
GageCast	www.gagecorp.net	铸造金属表面胶黏剂，与Z形针或轨道一起使用或安装
Interlam	www.interlam-design.com	各种足以支撑内层芯板的纹理板
彩色压花不锈钢公司	www.rimexmetals.com	着色和带有图案的不锈钢
照明板		
赢创实业公司	www.acrylite-magic.com	作为引导标识和墙板的聚丙烯酸脂塑料®烙印边缘发光聚丙烯薄板
美国绿色照明设备有限公司	www.greenamericalighting.com	面积达5英尺×10英尺边缘发光带有白色或彩色的LED薄壁和地板
石膏墙板装饰		
Fry Reglet	www.fryreglet.com	铝制装饰块
戈登栅格公司	www.gordongrid.com	铝制装饰块
塑料总成有限公司	www.plasticcomponents.com	PVC装饰块
Trim-tex	www.trim-tex.com	氯乙烯装饰块
卓越金属装饰	www.superiormetaltrim.com	钢、铝、锌装饰块
金属网丝		
Cascade Coil Drapery	www.cascadecoil.com	悬吊金属网丝或固定框架中的网丝
盖奇织物公司	www.gagecorp.net	各类金属产品，包括建筑金属网丝
GKD	www.gkdusa.com	包括带有集成LED照明灯在内的各种产品
戈登栅格公司	www.gordongrid.com	带有应用于有标准或定制油漆饰面的石膏墙板装饰的网丝
建筑网丝		
贝克"千禧年"公司	www.bakermetal.com	墙和顶棚镶板系统
剑桥建筑网丝	www.architgecturalmesh.com	各种钢丝网和网丝产品
GKD金属网丝	www.gkdmetalfabrics.com	各种钢丝网和网丝产品
麦尼克公司	www.mcnichols.com	钢丝网，穿孔金属
压铆螺母柱		
道格·莫科特公司	www.mockett.com	家具上的压铆螺母柱和其他五金
金福德产品有限责任公司	www.standoffsystems.com	墙和顶棚装配用的各种形状和尺寸的压铆螺母柱
莫格公司	www.mogg.com	不锈钢压铆螺母柱制造商
新星展示	www.novadisplay.com	标志架设所用电缆线管系统和压铆螺母柱
威尔逊玻璃公司	www.wilsonglass.com	玻璃安装所用方形或圆形压铆螺母柱
弯曲力概念公司	www.flex.com	可以弯曲以适应弧形隔断的滑轨

5-3显示了一些制造凸面的方法，假设有一个立柱和石膏墙板的基础隔断。一些作为应用纹理来使用的产品也可以被限制在不连续的区域内，来给人以凸面的感觉。正如应用纹理一样，如果使用了一个合适的连接细节，诸如Z型夹子，那么饰面在必要的时候就可以较为容易地替换掉。

图5-3 制造凸面的方法

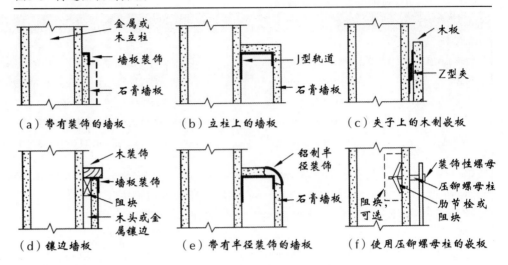

（a）带有装饰的墙板　（b）立柱上的墙板　（c）夹子上的木制嵌板

（d）镶边墙板　（e）带有半径装饰的墙板　（f）使用压铆螺母柱的嵌板

　　当凸面只是简单地应用一层或两层墙板时，可以使用各种装饰来修整边缘，如图5-4所示。但是，如果饰面需要更换的话，这种安装方法则会产生更多的损坏。参考表5-3，是关于一部分墙板装饰制造商的列表。

　　浮雕面

　　浮雕面，是那些从隔断的主要表面凹陷下去的形态，可以通过使用一些与凸面相同的技巧制造出来，所不同的仅仅是方向相反。浅的浮雕可以用石膏墙板装

图5-4 石膏墙板装饰

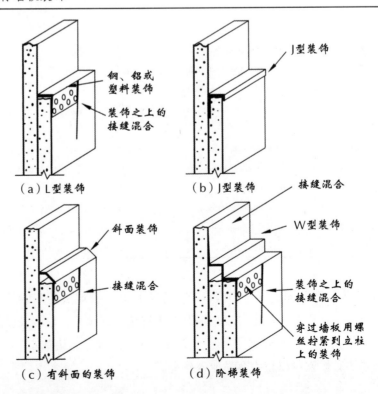

（a）L型装饰　（b）J型装饰

（c）有斜面的装饰　（d）阶梯装饰

图5-5 制造浮雕面的方法

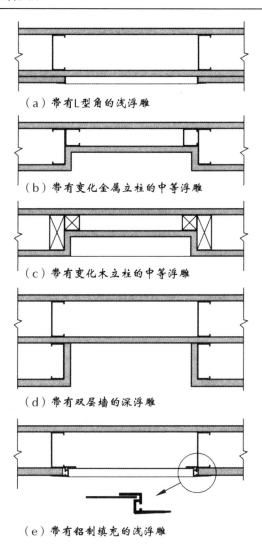

（a）带有L型角的浅浮雕

（b）带有变化金属立柱的中等浮雕

（c）带有变化木立柱的中等浮雕

（d）带有双层墙的深浮雕

（e）带有铝制填充的浅浮雕

饰来制作，如图5-5（a）、（b）和（c）所示。更深的浮雕可能需要用到一个类似于图5-5（d）的双层墙结构。浮雕可以在四周加框呈现相框效果，也可以做成全高的、从地板到顶棚类似于一种背景板。浮雕对于突出显示或强调一个墙面悬挂元素，或者作为一种在大面积隔断上制造大规模纹理效果的方法来说是很有用的。

当制造浅浮雕时，通常需要双层或三层墙板，这为了达到效果需要的成本较高。对于小一些的浮雕，有的制造商制造了一种装饰板，上面有铝板填充物，这样的话双层墙板就不必要了。参见图5-5（e）。如果隔断不是必须要具有一定耐火等级或很高的消音等级的话，这样就足够了。如图5-5（b）、（c）所示，考虑到使用不同深度的立柱，证实了任何要求的耐火等级都不会因减少隔断的总体厚度而受到威胁。

预制构件

预制构件是那些由许多看上去很明显的区域组成的东西。

水平暴露

如图5-6（a）所示，水平暴露出于各种原因而使用。除了建筑原因外，暴露还是一种适应建筑瑕疵的好方法。当两块材料并排排列的时候，暴露空间可以隐藏其不成直线的瑕疵或者对接接缝上的轻微偏颇。

暴露可以被细化成如图5-4所显示的凸面效果，或者如图5-7（a）所示的更简单的预制成型暴露剖面。当预制的标准"L"型角装饰被采用时，边缘就会超出

图5-6 预制构件的屏障类型

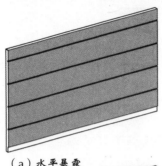

（a）水平暴露

预制构件隔断可以用来减少大范围隔断的规模、强调水平线，以使建造更加容易，还能够允许使用不同材料来装修同一面墙的不同节段，并且使得安装和重置同一隔断的不同节段更加容易。预制构件隔断按其字面意理解可以用夹子或其他紧固件挂在基底上的分开的面板来呈现，或者用暴露或其他分开装修表面独立部分的材料来制造出分开面板的视觉效果。

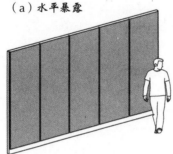

（b）垂直暴露

垂直暴露常常用于面板是分开的结构这种情况下，就像木护墙板一样，它们附着在隔断上。虽然某些嵌板可以对接在一起，一个暴露就可以隐藏所有在对齐方面小的瑕疵并且增加光影划线来强调嵌板效果。面板表面可能与基础在同一平面上也可能在基础的前面或后面。

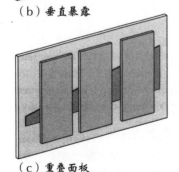

（c）重叠面板

重叠面板给正常的平面隔断增加了深度和纹理，这取决于面板的厚度以及它们离开隔断主要部分的距离。开发多少面板和重叠效果取决于想要得到的效果和预算。

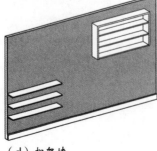

（d）捆架墙

捆架墙可以被看作是一个或更多三维面板的集中。捆架可以在两侧和顶部是开放的但是是附着的组群，如图右侧所绘，这更加有效地强调了预制构件本身的属性。

图5-7 制造暴露的方法

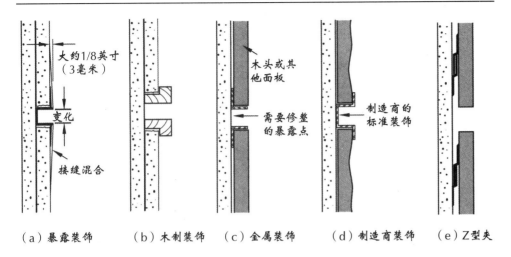

（a）暴露装饰　（b）木制装饰　（c）金属装饰　（d）制造商装饰　（e）Z型夹

石膏墙板厚度延伸大约1/8英寸（3毫米）。这通常不影响暴露，但是当要设法细化一个墙板装饰块使其与其他诸如木制品、石头或门框等材料齐平时就显得很重要了。大多数的预制暴露被设计用来与石膏墙板一起使用，但是金属角或木装饰也可以用于另外的材料中。参见图5-7（b）、（c）和（d）。木制装饰的尺寸必须设计成允许使用螺丝或角钉进行附着的形态，以避免木头爆裂。轻量材料黏附在基底上时可能仅仅要求制造商提供一个装饰块或金属角，如图5-7（d）所示。挂在Z型夹上的单独面板可以制造出它们自己的暴露，如图5-7（e）所示。

垂直暴露

如图5-6（b）所示，垂直暴露的使用原因大多与水平暴露相同，但是它们主要是用来强调挂在隔断上的面板之间的接缝。像水平接逢一样，面板之间的缝隙允许在排列的整齐度上存在一些瑕疵，而同时因为不可能存在完全合适的对接接缝，所以完全排列整齐也是不可能的。在可能频繁使用的情况下，分开的面板作用也很大，这样的话需要重新修整或替换的就只是面板而不是整面墙了。

重叠面

如图5-6（c）中显示的重叠面，通常是因为严格的建筑原因而制造出来的，以便给垂直面板增加深度和趣味性。然而，最外面的面板可能具有引导标识或信息显示这样的功能性目的。任何数量和形状的面板都可能放到基础的基底隔断上来制造出各种效果。重叠面可以是不透明的、半通透的或者透明的。半通透或透明面板的后面可以制造灯光效果。

细化重叠面板的方法如图5-8和图5-9中显示。在图5-8中，压铆螺母柱面板由在墙板框架中的标准侧壁支柱来支撑。当面板很沉重的时候，这是一种很有用的方法。对于较轻的面板，可以使用方形或圆形的金属压铆螺母柱来拧紧到木块里或者附上中空壁虎。参考表5-3，是关于压铆螺母柱制造商的一部分信息。如图

图5-8 墙面支撑重叠面

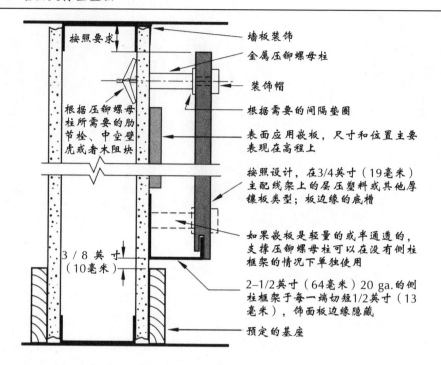

墙板装饰

金属压铆螺母柱

装饰帽

根据需要的间隔垫圈

表面应用嵌板，尺寸和位置主要表现在高程上

按照设计，在3/4英寸（19毫米）主配线架上的层压塑料或其他厚镶板类型；板边缘的底槽

如果嵌板是轻量的或半通透的，支撑压铆螺母柱可以在没有侧柱框架的情况下单独使用

2-1/2英寸（64毫米）20 ga.的侧柱框架于每一端切短1/2英寸（13毫米），饰面板边缘隐藏

预定的基座

按照要求

根据压铆螺母柱所需要的肋节栓、中空壁虎或者木阻块

3／8英寸（10毫米）

图5-9 顶棚悬浮重叠面

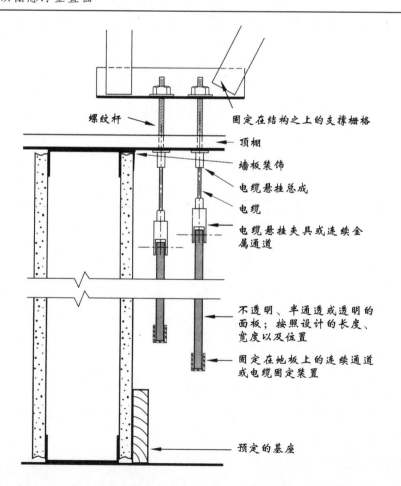

螺纹杆

固定在结构之上的支撑栅格

顶棚

墙板装饰

电缆悬挂总成

电缆

电缆悬挂夹具或连续金属通道

不透明、半通透或透明的面板；按照设计的长度、宽度以及位置

固定在地板上的连续通道或电缆固定装置

预定的基座

5-9所示，为悬置重叠面板的一种方法。在这种情况下，面板可能是诸如玻璃、塑料（如果地方建筑规范允许的话）、刨花板或者吸声板等任何类型的薄板。

搁架墙

当成批使用或作为一个紧密的群组时，搁架可以呈现出厚的、三维的、有纹理的面板外观。参见图5-6（d）。搁架可以分为水平的、垂直的或作为制造不同效果的单个补丁。与薄板不同，搁架会使得重量约束有所增加，以至于基底隔断和架子及其附着物都必须适应于这种约束。

搁架可以按照标准方式牢牢地固定在隔断上，也可以先安上支架然后再固定到墙上，或者做成独立的单元并且使用Z型夹或其他类型的紧固件挂在隔断上。

如表5-4列出了一些普通紧固件的大概荷载容量。无论如何，每一个制造商的产品都拥有唯一的荷载容量，所以当指定某一特别类型的紧固件时，应该核实其荷载容量。当荷载尤其关键时，可以咨询结构工程师以获得特别的推荐。

表 5-4 室内所用普通紧固件的大约荷载能力

	剪切力和拉伸力中工作荷载值的大概范围，磅（牛顿）[a]							
	应用							
	仅 1/2 英寸石膏墙板		仅 5/8 英寸石膏墙板		石膏墙板 w/25ga. 立柱		石膏墙板 w/20ga. 立柱	
紧固件类型和尺寸	剪力	拉力	剪力	拉力	剪力	拉力	剪力	拉力
木立柱或垫衬里的木螺钉，穿透 1 英寸（25 毫米）	110（490）		110（490）					
穿过 GWB 进入金属立柱[b]的金属螺钉					25-100（111-445）	15-60（67-267）	34-135（151-600）	20-85（89-378）
定位螺钉[c]	60（300）	20（100）	90（400）	35（200）				
尼龙墙钻机	18-38（80-170）	10-15（45-67）	25-50（111-222）	12-23（53-102）				
中空壁虎	40-45（178-200）	20-36（89-160）						
中空膨胀螺栓								
1/8 英寸（3.2）	43（191）	38（169）	50（222）	40（178）	100（445）	70（311）		
3/16 英寸（4.8）	45（200）	45（200）	53（236）	48（213）	125（556）	80（356）		
1/4 英寸（6.4）	50（222）	50（222）	55（245）	55（245）	175（778）	155（689）		
肋节栓								
1/8 英寸（3.2）	40-50（178-222）	20-50（89-222）	66（294）	63（280）				
3/16 英寸（4.8）	50-70（222-311）	30-60（150-300）	88（391）	79（351）				
1/4 英寸（6.4）	60-90（267-400）	40-75（178-334）	96（427）	88（391）				
肋节[®] 系统								
1/4 英寸（6.4）(BB)	60（300）	66（294）	81（360）	90（400）	81（360）	116（516）		
3/8 英寸（9.5）(BC)	73（325）	-	100（445）	144（640）	100（445）	122（543）		

[a] 给出的值来自各个制造商资源并且仅仅是近似值。确切值应该由专有紧固件制造商的不同来核实。这些工作值比常常显示在试验中和制造商的说明书里的最终值要少 4 倍。
[b] 金属螺钉的值取决于螺钉的尺寸和螺纹的类型。
[c] 定位螺钉是指带有专为墙板和其他砖石材料而设计的高型螺纹的专有螺钉。

表5-4中显示的值是工作值；也就是说，出于安全需要的负载容量已经应用了。当制造商公布负载容量时，他们通常给出极限值。如果情况是这样的话，就应该应用四分之一安全系数值。也就是说，把额定极限负载容量除以4来得到应该使用的实际工作荷载。对于特别重的荷载，可能就需要用螺栓将独立的结构钢管、角或其他的形状固定到地板上。

带开口的屏障

虽然玻璃窗隔断和室内玻璃窗之间有重叠，但本书中所不同的是一个玻璃窗隔断首先是带有玻璃窗的刚性隔断，而室内玻璃窗首先是按要求带有支撑框架的玻璃材料。参考第9章，了解关于其他类型玻璃窗开口的讨论。

这一类别中的屏障包括下列的不同类型。

单一的窗户

如图5-10（a）所示，单一的窗户是传统的墙上的窗户，刚性隔断比玻璃窗所占比例要大很多。开口的尺寸可能会受到功能、耐火等级要求或成本的限制。总的来说，这一类型开口不但可以用来向室内空间透光，而且可以提供视觉传播功能。玻璃窗可以用传统的金属或木框架进行固定，或者也可以采用一些无框架玻璃窗的变种来尽量减少框架外观。参考第9章，了解关于框架选择的问题。

在大多数情况下，玻璃窗是由玻璃制成的，但也可能是陶瓷的，用于耐火隔断、玻璃砌块等。如果耐火等级要求允许的话，甚至还有塑料的。玻璃的厚度取决于装配区域的尺寸、允许的偏向以及听觉要求。除了非常小的玻璃窗开口外，一般应用1/4英寸（6毫米）玻璃。全高玻璃板四边都加上边框，如图5-10（b）所示，典型为1/4英寸（6毫米）至3/8英寸（10毫米）厚。参考第9章，了解关于仅仅在顶端和底部有支撑的对接玻璃板的推荐。

窗 墙

一面窗墙给予了隔断的感觉，但是却带有供视线和光线穿过的大型开口。这不但有助于空间深处的采光性能，而且可以从视觉上拓宽其他较小的房间。参见图5-10（b）。对于紧挨着门或者低于地板以上18英寸（457毫米）的窗台，则需要使用安全玻璃窗。也可以使用防撞条来代替安装安全玻璃窗。更多关于安全玻璃窗的信息可参考第9章的相关内容。

如果隔断必须具有耐火等级的话，那么可以选用耐火玻璃窗。耐火玻璃是已经根据ASTM E119测试过的玻璃或其他玻璃装配材料。如果玻璃的耐火等级达到两小时，那么除了制造商基于耐火测试要求而进行的必要限制外，在一定范围内可能不再需要受其他的限制。有关这类玻璃窗的更多信息可参考第9章。

高 窗

如图5-10（c）所示，高窗有助于采光并给人以开阔的感觉，但仍然能够保证

图5-10 带开口的屏障

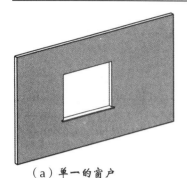

屏障上面的单一开口用于严格的功能性原因，诸如传菜、两个空间之间的特定视觉通讯或者作为某种途径能够允许人看到隔壁房间的活动。开口可能只是单纯地敞开，如果需要隔音或者具有阻火能级，也可能会装上玻璃窗。开口的尺寸决定了隔断的分隔能力。

（a）单一的窗户

窗墙开口使得隔断上开口的面积最大化，而仍然可以分隔空间并指引方向。大多数情况下，开口上装有玻璃窗来降低声音传播或阻止通行，但是玻璃窗也可能是开着的。开口的边缘可能用与隔断相同的材料，也可以用木头或其他类型的装饰进行覆盖。关于玻璃窗的其他选项可以参考第9章。

（b）窗墙

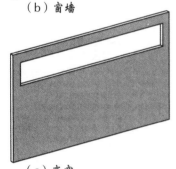

高开口提供了视觉私密性，而同时又允许相邻空间之间的透光性，并使得空间显得更具开放性。这里展示概念变化是去除开口的顶框，以便让顶棚在空间之间呈现不间断的形态。如果要用的话，可以用薄的金属通道来给玻璃窗上框。

（c）高窗

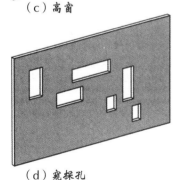

除了一个或更多大型开口以外，也可以在墙上设置多个更小的开口，来分散视野并给隔断营造活泼的效果。像这里所展示的，开口可以随即设置，也可以均匀设置。它们的尺寸可以相同也可以不同，可以安装透明玻璃材料也可以安装半通透材料以便增加视觉私密性。开口可以是无框架结构也可以带有木头或其他材质的框架。

（d）窥探孔

私密性。如果窗台高于地面超过60英寸（1525毫米），就不必使用安全玻璃窗，使用标准玻璃即可。可以使用标准的木制或金属框架，也可以使用无框玻璃窗。

窥探孔

如图5-10（d）所示，许多更小的玻璃开口，可能适用于各种各样的原因。它们可以减少大型隔断的规模，给予趣味性的感觉，可以透光，聚焦视线，如果足够小（小于9平方英尺[0.84平方米]）的话还可以消除使用安全玻璃的需要，同时还可以制造出加固空间设计的模式。如果开口没有安装玻璃的话，隔断就可以呈现开放的感觉，并允许声音贯穿空间的同时限制和控制活动。

半通透的屏障

半通透屏障是那些定义空间并限制通行，但是可以允许不同程度的可视度的屏障。如图5-11中显示了除玻璃窗以外的各种半通透屏障的创建方法。对于半通透屏障的类型，仅有的限制来自于设计师的想象力。普通材料可以用于普通或不

图5-11 半通透屏障的类型

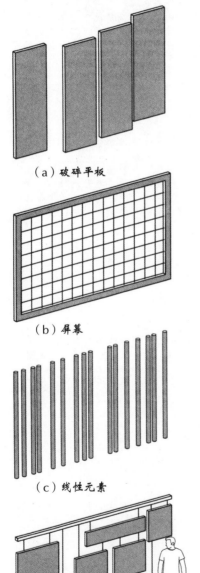

（a）破碎平板

半通透屏障是那些主要被感知为确定的平面但是又允许视线和/或声音穿过的屏障。它们清晰地定义了空间并能够指引方向，但是却给出了在它们所分隔开的空间之间的某种连接的感觉。破碎型平板很容易建造，通过改变平面的边缘和表面之间的空间，分隔的程度就可以按照要求进行变化。破碎平板可以是刚性的固体材料，诸如石膏墙板或者像木板或悬吊织物一样简单的东西。

（b）屏幕

幕墙可以是任何统一的、非刚性材料，诸如木格子、金属杆或穿孔金属板等。通过改变所用材料的密度就可以改变分隔的大小程度。如果空间安装了玻璃窗来进行声音控制，屏幕可以做成某种窗墙屏障的变体。屏幕可以是全高的通道顶棚，也可以不触及顶棚以便使得建造更容易并且可以让顶棚平面在屏幕之上延续。屏幕也可以从顶棚上悬吊下来，从而简化建造过程并且保持地板材料的延续和不间断性。

（c）线性元素

当空间设计建议使用那种类型的设计元素时，可以使用单个线性元素来创建屏幕效果。它们可以垂直放置、水平放置，也可以倾斜放置以增加动感。可以通过发展方平组织或人字形花纹组织来减小其规模。多数情况下，更小的单个元素在附着于地板、墙或顶棚之前必须先固定在建筑结构的中间块上。

（d）悬挂面板

悬挂面板简化了半通透屏障的建筑结构并且可以保持地板材料的延续性，同时给出强烈的空间连接感。如果适合，面板可以直接从顶棚上悬挂下来。或者也可以从一个中间支撑物上悬挂下来，支撑物反过来再固定到顶棚上。面板可以是任何类型的材料，包括木头、金属、织物、塑料等，或者用于声音控制的用织物包装过的面板。

表 5-5 半通透屏障的特色玻璃窗材料

制造商	网址	注解
美国阿文蒂系统公司	www.avantisystemsusa.com	直线或弯曲的玻璃墙系统
倍尔曼玻璃	www.bermanglasseditions.com	铸塑，有纹理的
赢创工业	www.acrylite-magic.com	各类聚丙烯薄板产品
框架＋表面公司	www.forms-surfaces.com	门、栏杆和顶棚所用压花玻璃
熔融玻璃公司	www.meltdownglass.com	各类定制、窑铸玻璃
麦克格罗里玻璃有限公司	www.mcgrory-glass.com	层压、酸蚀、喷砂玻璃
南森·艾伦玻璃工作室有限公司	www.nathanallan.com	有纹理的、彩色的、铸塑和二色性玻璃
古堡玻璃公司	www.oldcastleglass.com	蒙太奇系列的图案、丝印、彩色、米纸纹理玻璃
保创公司	www.polytronix.com	应用分散液晶技术的电控调色玻璃
圣戈班的普瑞瓦-莱特公司	www.sggprivalite.com	电控玻璃
帕尔普工作室	www.pulpstudio.com	各类专业玻璃产品，包括彩色的、有纹理的、电控的以及有各种纹理和装饰图案可选的夹层安全玻璃
辉光公司	www.robin-reigi.com	"辉光"定制带有 LED 背光的半通透刚性表面材料
玻璃宫殿	www.palaceofglass.com	普通和定制的艺术玻璃
圣戈班玻璃	www.saint-gobain-glass.com	有浮雕的、有图案的、彩色玻璃
施内尔有限公司	www.veritasideas.com	定制细节或者使用制造商安装所用的铝杆系统的真建筑树脂板
机敏之墙公司	www.insightlighting.com	上限 32 平方英尺（3.0 平方米）边缘有 LED 照明的颜色可变得透明、半通透或不透明面板
工作室生产公司	www.studio-productions.com	用于剧场效果的平纹棉麻织物
斯维持莱特隐私玻璃公司	www.switchlite.com	电控玻璃
视觉冲击技术公司	www.vitglass.com	全息层压图案玻璃

常见的方法或习惯，专有材料可以用于各种不同的安装方法。

使用半通透玻璃窗，就可以在隔音的同时具备一定的可视度和透光度。如表5-5中列出了一部分可能的定制玻璃窗材料。通过使用某些类型的半通透屏障，诸如金属网丝等，可以用光线来强调屏障，从而让空间产生不可见或可见的效果。这几乎与电影院的窗帘布功效一样，可以通过增加投射到上面的光并减少其背后的光，使得窗帘布后面的东西变得不可见。

破碎平板

破碎平板建立了许多独立的表面，或者以直线、或者以错列的方式排列，如图5-11（a）所示。这种方式根据面板的布置而对视线进行聚焦，视线或者垂直于隔断的面板或者与隔断成一定角度。面板可以很接近地分隔开，或者它们之间带有大的裂缝来调节视觉、光线和透声总量。如图5-12中显示了一些细化和固定破碎平板的方法。如图5-12（a）、（b）所示，破碎平板可能被构造为标准隔断材料，或者带有玻璃片材及其他安装在地板和顶棚金属开槽中的面板产品。

屏 幕

屏幕效果可以使用任何既能调节视线、又能允许一定透光或透声度的材料进行制造。例如，一个纸糊木框，允许声音和光线穿过，而对视线进行限制。另一方面，穿孔金属板可以允许部分视线通过屏幕、但是限制光线透过，这取决于开放区域所占的比例。屏幕可以附着于地板和顶棚结构上，或者也可以固定在顶棚

图5-12 细化破碎板

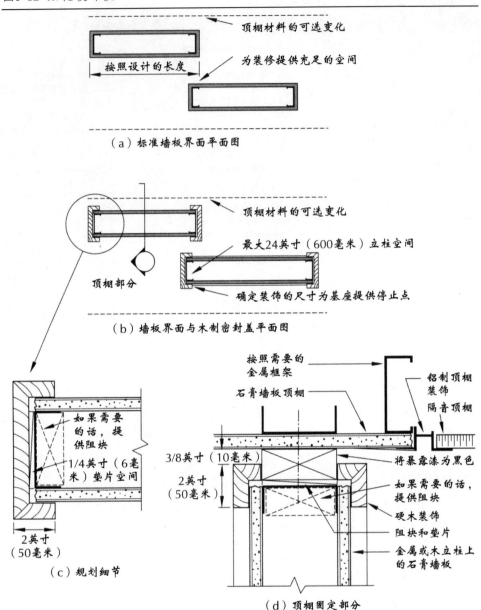

（a）标准墙板界面平面图

（b）墙板界面与木制密封盖平面图

（c）规划细节

（d）顶棚固定部分

和地板以外的地方，以便在简化结构的同时允许顶棚或地板平面的变化。

可以用作屏幕的材料包括窗帘、钢丝网、穿孔金属板、栅格结构、半通透的玻璃或塑料、松紧织物纸糊木框等。总的来说，这些材料倾向于单薄，并且不能自我支撑，所以就有必要对结构进行一定的安装和修裱。通常有5种不同的方法可以做到这一点，如图5-13所示。

所有显示的方法必须基于支持屏幕的系统要永久附着于建筑结构，这是一个前提。某些方法，诸如用标杆来支撑等，可以修改成独立式的。如图5-13（a）、（b）所示，最简单的方法是使用一个非常像窗框的框架来支撑材料。这可以通过如图显示的局部高框架来实现，也可以在一个全高的隔断之内实现。一个悬吊系统或者使用点支持，或者使用连续轨道，如图5-13（c）、（d）所示。

图5-13 安装屏幕材料的方法

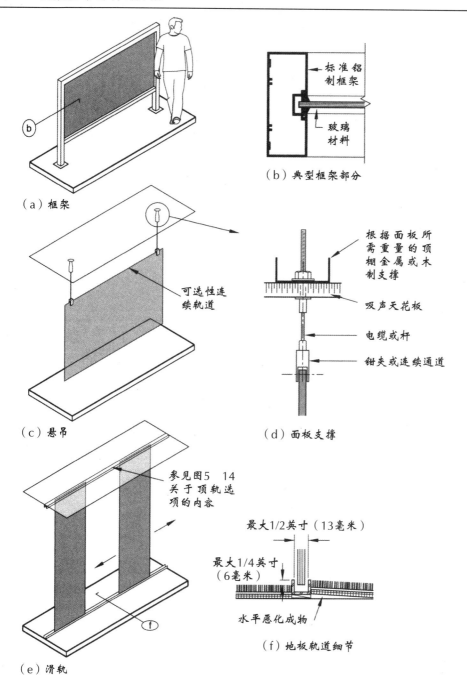

（a）框架

（b）典型框架部分

标准铝制框架

玻璃材料

（c）悬吊

可选性连续轨道

（d）面板支撑

根据面板所需重量的顶棚金属或木制支撑

吸声天花板

电缆或杆

钳夹或连续通道

（e）滑轨

参见图5 14关于顶轨选项的内容

（f）地板轨道细节

最大1/2英寸（13毫米）

最大1/4英寸（6毫米）

水平恶化成物

当屏幕必须具备可调节性的时候，可以使用一种轨道系统。滑动轨支撑结构可以使用上下式轨道，如图5-13（e）、（f）所示，也可以仅使用顶轨。对于刚性材料来说，诸如玻璃或塑料，一般使用底轨或安装在地板上的引导线来固定屏幕。无论如何，连续不断的底轨是存在问题的，因为它们必须用木片填隙使之保持水平，那么除非它们是完全嵌入式的，否则就会打断地板的材料，产生绊倒人的危险，并且如果轨道太高的话还会使人难以触及。如图5-13（f）右侧所示，使用水平混合料来尽量避免任何垂直投影是一种优先方式。大多数材料可以完全

图5-13 安装屏幕材料的方法（续）

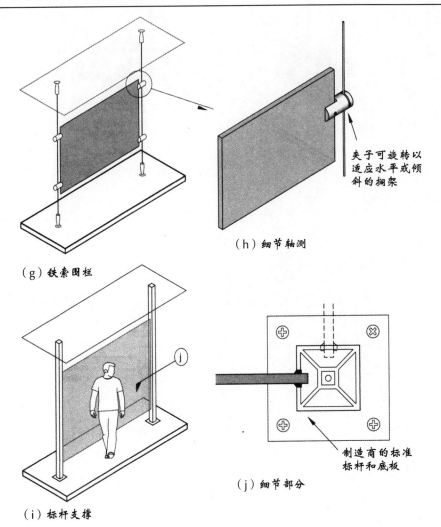

（g）铁索围栏

（h）细节轴测

夹子可旋转以适应水平或倾斜的搁架

（i）标杆支撑

（j）细节部分

制造商的标准标杆和底板

从顶棚悬吊下来，从而避免这类问题，通过使用短的地板引导线远离那些会妨碍交通的地方。如图5-14所示，顶轨可以通过多种不同的方式来安装。可以向个别的制造商就准确的尺寸规格和附着方式进行咨询。

如图5-13（g）、（h）所示，铁索围栏系统，为垂直面板提供了一种通风支持系统，同样也适用于水平和倾斜的架子。如表5-6中列出了一部分铁索围栏系统的制造商。

铁索围栏系统的支持点对于悬吊式吸声天花板来说会存在一定的问题，因为铁索必须被拉紧，但是大多数制造商的办法都是把顶部铁索直接穿过顶棚砖附着到上面的结构上。

安装带有标杆的屏幕材料的方法是相对简单的。如图5-13（i）、（j）所示，标杆通常附着于一块底板上，底板用螺丝或螺栓拧紧到地板上。相似的附着方法也应用在顶棚上，或者应用在悬吊式天花板上，或者如果屏幕材料很重的话，则继续穿过顶棚到上面的结构。除非安装是自定义的，否则大多数屏幕材料制造商都提供标准的标杆安装硬件工具，作为他们系统的一部分。

图5-14 高架轨道安装

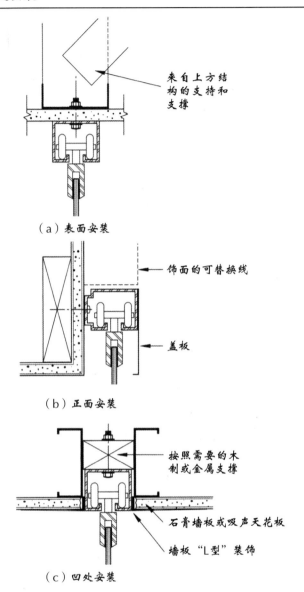

来自上方结
构的支持和
支撑

（a）表面安装

饰面的可替换线

盖板

（b）正面安装

按照需要的木
制或金属支撑

石膏墙板或吸声天花板

墙板"L型"装饰

（c）凹处安装

线性元素

多片长条的、相对薄的元素可以作为一种半通透屏障来使用。通过改变厚度和单独元素之间的间隔，就可以制造出不同程度的分离状态。如图5-11（c）所示，元素可以垂直安装、水平安装、倾斜安装或以任何组合的方式进行安装。除非线性材料是预制系统的一部分，否则材料和安装的成本就很重要，因为其中每一个都必须单独安装。铁索围栏系统通常用于楼梯，如果想要非常薄的线性材料，也可以使用阳台扶手。如表5-6中列出了一部分铁索围栏的制造商。

悬挂面板

悬挂面板或其他建筑元素可以在允许大面积可见度的同时提供分离的感觉。实际上，悬挂材料避免了所有地板的不规则性，并且可以防止附着硬件损害地板

表 5-6 线管和支撑的制造商

制造商	网址	注解
面板与搁架支撑系统		
日本荒川悬挂系统公司	www.arakawagrip.com	各种顶棚和地板固定锚和搁架钳以及规定系统和挂画轨道
荷兰康帕斯有限责任公司	www.standoffsystems.com	搁架、面板、引导标识所用的铁索系统以及结合了面板所用的线性独立挤压制品
夹可宝公司	www.jakobstainlesssteel.com	铁索系统上的不锈钢丝搁架支撑
新星展示	www.novadisplay.com	带有各种夹位选择的铁索、杆和落地支架展示系统
宝赛罗公司	www.s3i.co.uk	标识、图片和搁架支持支撑
南部塞科建筑系统公司	www.secosouth.com	用于搁架、引导标识、烤架和建筑索具的不锈钢系统
真理五金系统公司	www.veritas.com	用于悬吊公司生产的面板以及其他搁架和悬挂面板的不锈钢索杆系统
铁索围栏		
亚特兰蒂斯轨道系统公司	www.atlantisrail.com	不锈钢铁索围栏和附件
费尼金属线公司	www.cablerail.com	室内楼梯和护栏所用铁锁围栏系统
汉森建筑系统公司	www.aluminumrailing.com	铁索围栏系统和其他轨道产品
强生建筑五金公司	www.csjohnson.com	室内或室外所用不锈钢铁索、杆和附件
宝赛罗公司	www.s3i.co.uk	钢丝索组件和总成
洛斯坦公司	www.ronstanusa.com	主要是室内外均可使用的重型建筑索具系统
南部塞科建筑系统公司	www.secosouth.com	不锈钢扶手和护栏系统
三角锥结构有限公司	www.tripyramid.com	建筑支撑系统，包括室内所用轨道系统
奥卓科技公司	www.ultra-tec.com	扶手所用不锈钢轨道

材料。根据附着的方法，悬挂面板可以按照使用者的需要进行变化，也很容易重新进行定位。如图5-13（c）、（d）中绘制了多种悬挂方法，这也同样适用于悬挂面板。

在商业建筑中，产品可以从悬吊式吸声天花板或上面的结构楼板上悬吊下来。重量较轻的材料可以用夹子、螺丝直接穿过栅格，或者用肋节栓穿过瓷砖，从吸声天花板的栅格上悬挂下来。较重的材料可以使用大尺寸的细钢丝或金属框架附着在上面的结构地板上，或者直接从悬吊天花板上面的钢构架上悬垂下来。参见图5-9和图5-13（d）。

局部高的隔断

局部高的隔断通常是要保持空间的开放性，在允许视线、光线和声音在空间里传播的情况下，用于定义空间、指引活动方向和/或为家居、设备及电器设施提供支持。而独立式的面板和系统设备也可以迎合这些功能需要，永久性的隔断看上去更像是空间里的建筑元素、而不是家具元素。如图5-15中显示了许多变种。

当设计意图是要把局部高墙看作是建筑元素，它们就通常使用石膏墙板在立柱上进行建造。

如图5-15（a）所示，直线的、局部高的隔断，如果仅仅是用通常用于全高隔断的那种紧固件附着在地板上的话，它们通常不够坚固、不能支持横向荷载（就像有人斜靠在上面一样）。解决这一问题的方法是使用弯曲的或有角的形状，如图5-18（b）、（c）所示。低隔断本身的形状具备了必要的强度，可以作为一个垂直放置的成形横梁来使用。为直的、矮的隔断提供支持的其他方法是提供一个

图5-15 局部高度屏障的种类

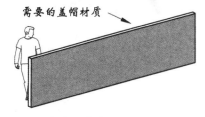

需要的盖帽材质

（a）局部高

当不需要声音阻隔并允许视觉和光线传播的时候，典型使用局部高隔断来定义空间和指引方向。它们也被用作家具、设备和任何需要从视觉上进行隐藏的东西的背景或遮挡。当它们较低可以让人靠在上面或在上面放置物品时，其顶部边缘通常需要使用耐用顶盖。

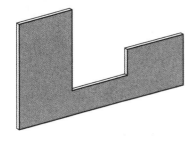

（b）变化的高度

除了高度不同可能会在想要的地方提供更多的私密性外，变化高度隔断用于与单一高度隔断相同的原因，为安装在墙上的项目提供支撑，指示视线，或者仅仅是给隔断增加趣味性。隔断的高度影响分隔的感觉。

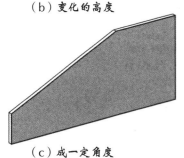

（c）成一定角度

成一定角度的隔断改变了在一个单一界面之内分隔的量并且为它所定义的空间制造出了更多的动感线条和形状。这包括使用两个或更多的角度变化来给予隔断更多的趣味性或将墙进行调节来迎合所在空间的需要。

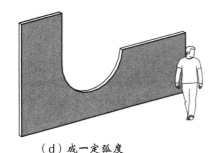

（d）成一定弧度

成一定弧度的隔断与成一定角度的隔断和变化高度隔断所产生的功效相当，但是形状不同。弧度可能是凸面的也可能是凹面的。凸面如在本图中所示，是一种从某一高度到另一高度进行过渡的优雅方法。凸面的半径可以进行变化以便符合隔断的功能性需要。这类形状的一种缺陷在于凸面的顶部难以用耐用的材料进行覆盖。

钢板，并用螺栓将其拧到地板上，而上面再焊上一根钢柱，如图5-16所示。

统一的局部高隔断

统一高度的局部高分隔器一般用于制造单独的工作站或作为仓库、吧台和工作台面的支撑，或者用来隐藏难看的设备和绳索。如果需要保护隐私的话，分隔器可能会做得很高，以便挡住视线，或者也可以很矮，以便最大限度地允许光线和视线透过。对于用来支持工作台面或储存设备的小规模隔断，应该建造"U型"或"L型"隔断，以便在不用结构钢进行支撑的情况下也可以具备一定的横向支承力。

当隔断的高度较低，可以让人斜靠在上面或者把东西放到上面时，就应该使用某种耐用材料来覆盖隔断顶部。可以达到这一效果的一些可能的方法如图5-17

图5-16 低隔断支撑

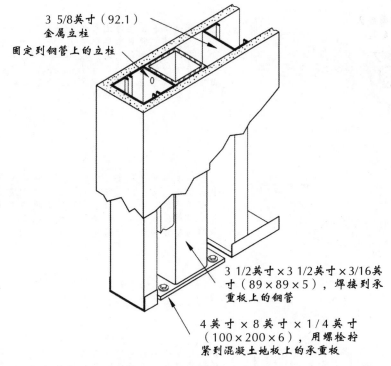

3 5/8英寸（92.1）
金属立柱
固定到钢管上的立柱

3 1/2英寸×3 1/2英寸×3/16英寸（89×89×5），焊接到承重板上的钢管

4英寸×8英寸×1/4英寸（100×200×6），用螺栓拧紧到混凝土地板上的承重板

注释：墙板的较低部分以及一个立柱未清晰显示；也可以使用2 1/2英寸（63.5）的立柱

所示。要阻止东西放到墙上，可以采用圆形或有角的顶子。所有这些结果都可以用于垂直或倾斜的边缘上。

可变高度的隔断

如图5-15（b）所示，可变高度隔断作为一种统一高度的隔断可适用于所有情况，它们可以在某些区域限制视线，同时又在必须建造全高结构的地方提供墙面阻隔。

成一定角度的隔断

如图5-15（c）所示，成一定角度的隔断是可变高度隔断的变体，但是它从严格设计的立场上提供了更具动态的线条。当这类的多个隔断用于不同的角度或相反的方向时，它们可以在空间中制造出动感的节奏。如图5-17所示，直的线条也使得通过木头、金属、墙板装饰或其他材料来覆盖隔断的边缘更加容易，这可以用来保护转角和薄边缘。

成一定弧度的隔断

局部高隔断在垂直的方向上弯曲，制造出动感的形态，这可以与曲线一起用在空间里的其他地方，从而作为一个基础设计元素。如图5-15（d）所示，曲线也可以与直线和角的形状混合使用。用标准的墙板构造技巧很难形成曲线，但是

图5-17 石膏墙板盖

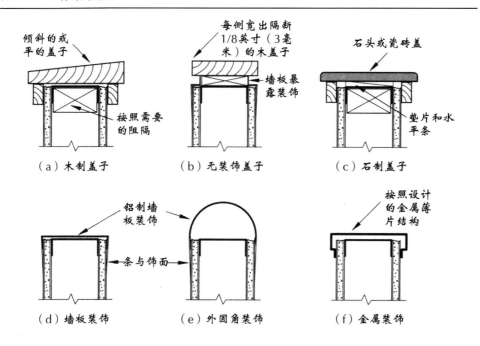

（a）木制盖子　　　（b）无装饰盖子　　　（c）石制盖子

（d）墙板装饰　　　（e）外圆角装饰　　　（f）金属装饰

制造商制造了能够被垂直弯曲的金属立杆轨道，使得形成内部或外部弯曲十分容易。成一定弧度的边缘可以用柔韧的氯乙烯墙角护条或"L型"装饰轻易地呈现出来，而建造这类隔断的主要难题是提供耐用的顶盖（不同于石膏墙板）来装修弯曲的边缘。虽然建造起来更难、成本也更多，但成一定弧度的形状也可以从两个方向进行弯曲，通常要求使用灰泥饰面、而不是标准的石膏墙板。

厚隔断

厚隔断是指那些占据大量的地板空间、超过隔断自身深度的那些隔断。如图5-18中显示了一部分厚隔断。

调整厚度的隔断

调整的隔断根据计划的要求，为隔断两面的空间制造或凸或凹的形状，以便适应设备或存储需要，或仅仅是为了给较长的、单调的墙面增加一定趣味性的要求。调整隔断也可能是由于结构柱或管槽的出现所引起的。

成一定弧度的全高隔断

成一定弧度的墙和完整的圆都是有力的几何形状。它们将人的注意力聚焦于凹面，对于会议室、集会区或任何设计师想要建立特别室内空间的地方都是很有效的。宽阔的曲线也可以沿着流通空间来使用，贯穿矩形建筑物以制造出动态的感觉。完整的圆则强调了空间，尤其是当放到矩形栅格里面时更加明显。然而，取决于半径的大小，成一定弧度的隔断凸出的反面对于空间规划、家具布置或设备摆放等都会造成一定的麻烦。

图5-18 厚屏障的类型

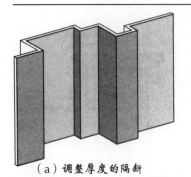

（a）调整厚度的隔断

调整的隔断可被用于为活动定义空间、为家具腾出位置或者仅仅是为了增加趣味性并为大型隔断制造变化。正如任何厚的隔断一样，一侧的尺寸和形状暗示了另一侧的尺寸和形状，所以布置和设计必须仔细进行并且在空间规划的过程中把问题解决好。

（b）成一定弧度的全高隔断

成一定弧度的隔断制造出动感的空间。带有弧度的部分强调并且紧缩了空间，同时反过来凸出的一面又使空间产生膨胀的感觉。在提供令人兴奋的空间感的同时，成一定弧度的隔断其建造成本会略高，并且不容易悬挂艺术品以及支撑直线型的家私及器具。通常，成一定弧度的隔断独立形成强烈的空间定义。

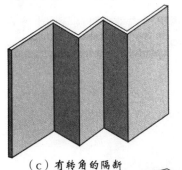

（c）有转角的隔断

就像调整的隔断一样，有转角的隔断可以减少较长的墙的规模并制造更多的动态立体边缘。转角的尺寸和数量可以不断变化来符合隔断的设计意图。小的分隔可以减少规模而大的分隔则可以服务于实际意图，诸如为家具提供空间或者强调艺术品等等。在走廊上，负面空间可以腾出地方方便观看壁挂，或者方便门的开合而不会影响到走廊的空间。

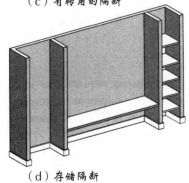

（d）存储隔断

存储墙使得隔断呈现出双重功效，一是作为空间分隔，二是作为存储空间。它的一侧可以是一面平墙，如同在这里显示的一样，隔断的一侧面对一个房间，相反的一侧面对背面的房间。存储墙的隔声效果很好，可以有效将噪声和活动阻在隔断本身之外，防止家具或者人体意外碰撞墙体。内部空间如果带有壁橱门，就会呈现出一个声音屏障来。

有转角的隔断

　　有转角的或折叠的墙面类似于调整墙，但是制造出一种更富有动态和节奏感的表面表现力。有转角的表面可以有严格的功能性目的，诸如为艺术品或其他的陈列提供单独的空间，或者仅仅作为一种为长隔断增加变化的方法。正如成一定弧度的墙，影响一个面的形状可能不会影响到另一个面，所以就需要仔细地进行空间规划，以尽可能减少地板空间的浪费。

存储隔断

　　存储墙可以分隔空间，提供功能性服务，并且能够制造出有趣的表面纹理。当与壁橱门和其他抽屉面板一起使用时，存储墙也可以具有同双层墙一样的功能，可以在两个空间之间产生额外的听觉阻隔。如果反面是平墙，就不存在像成一定弧度墙或有转角的墙一样的背面，从而不会出现空间规划的问题。对于两个规划成背对背的、完全相同的空间，墙的一面可以面朝一个空间，而镜像面则面向另外一个空间；例如，在两间毗邻的卧室制作两个橱柜。

第6章

用临时性屏障
划分和创造空间

6-1 概 述

就像永久性垂直屏障一样，临时性屏障给予室内设计师塑造空间并解决特别的功能性问题的方法。临时性屏障也可以帮助设计师迎接挑战，适应客户变化的需求，并减少项目初期建设和变换布置所需要的时间。

临时性屏障有两种基本类型：一是被设计来用于替换那些永久性的、作为空间完整附件的全高隔断，二是没有延伸至顶棚或不会完全分隔两个空间的屏障。其中，不完全分隔空间的屏障可能是平板系统，或者本身就是家具系统的一部分。这两种类型的屏障都能适应在商业性室内设计中一般会遇到的快速改变。

用活动隔断替换标准石膏墙板隔断是商业性办公室中最经常使用到的，并且这种应用具有很多优势：

- 容易再组合以便迎合办公室需求的变化
- 在大多数时候，如果隔断位置必须频繁改变的话，活动隔断的全生命周期成本较低
- 可以清洁的安装，不存在接缝复合应用时出现的带湿作业
- 在许多情况下，都是单一来源的责任，通过一次性购买隔断、门、装配玻璃、电线和数据线
- 在某些情况下，活动设备比固定资产在税收上有优势
- 由于已经应用了装饰，所有缩短了建造时间
- 在大多数情况下，产品使用可循环再利用的材料，容易拆解和循环
- 容易适应不水平的地板和顶棚的公差

然而，活动隔断不具备耐火等级，拥有有限的安全能力，无法隐藏卫生管道，与某些装修材料不兼容，并且在为橱柜和其他建筑木制品提供支持的能力上也有限。

这一章讨论可以轻易移动、重新定位、重新配置或者在不影响周围结构的情况下拆除和移动的临时性屏障的用途。本章不包括开闭式间壁，它是一种沿着固定的轨道支持，将大型空间分隔成诸如宾馆舞厅、教室和会议室等更小空间的固定建筑元素。本章也不包括其中有部分可能是活动面板的家具系统，虽然本章中描述的某些活动面板产品确实包含了对于悬挂式工作台和存储器、或者可能是设计来同特定制造商的其他产品协同工作的规定。

6-2 元素概念

如本章所述，临时性屏障可以呈现出各种形态。如上所述，它们能够取代固定的隔断或者局部高的分隔物。屏障可以是刚性的、玻璃的，亦或是两者的结合。它们可能被附着于基础建筑结构上，或者也可能是独立式的。如图6-1显示了临时性屏障的一些基本类型。

图6-1 临时性屏障概念

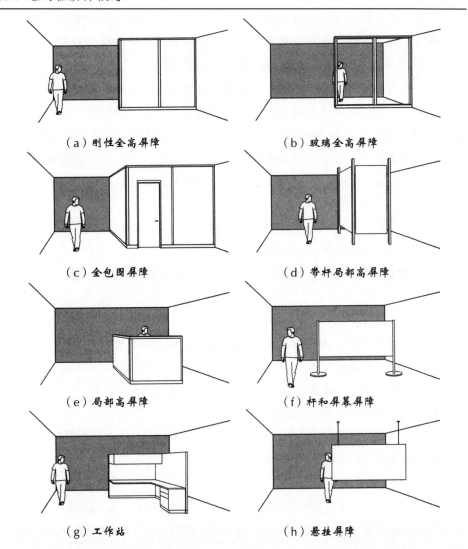

（a）刚性全高屏障   （b）玻璃全高屏障

（c）全包围屏障   （d）带杆局部高屏障

（e）局部高屏障   （f）杆和屏幕屏障

（g）工作站   （h）悬挂屏障

在大多数情况下，临时性屏障是制造商专卖产品的一部分，并且作为部件的完整系统而呈现。不论如何，定制屏障是可以设计的，或者从基础建筑材料中得来，或者来自那些专门用于定制平板系统的私有材料。

当用临时性屏障替换标准隔断的时候，它们便称为可拆式隔断。可拆式隔断由能够快速装配、拆接和重复利用的独立组件系统构成，几乎全部都是可重复利用的。

可拆式隔断有两个基本类型：渐进的和非渐进的。渐进的隔断系统要求墙以特别的顺序进行装配，并且要以倒序来进行拆解。非渐进隔断系统，任何独立的面板都能够在不干扰相邻面板的情况下移除和替换。现在大多数系统使用非渐进的系统设计方式。

独立组件的配置和设计因制造商的不同而变化，但是通常由几个组件构成：地板滑动轨、顶棚滑动轨、带有连接器固定面板的垂直面或标杆，以及预加工的固体材料或玻璃板。所有制造商都提供总成来制作转角、连接到现有结构，以及适应门的要求。大多数制造商也提供电线和数据线用于安装。

局部高屏障可以用固定到地板和顶棚上的标杆来支撑，也可以用安装到大型设备支脚上的标杆或铁索来支撑，或者也可以用两个或多个彼此倾斜的连接部分来自我支撑。

6-3 功 能

正如在第5章中讨论过的，与永久性垂直隔断一样，临时性屏障也具备各种各样的功能。全高隔断可以用于分隔空间，提供视觉、听觉和物理分隔，或者仅仅用于阻止视线、定义空间或者作为其他设计元素的背景来使用。局部高面板也可以定义空间或阻止部分视线，并且当与工作台面和存储器相配合时，它们就成为独立的工作站，就像用石膏墙板建造的私人工作室一样。临时性屏障的基础功能之一就是适应变化。

大多数全高隔断系统是通过把面板升高对准顶棚轨道或者夹在顶棚的专有装置上进行安装的。面板垂直放置并且对着地板，用水平调节脚来提高或降低面板高度，使之精确地符合空间需要并保持水平。底座则固定在水平装置的上方。

某些隔断系统带有已经装修过的独立面板。其他的系统则需要将分开的面板应用于框架之中，而框架允许将电线和数据线安装到需要的地方。饰面包括油漆过的钢制品、石膏墙板、木头、层压板、覆盖面板的织物或乙烯塑料罩，以及玻璃灯。可拆卸隔断系统和活动面板的一部分制造商，参见表6-1。

虽然在各类制造商生产的隔断系统中有一些是类似的，但是每一个系统都是独一无二的，并且设计师必须一一察看，然后决定哪一个更适合项目的需要。在选择隔断系统的时候，要考虑到如下因素：

■ 装配和拆解的方法

■ 系统如何连接到现有结构上

表 6-1 可移动面板和墙的制造商

制造商	网址	注解
美国阿文蒂系统公司	www.avantisystemsusa.com	可重置的直线型或带有弧度的玻璃
德特环保问题公司	www.dirtt.net	产品包括带有刚性和玻璃板的可移动墙体、用于覆盖现有建筑物墙面的室内幕墙、带有一定弧度的组件以及带有刚性和玻璃板的构件式建筑墙体等
霍沃思公司	www.haworth.com	全高或局部高的或者局部高且带有面板、饰面、门和玻璃组件等各种选项的可移动墙体系统
英菲尼建筑墙系统公司	www.infiniumwalls.com	带有门和玻璃的全高、铝制框架墙体
KI 公司	www.ki.com	全高可移动墙体系统，包括带有刚性和玻璃板的门以及可适应悬挂家具的面板等
李维斯·布朗兹公司	www.liversbronze.com	玻璃板附着于钢柱用于分隔视线的装饰模块墙体系统
大型空间墙面公司	www.loftwall.com	带有用于住宅及商业建筑的定制内容面板、有两种尺寸可选的独立铝制框架系统
现代化折叠公司	www.modernfold.com	提供可控制和可移动隔断，包括带有玻璃板的顶棚悬吊系统
嵌板系统制造有限公司	www.roomdividers.org	提供模块化和可拆卸的墙体系统
面板折叠门 & 隔断公司	www.panelfold.com	可控制和可重置的墙体
钢壳有限公司	www.steelcase.com	私密性墙体系统，包括带有框架和门的各种高度刚性板和玻璃板的可移动墙体系统，可与其他钢壳产品配合使用
泰克尼公司	www.teknion.com	提供各种产品，包括欧普托和阿尔托，由带有各种可选饰面和门的模块化可重置的刚性和玻璃全高板组成，包含配线和附件可以与壁挂式储物间和工作台面配合使用
可变墙体公司	www.transwall.com	提供多种线形可拆卸和可移动墙体系统，包括与系统性家具相结合的系统

- 玻璃器具的可用性以及可用的门的类型和尺寸
- 可用的尺寸以及建筑物组件（如果有的话）的兼容性
- 允许转角安装的连接器可用性
- 面板饰面的可用性
- 使用客户自有材料（COM）的能力
- 听觉等级，如果适用的话
- 展焰性等级
- 集成电源和数据线的可用性，如果需要的话
- 替换独立饰面面板的能力
- 在现有的地毯或其他类型地板上休息的方式
- 适应工作台面或存储器的能力，如果需要的话
- 再生材料数量和再循环性
- 对室内空气质量的影响
- 底部和顶部轨道的类型以及饰面的可用性
- 总体的美感

6-4 限 制

对于临时性隔断和其他垂直屏障来说，主要的限制包括：这种隔断没有耐火等级能力、在听觉控制方面的局限性，以及成本。隔断系统不可以放到悬吊式天花板上面。

缺乏耐火等级通常不是问题，因为全高隔断通常仅仅在不需要防火隔墙的地方才考虑使用。所属系统都有A类展焰性等级，所以它们可以用于需要各类饰面的任何地方。

虽然某些制造商的系统有相对较好的听觉控制能力，STC值可以达到50，适合大多数办公室使用，但是实际安装值可能要低一些，并且较高的值仅仅在使用其他石膏墙板结构时才能获得。

隔断系统每英尺的初始成本要比标准石膏墙板结构更高，但是如果考虑到布局的预期变化有多大的话，大批安装的成本则必须通过税收、生命周期依据来进行评估。带有局部高面板的家具系统，成本必须基于多方面的考虑，包括全生命周期成本、税收事宜、灵活性、外观、单一来源供应商责任、安装速度以及功能等。

此外，隔断系统不能用于很高的空间，不能提供很高的安全性，也不能容纳卫生管道或其他嵌入式物品。

6-5 协　调

临时性垂直屏障所需要协调的类型取决于屏障是局部高、还是用于代替标准隔断的全高样式。局部高屏障通常是独立于建筑物结构和其他隔断之外进行安装的。对于搁置在现有地板上的屏障，应该将某种水平系统建造到面板或标杆里。对于悬吊式屏障，顶棚结构必须足够结实，以便在支撑重量的同时保证轻松安装和重新定位。如图5-13显示了安装永久性屏障的一些方法，其中的一些也可以用于临时性屏障的安装。

当局部高屏障或带有面板的家具系统应用于办公室的时候，协调听觉方案是很关键的。所选择的顶棚瓷砖必须具有较高的SAA等级（正式名称为NRC或降噪系数）。同时，还应该安装白声来增加谈话私密性。另外，还应该规划出工作站，来避免直接的声音路径，并且要远离玻璃这类的高反射性材料。

如果要与包括照明系统、空调系统、窗框中框和悬吊式天花板系统在内的其他建筑物组件和系统进行协调的话，对于大型设施来说，可拆式隔断系统是最为划算的系统。倾向于频繁重置的空间规划应该安排到建筑物栅格上，这也应该与顶棚相一致。这样的话，当隔断出现变化时，灯光、空调扩散器和栅格，以及喷水头的重置就尽量避免了。如图7-5所示，阐释了这类协调方法。隔断系统和其他接触现有结构的临时性屏障必须具有相应的细节设计，以允许墙、窗框中框、对流散热器覆盖物和其他结构的依附和隔音，同时这也是适应不垂直的结构和其他建筑公差的一种办法。

6-6 方　法

虽然临时性屏障和可移动的垂直屏障，无论是全高还是局部高，都可以进行定制设计和建造，但是它们通常都是标准的制造项目。在大多数情况下，定制是不划算的，并且许多时候，结构上并不结实，不足以发展新细节。

然而，如第5章所述，有一些可以进行修改以便开发活动墙的办法。除此之外，举办贸易展览会的公司可能是很好的产品源，较适合定制设计的局部高屏障。

全　高

全高活动屏障和隔断有多种类型可用。每个制造商都有关于安装或拆解系统的设计和方法。无论如何，大多数制造商都提供面板和门的选择，如图6-2所示。一些制造商提供简洁的、当代的样式，而另一些则更具实用性。

大多数系统的设计都具有夹在暴露的"T型"滑动轨顶棚栅格上的顶轨，这可以允许在不损坏外观的情况下从栅格上移除。也可以使用开槽的悬吊式天花板栅格，从而当系统提供螺丝来进行依附的时候，可以允许顶轨在不被损坏的情况下用螺丝拧紧到栅格里。参见图6-3。顶轨也可以依附于上面带有合适的木制或金属槽支持的石膏墙板顶棚。

源于安装全高活动隔断的基本方法，它们沿着顶棚和专有的、可夹住的底部或嵌入式基础总成，都有一个可见的连续轨道。如前所述，某些系统将钢结构用于需要进行装修的地方。这允许电线和各种可互换饰面的安装。

局部高

局部高垂直屏障的类型要求任何给定的应用取决于项目的特定需要。有时候，只需要一个装饰性背景来定义两个或多个空间。对于其他的项目，大型社团办公室就需要一个完全灵活的、可移动的、带有消音板的工作站系统。

图6-2　全高隔断的类型

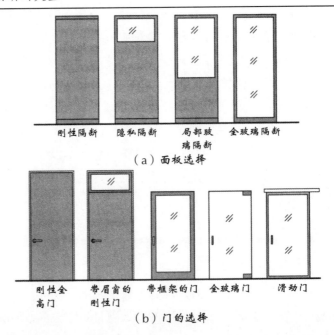

（a）面板选择

（b）门的选择

图6-3 可移动的面板细节

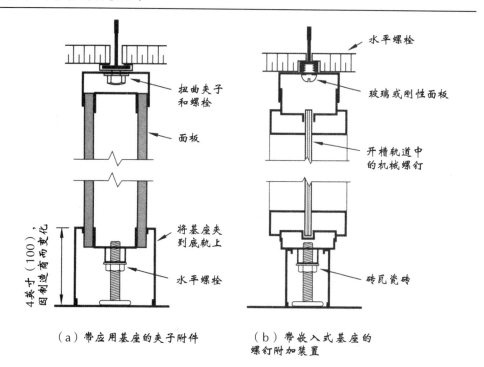

（a）带应用基座的夹子附件　　　（b）带嵌入式基座的
　　　　　　　　　　　　　　　　　螺钉附加装置

某些局部高屏障，虽然可移动和容易拆解，确实要求在一定程度上附着在建筑物结构上。后安装的系统和悬挂面板，如图6-1（d）、（h）所示，就是这些方法的例子。关于对这类面板进行细化的方法可参考图5-13。另一方面，标杆和屏幕系统，以及自我支撑面板系统，如图6-1（e）、（f）所示，是完全独立于现有建筑物结构之外的。面板作为家具系统的一部分并与之合为一体，也是可以自我支撑的。这两种方式的不同在于税收方面的影响，因为一类是作为固定资产依附于架构之上，而另一类则不是。

第7章

头顶上的限制
——天花板

7-1 概　述

　　头顶上的限制或顶棚面，在任何室内空间中都代表着室内设计最重要的元素之一。顶棚不仅占据了全部可见表面区域中的一大部分比例，而且也必须履行大量的、多样的功能，诸如提供声音控制，以及支持或包含灯光、空调设备、洒水器、烟雾探测器及其他设备等。例如，假设有一个房间面积为20英尺乘30英尺、顶棚高度为9英尺（6.1米×9.1米×2.7米）。它的地板、墙和顶棚表面的总表面积为2100平方英尺（195平方米），顶棚面积为600平方英尺（55.7平方米），或几乎占据了全部面积的30%，并且与墙和地板不同，顶棚是完全可见的。将这一建筑元素作为头顶上的限制进行思考，可以帮助设计师很好地理解在功能和审美两个方面，什么才是重要的。

　　同垂直屏障一样，顶棚面是设计师所能控制的主要空间定义元素之一。在条件允许的范围内，给定固定的建筑物和机械设施的结构，室内设计师可以创造顶棚面，为空间定义和分配角色，并提供所有的功能性需求。顶棚可能会用于覆盖建筑结构和机械设施，给空间以比例，创造各种各样的空间，并且有助于确立设计概念。

7-2 元素概念

　　与隔断一样，顶棚平面可以通过成千上万种方式进行设计。它可能像住宅中的一个平的石膏墙板一样简单，也可能是商业建筑物中的悬吊式吸声天花板，融合了不同高度和方向的、带有各种混合灯光的材料。顶棚可以是简单的面，也可以是曲线、角度，或者是一系列调整的高度、开放和封闭区域的混合，也可以是大量有纹理的、单色或多色的饰面。

　　由于建筑物的基本建筑、结构、电气和机械设施是由建筑师和工程师预设好

图7-1 顶棚概念

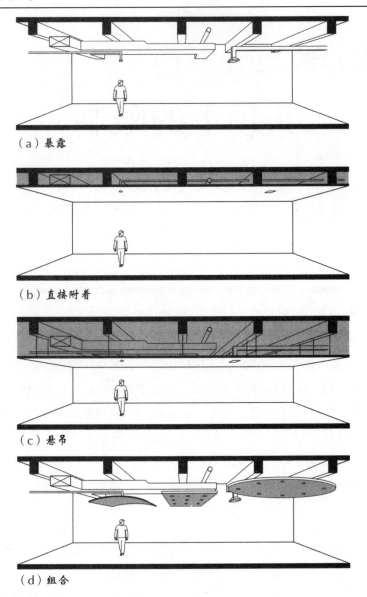

（a）暴露

（b）直接附着

（c）悬吊

（d）组合

的，室内设计师在设计空间顶部范围的时候有四种基本选择，因为它与基础建筑
有关。如图7-1所示。

如图7-1（a）所示，暴露服务设施是最简单的方法。地板的下面或屋顶结构
的上面被暴露出来，所有机械和电气设施都呈现其本来面目。虽然这种方法的优
势在于成本最小化，并且不使用任何附加材料，可以有效地提高可持续性，但是
声音控制可能就会大打折扣，并且几乎没有可能调节空间和制造可以改善设计意
图的饰面，除非设计意图本身就是要呈现出一个粗糙的、工业化外观。

如图7-1（b）所示，直接附着可以像在住宅里用螺丝把石膏墙板拧紧到楼板
搁栅上或者在混凝土结构上进行喷涂声学处理那样简单。然而，这一方法会限制
处于结构元件之间空间里的所有电气或机械设施，并且通常的结果是出现一个简
单的平面，或者将所有的或一部分设施暴露出来。在大多数商业建筑中，这一方

法是几乎不可行的，因为大多数的设施是安装在结构下面的。

在商业建筑物中制造顶棚最普通的方法是，通过在建筑物结构中直接悬吊另外的材料进行，常见的是栅格中的吸声砖。参见图7-1（c）。这类顶棚是较容易建造的，成本较少且灵活，并且可以与所有建筑物设施配合，同时可以进行各种各样的装修和设计。

最后，设计师可以根据每个空间的功能和审美需要，使用前三种方法的任意组合来裁剪顶棚的样式。参见图7-1（d）。这是一个控制成本的好办法，通过在重要区域安放较贵的顶棚结构、而在相对不太重要的区域选择较便宜的顶棚结构来实现。

在这四种制造顶棚平面的方法之内，还有不计其数的变种。它们可以被分为封闭式和开放式两类。封闭式的顶棚设计完全将可用区域从整个空间中分隔出来。如图7-2中显示了一部分可能的设计概念。

如图7-2（a）所示，最简单的、最普通的方法是使用一个二维平面、一个悬吊式吸声天花板，或者使用暴露的栅格，或者使用隐藏的栅格等。有各种各样的栅格尺寸、瓷砖类型、颜色和样式可供选用。一个悬吊式平面顶棚也能够被建成石膏墙板。关于其他各类封闭式顶棚，将在本章后面的内容中进行更详细地讨论。

开放式顶棚，在悬吊式顶棚以上的全部或部分区域是暴露的、可以被看到

图7-2 封闭式顶棚概念

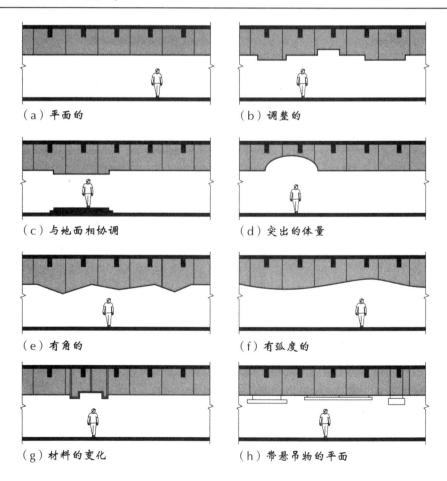

（a）平面的 （b）调整的

（c）与地面相协调 （d）突出的体量

（e）有角的 （f）有弧度的

（g）材料的变化 （h）带悬吊物的平面

图7-3 开放式顶棚概念

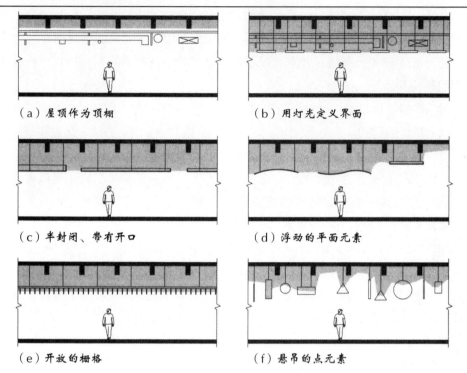

（a）屋顶作为顶棚　　　　　（b）用灯光定义界面

（c）半封闭、带有开口　　　　（d）浮动的平面元素

（e）开放的栅格　　　　　　（f）悬吊的点元素

的。如图7-3中显示了这一方法的某些可能的概念。

最常见的开放式概念彻底地省略了任何类型的悬吊式装修顶棚，如图7-3（a）所示。这一设计概念用于强调空间的建筑风格，或者本身就是某种设计理念。对于住宅建筑，屋顶的底面常常是有特色的、可供展示的，例如暴露的横梁、斜面屋顶或一些其他的建筑特色。对于商业建筑，暴露屋顶或地板以上的部分通常意味着需要暴露所有的机械和电气设施。在这两种情况下，设计师必须决定如何提供诸如灯光和通风设备这类的设施。其他的各类开放式顶棚式样稍后会在本章中进行讨论。

7-3 功　能

如同隔断一样，设计师可以通过思考顶棚所需要履行的各种功能，就材料和细节设计的方法做出最好的选择，而不是仅仅依赖于使用标准的悬吊吸声天花板或石膏墙板。

顶棚可以具备如下功能中的一个或多个：

覆盖结构、电气和机械等服务设施
为室内设计的整体设计概念助一臂之力
界定空间
控制声音

反射光线

固定灯具

固定喷水头

固定空气调节器的送风器和回风器

固定扬声器、烟雾探测器及其他电气设备

支持顶棚悬吊元素，诸如标志或窗帘等

举个例子，如果顶棚是用来定义具有大容积的较低空间的话，那么就可以使用标准的吸声栅格天花板来完成装修。无论如何，这也可以通过使用任意材料制成的开放式栅格来实现，通过使用灯光技术只强调整个空间中较低的区域，也可以使用金属网或任何其他替代物，只要符合耐火要求和其他要求。

顶棚也有助于项目的可持续性。参考边框里关于通过设计和细化顶平面，来处理可持续性的特定方法。

于头顶上的面板相关的可持续性问题

与顶平面有关的可持续性问题包括以下几个方面：

- 尽可能多地使用可回收利用的材料来制造顶棚瓷砖和其他顶棚组件。这包括矿物棉、再生纸、循环再造的铝和钢等，并且使用玉米和小麦粉黏结剂，而不是传统的黏结剂。大多数制造商现在都在产品说明书中就可循环利用的内容进行了说明。

- 使用零甲醛或甲醛散发量低的顶棚砖。加利福尼亚州协作高性能学校有一个（每立方米33微克）27ppb（十亿分之一）的浓度限制，在砖就位以后、居住之前的建议标准为（每立方米3毫克）2.5ppb。对于一个被认为是零排放的产品，甲醛浓度不能超过（每立方米2毫克）1.6ppb。

- 对于现有的重建项目，如果砖已经被替换掉，那么可以设法重新利用旧砖。许多制造商对于特定类型和特定数量的砖都有再循环程序，如果符合特定要求的话。

- 指定抗菌的、并且符合ASTM D3273环境室内的室内涂料表面抵抗霉菌标准测试方法所要求的顶棚砖。

- 如果适合居住的话，选择具有高光线反射比的砖和其他组件，来改善日光，并且尽量减少对灯具的需求。

- 当确定顶棚高度和顶棚过渡时，考虑从空间内部到外部的窗户视野平面，来最大化外部的视野，并且不要阻挡日光的可见度。

- 在可能不必要的地方，不要使用悬吊式天花板，以便尽量减少所使用材料的数量。因为使用连续悬吊式天花板可能会减少长期能源使用，所以要与灯光和机械需求进行配合。

7-4 限　制

对于顶棚，最常见的限制包括现有的平板到平板的距离、声音控制的要求、地震威力、预算、耐火性能和展焰性等。在商业建筑里，上述的大部分功能性要求在没有独立装饰顶棚的情况下就可以得到满足。甚至声音控制常常通过悬吊式吸声面板就可以实现。

对于商业建筑来说，现在通常的限制包括声音需求、灯光反射、使用延伸到悬吊式顶棚的隔断来细分空间且成本少的能力，以及可持续性等。I类建筑和II类建筑中的材料必须是不可燃的，并且如果顶棚成为任何建筑类型中的地板/天花板耐火总成的一部分，顶棚就必须成为耐火总成的一部分。通常来说，市场上的所有商业用顶棚产品都符合这一要求。在大多数情况下，如果需要的话，灯光、自动喷水系统、空调系统和其他设施都可以独立于顶棚装修之外进行安装。

7-5 协　调

在使用悬吊式天花板时，整体规划方面最常见的协调工作包括要求定位机械和电气设施与栅格设计相协调，以及将暴露的栅格系统或其他顶棚元素与窗框中框、柱子、固定隔断等建筑元素对齐。设计师也可能会将隔断的位置与顶棚栅格或其他顶棚设计的主要特点进行协调，比如顶棚材料变化或顶棚高度变化等。参见图7-4。

由于一项要求可能会优先于另一项，所以在许多情况下都必须作出让步。例如，在图7-4中所示的短走廊部分，顶棚栅格的布局可能要求设计师在两者之间做出选择：是把灯光和喷水头安装在分区中间的中心点上、还是安装在顶棚砖的中间。更进一步来说，如果考虑成本的话，喷水头可能就要按照所允许的最大间

图7-4 顶棚协调事宜

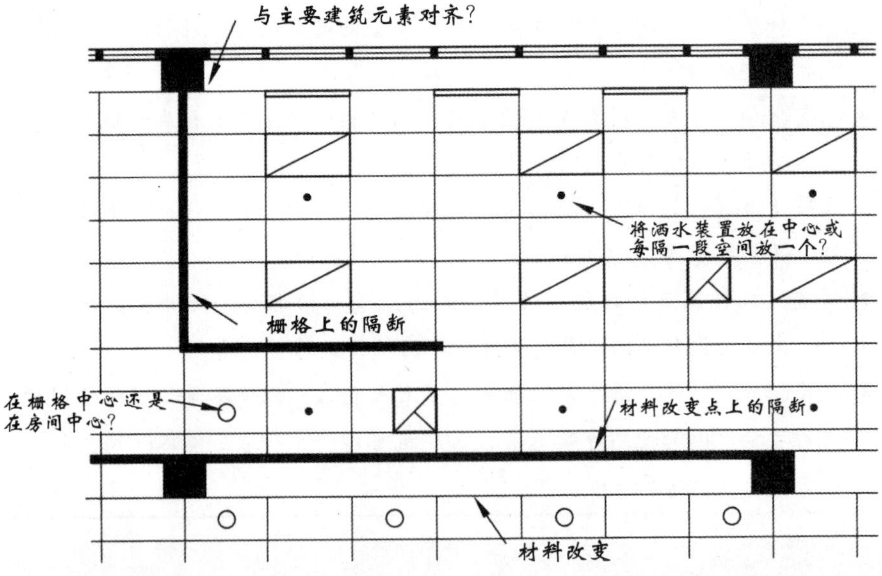

图7-5 20×60顶棚栅格

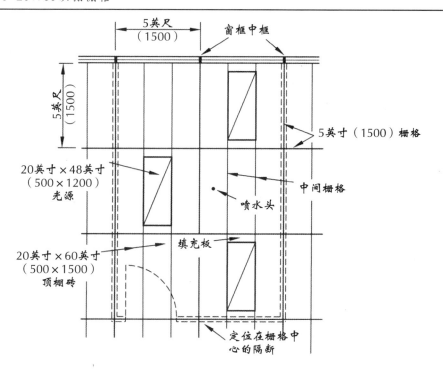

隔来安装，而不是与其他顶棚元素连接到一起，或是安装到砖的中心。

对于细节，连接顶棚与垂直元素的方法，诸如隔断、柱子、外墙等，也需要考虑到。有关细节这方面的讨论详见第10章。必须要为材料的过渡、顶棚高度的过渡以及复杂的机械或电气安装进行额外的细节协调。

对于会用到可拆式隔断系统的办公室规划中，顶棚栅格的尺寸必须与所要求的房间尺寸和灯光的类型相协调，以便使得隔断具有最大的灵活性，从而方便再定位。如图7-5所示，一些可拆式隔断系统被设计来放置在顶棚栅格上成一直线，以使得隔断的顶轨可以用螺丝拧紧到开槽的栅格中去（如图7-8（e）、（f）所示）。灯光、喷水头以及空调系统的暂存器和铁栅被设计和指定为在主规划模块之内可移动的，一般为5英尺乘5英尺（1500毫米乘1500毫米）或者4英尺乘4英尺（1200毫米乘1200毫米），允许隔断根据需要放置。

如果使用诸如石膏墙板之类的硬质顶棚的话，就需要安装检修板来为电气接线盒、阀门、机械设备和类似部件的维修提供入口。如果可能的话，设计师应该与机械工程师和电气工程师相配合，用适当的方式来安放这些部件所要求的入口，从而使得面板不会给顶棚带来难看的外观。在大多数情况下，安装在石膏墙板顶棚上的检修板会因使用而变脏，并且与面板围合在一起的接缝会随着门长时间的、频繁开关而产生破损。

洒水灭火器间距

商业建筑中的洒水器空间必须根据NFPA 13，即喷水系统安装和NFPA 13R，即四层楼及以下住宅喷水系统安装所规定的最大和最小尺寸来进行放置。NFPA

图7-6 洒水灭火器间距

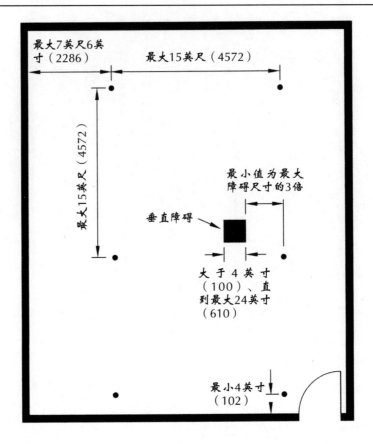

13D，即在一户或两户住宅和预制装配房屋的喷水系统安装，应用于住宅设计。设计师应该明白基本要求，就喷水器、照明设备、空调系统以及其他顶棚部件的位置如何进行协调的问题，做出合情合理的设计决策。在具备了基本的空间限制方面的知识后，室内设计师就可以按照顶棚总体规划，与机械工程师或消防工程师来一起配合放置喷水头。

NFPA 13标准将建筑物的相关火灾隐患分为三类：轻度危险、一般危险和非常危险。每一危险分类又进一步进行分组。危险种类决定了所要求的喷水器间距以及其他的规章。如图7-6显示了对于轻度危险居住环境的一些基本要求。这包括住宅、办公室、医院、学校和饭店等场所的使用情况。在这些居住环境中，每200平方英尺（18.6平方米）必须有一个喷水灭火器，或者如果采用的是按水力设计的系统，最大不超过每225平方英尺（20.9平方米）配置一个，而大多数都是这种情况。如图7-6显示了对于按水力设计的系统的一部分要求。对于临近挂梁和其他障碍物的间隔，还有额外的要求。参考图3-9，关于顶棚上对于喷水头和管道所要求的典型空隙。有关更多的细节设计要求，可参考NFPA 13。

空调（HVAC）协调

在大部分情况下，协调空气供给暂存器、回风栅格和排气扇排水口的位置是

图7-7 顶棚安装的空气扩散器类型

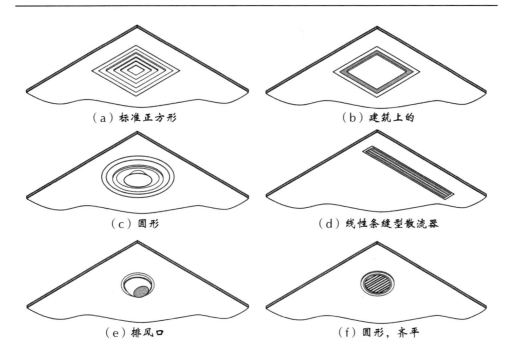

（a）标准正方形　　　　　　　　（b）建筑上的

（c）圆形　　　　　　　　（d）线性条缝型散流器

（e）排风口　　　　　　　　（f）圆形，齐平

直截了当的。机械工程师决定这些项目所要求的大体位置和容积，但是室内设计师可以与工程师共同商榷来最后确定它在顶棚上的确切位置。设计师可能也会要求工程师使用最能满足空间设计需要的、特定类型的空气控制设备。例如，一个线性的条缝型散流器可能比一个标准的方形空气扩散器更可行。如图7-7显示了一些空气扩散器的可用类型，而表7-1列出了一部分空气终端单元的制造商。

公差协调

公差协调通常不是问题，因为悬吊式天花板可以安装得非常精确（水平、位置适当并且成直线对准），独立于建筑结构之外。典型的悬吊式天花板安装时要用激光水准仪校准，并且通常可以建造为10英尺中的水平误差不超过±1/8英寸（3050

表 7–1 空气扩散器的制造商		
制造商	网址	描述
Acutherm	www.acutherm.com	提供各种扩散器类型
空气概念有限公司	www.airconceptsinc.com	提供各种扩散器类型
温流管公司	www.anemostat.com	提供各种扩散器类型
夏纳公司	www.lcarnes.com	提供各种扩散器类型
Krueger	www.kruegar-hvac.com	提供圆形和正方形扩散器、线性的条缝型散流器、栅格和暂存器
内勒工业公司	www.nailor.com	线性条缝型散流器、正方形和圆形顶棚扩散器以及穿孔扩散器
提图斯公司	www.titus-hvac.com	提供各种扩散器类型
妥思美国	www.troxusa.com	提供排风口和旋涡扩散器
塔特尔 & 贝利公司	www.tuttleandbailey.com	提供各种扩散器类型
西邦国际	www.seiho.com	提供排风口扩散器

毫米中不超过3.2毫米），整个房间区域误差通常不超过±1/8英寸。当然，如果顶棚不接触其他结构的话，水平方向、位置或尺寸上的微小变化就不会被察觉。无论如何，如果要使一个栅格系统与嵌入式射灯或喷水头的位置相协调的话，就可能需要做额外的工作来协调电工、机械承包商、喷水器承包商和装饰系统安装工人等。

7-6 方 法

制造商们已经为顶棚结构提供了成百上千种产品。设计师可以使用这些产品来发展项目特有的解决方案。本节中将会列举一些为开发细节提供有用产品的制造商，对如图7-2和图7-3中显示的概念性方法进行更为详细的描述。图中显示的一些顶棚设计也可以用标准的金属框架和石膏墙板或其他材料来进行建造，而一部分设计则要求结合专卖产品和普通建筑材料。在此，这将被分为封闭式系统和开放式系统两个大组。

封闭式

平面的

平面顶棚通常是最简单的、成本最少的顶棚装修方法，并且可以满足大多数头顶平面的功能需要。在大多数情况下，这是标准的2英尺乘2英尺（600毫米乘600毫米）或2英尺乘4英尺（600毫米乘1200毫米）的贮藏吸声天花板。这些顶棚具有简单安装、声音控制、光线反射、成本低、灵活性、易接近风室，以及可适应各种各样的机械和电气系统等优势。

自从悬吊式贮藏吸声天花板问世以来，设计师常常对装修外观提出异议。制造商则对各类栅格和面板如何进行美化处理进行了回应，同时也为特定的建筑需要提供了各类特定的系统。目前可用的一些栅格型材种类如图7-8所示。面板也有成百上千种不同风格、模式、颜色和边缘处理法。如表7-2中列出了一些顶棚制造商，既包括标准吸声天花板的制造商，也包括特色天花板的制造商。

平面顶棚也可以用隐藏栅格进行建造，从而消除许多设计师所反对的可视栅格，却仍然可以保持声音控制、风室的无障碍性和相对的低成本。

图7-8 顶棚栅格的类型

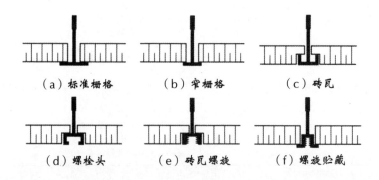

（a）标准栅格　　　　（b）窄栅格　　　　（c）砖瓦

（d）螺栓头　　　　（e）砖瓦螺旋　　　　（f）螺旋贮藏

表7-2 悬吊式天花板制造商

制造商及其网址	描述
阿波罗声学系统公司 www.alproacoustics.com	供应铝制或钢制，平面的、带有弧度的和浮动节段的波纹穿孔金属吸声板
美国装饰顶棚公司 www.americandecoativeceilings.com	提供特定顶棚，包括带有弧度的顶棚、锡制顶棚重复、开放栅格、木制面板、波纹线性板、线性金属顶棚、逆光照明用半通透面板、金属面板，以及浮动"云状物"
阿姆斯特朗公司 www.armstrong.com	最大的顶棚悬吊系统、顶棚砖，以及包括瓷砖、栅格、特定装饰、带有弧度的顶棚在内的特定顶棚产品制造之一。提供干墙栅格、木制面板、金属面板、开放栅格顶棚、锡制顶棚重复、花格镶板、浮动"云状物"、定制射线顶棚，以及线性金属顶棚。
圣戈班杰科美国有限公司 www.bpb-na.com	标准顶棚砖和栅格
顶棚插件有限公司 www.ceilingsplus.com	提供各类特定顶棚类型，包括带有弧度的、蜿蜒的、倾斜带有弧度的、波纹的、金属和木制开放栅格、线性金属、木制板条、木制面板、模组化的和三角形的栅格形状
芝加哥合金公司 www.chicagometallic.com	供应各种栅格和面板以及特定项目，诸如用于浮动"云状物"带弧度的顶棚节段的带弧度的栅格、穿孔的面板、锡制顶棚重复、线性金属顶棚、开放式栅格、花格镶板（含带有弧度的
戈登栅格公司 www.gordongrid.com	提供顶棚栅格系统和铝制、钢制或不锈钢面板，样式包括浮动的、带有弧度的和定制配置的，以及发光顶棚和穿孔面板。也提供线性金属顶棚。
猎户道格拉斯公司 www.hunterdouglascontract.com	Techstyle® 悬吊顶棚包括 1-1/8 英寸（28.6 毫米）厚蜂巢面板对齐以隐藏栅格来在面板之间制造尺寸最多每 72 英寸 48 英寸（每 1830 毫米 1220 毫米）的窄的暴露
伊尔波拉克声学有限公司 www.illbruck-archprod.com	带有用于栅格或黏合安装的背衬板的有图案的、边缘带斜角的顶棚砖
单一顶棚公司 www.simplexceilings.com	除了隐藏厚木板外的用于平的或带弧度安装的金属平顶棚、带弧度的顶棚、线性金属顶棚、开放式栅格和定制设计
顶盖公司 www.tectum.com	木制纤维顶棚面、耐用性高、可涂饰
USG www.usg.com	各种顶棚栅格和面板，包括诸如带弧度的、有转角的、浮动"云状物"的、线性金属顶棚、开放式栅格、锡制顶棚重复、半通透面板、花格镶板和纤维加固石膏系统在内的特定系统

平的石膏墙板顶棚也是容易建造的，但是它们通常带有检修板，允许对顶棚以上的机械和电气设施进行维修。石膏墙板顶棚可以建造在金属镶边的轨道框架上，在冷轧槽钢上面或使用专有的T型条栅格，如图7-9（a）、（b）所示。对于小型区域，诸如走廊和卫生间，如果地方建筑规范允许使用易燃材料的话，石膏墙板顶棚也可能会安装在金属壁骨框架上或木质框架上。参见图7-9（c）。

已调整的

已调整的顶棚是那些高度有变化的顶棚。参见图7-2（b）。顶棚可能会连续使用相同的材料或由连续的、带有悬吊式"云状物"的封闭式部分构成。

用来在顶棚的不同高度之间制造过渡的一些方法，如图7-10所示。这些包括使用标准的框架材料，以及专门制造的附件。专有装饰块的制造商如表7-3所示。

已调整的顶棚常常被用于为间接照明制造照明凹槽。虽然这种凹槽可以用普通金属框架和石膏墙板来建造，但是预制解决方案也是可用的。制造照明凹槽的一些方法如图7-11所示。

图7-9 石膏墙板顶棚结构

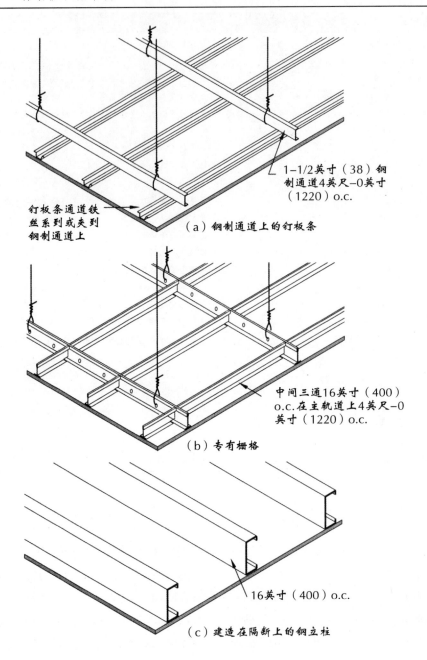

1-1/2英寸（38）钢制通道4英尺-0英寸（1220）o.c.

钉板条通道铁丝系到或夹到钢制通道上

（a）钢制通道上的钉板条

中间三通16英寸（400）o.c.在主轨道上4英尺-0英寸（1220）o.c.

（b）专有栅格

16英寸（400）o.c.

（c）建造在隔断上的钢立柱

如第10章所述，照明凹槽也通常会被合并到顶棚和墙面过渡中。

与地平面协调

已调整顶棚的一种变体是密切地配合地平面的调整，如图7-2（c）所示。顶棚可能会相对于周围的顶棚或者被升高、或者被降低，这取决于设计师所要得到的效果。升高的顶棚维持了在升降台之上不变的顶棚高度，而降低的顶棚则改变了空间的规模，并且制造出更多的私密空间。顶棚过渡可以通过垂直面来制造，如图7-2（c）所示，或者通过有角的、台阶式或弯曲的侧面来达成。

图7-10 顶棚高度过渡

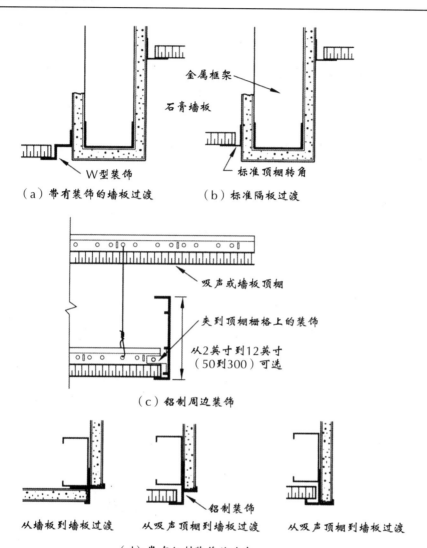

金属框架

石膏墙板

W型装饰

（a）带有装饰的墙板过渡

标准顶棚转角

（b）标准隔板过渡

吸声或墙板顶棚

夹到顶棚栅格上的装饰

从2英寸到12英寸
（50到300）可选

（c）铝制周边装饰

铝制装饰

从墙板到墙板过渡　　从吸声顶棚到墙板过渡　　从吸声顶棚到墙板过渡

（d）带有铝制装饰的过渡

表 7-3 顶棚装饰制造商

制造商	网址	描述
阿波罗声学系统公司	www.alproacoustics.com	在直的或有弧度的节段上用于 T 型条系统边缘装饰
阿姆斯特朗公司	www.armstrong.com	为浮动顶棚、布料容器总成、嵌板到干墙的过渡以及标准尺寸的浮动"云状物"提供边缘装饰
芝加哥合金公司	www.chicagometallic.com	各种配置的金属顶棚栅格以及玻璃钢栅格节段
Fry Reglet	www.fryreglet.com	顶棚与顶棚过渡所用铝制顶棚栅格和装饰块
戈登栅格公司	www.gordongrid.com	顶棚与顶棚过渡所用铝制装饰块，顶棚与墙面过渡模制品，以及帷帐和覆盖灯光所用的周边口袋
Trim-tex	www.trim-tex.com	用于墙板顶棚、氯乙烯顶冠饰条和某些特定顶棚装饰的各种配置的氯乙烯墙板装饰

图7-11 灯光凹槽

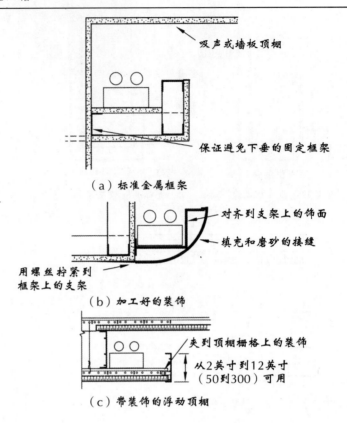

吸声或墙板顶棚

保证避免下垂的固定框架

（a）标准金属框架

对齐到支架上的饰面

填充和磨砂的接缝

用螺丝拧紧到
框架上的支架

（b）加工好的装饰

夹到顶棚栅格上的装饰

从2英寸到12英寸
（50到300）可用

（c）带装饰的浮动顶棚

突出的体量

调整顶棚的另一种变化是以升高或降低的变化来强调所给定的区域。参见图7-2（d）。在这里，地板面保持不变，而顶棚用于改变规模和空间重点。这种设计可以用于顶棚上方的机械和电气设备妨碍了整体顶棚高度、但是其中一个区域可进行特殊处理的情况。设计师可能需要与机械工程师协调来定位管道、洒水器及其他服务设施，只有通过这样的方式顶棚才能升高。

成一定角度的

在空间中，顶棚面可以进行改变，以制造出不同的顶棚高度和更加动态的空间体量。参见图7-2（e）。变化可以是很小的距离，比如4英尺到6英尺（1200毫米到1800毫米），或者是用巨大的区域来制造，按照大小分类来符合顶棚以下的功能区域。在外窗高度较高的地方，成一定角度的顶棚从窗户顶倾斜下来，这种方法对于将自然光反射到空间中、增加日光的利用率非常有效。

成一定弧度的

如图7-2（f）所示，成一定弧度的顶棚面，比成一定角度的顶棚更能制造出与众不同的动态效果，它呈现从一个空间到另一个空间更为平滑的过渡。如同使用成一定角度的或已调整的顶棚面，曲线也可以被有选择地使用到空间中的某些特定区域，以便提供一处设计来与平的顶棚面形成对比或者强调特定区域，诸如走廊、餐饮区或零售空间等。

成一定弧度顶棚的大型清扫区域是很难建造的，但是较小的预制弯曲部分对于一些制造商来说是可行的。参见表7-2。

材料变化

不同的材料可以出于各种原因而被应用于顶棚结构中。设计师可能会通过使用悬吊式吸声天花板这类较便宜的材料来控制成本，以便为大部分区域和仅在一个特殊区域使用更为昂贵的材料而预留出更多的资金。例如，一个石膏墙板调整顶棚可能用于一个办公空间的接待区，而一个标准悬吊式栅格天花板可以用在其他区域。参见图7-2（g）。

带有悬垂部件的平面

为了外观的需要或尽量减少能量使用，平的顶棚可能被用于完全封闭的风室中，而仍然在顶棚面以下使用不同的元素。参见图7-2（h）。悬吊式元素可用于强调空间、调整空间规模或容纳特别的灯具。悬垂的元素可以是任何材料或配置，而在许多室内环境中，受限的高度约束元素至扁平或接近扁平（成一定角度的或成一定弧度的部分），限定为悬吊式吸声天花板或者木制的、金属的、穿孔金属板的或玻璃这类预制的专门顶棚。许多制造商提供带有边缘装饰的、容易指定和安装的漂浮"云状物"。参见表7-2。

开放式

开放式顶棚是指那些暴露地板底面或屋顶之上的全部或一部分，以及机械和电气设备的顶棚。开放式顶棚常常用来节省安装单独悬吊式天花板的费用，以增加空间尺寸，或使用暴露结构和设施的审美效果来作为设计特色。无论如何，消除单独悬吊式天花板来节省成本应该在机械工程师和电气工程师的辅助下进行仔细地调查研究。虽然最初的成本可能会降低，但整个生命周期的成本则可能会更高。这主要是由于，没有悬吊式天花板会增加能量的消耗，因此需要大型的空调系统来给空间供暖或制冷，以制造空气流动。另外，开放式顶棚通常要求更多的清洁和油漆维护，并且在反射人造光和自然光方面不那么有效。

屋顶作为顶棚

第一类开放式顶棚，如图7-3（a）所示，简单到根本就没有顶棚。所有结构和建筑设施都是暴露的。这种方式通常仅在不需要或很少需要隔断的情况下才起作用，诸如开放式规划办公室、零售商店、制造工厂，如此等等。地板以上的高度以及灯光、管线和通风管道的不规则性，使得把隔断延伸到结构上面很困难。在大多数情况下，管线和风道必须油漆，并且设计师可能会为了建筑原因而想要以一种特别的方法来安排这些元素，而这两者都增加了使用这一方法的成本。通常来说，设计师会指定浅色油漆，使得设施更加可见并增加反射度。

从视觉的角度来看，这一类顶部平面的影响会造成空间的不规则，或高或低的点通过灯光和机械设施的尺寸和位置而界定。

由灯光定义的平面

完全开放式顶棚的变体是用灯光来营造感知上的顶棚平面。百分之百的射灯用在一定的高处，所有高于灯光的墙、结构、机械和电气设施都被映衬为暗色。其效果就是在灯具的水平高度形成一个顶棚平面。虽然眼睛经过调整适应更高的亮度后，那些设施可以被看到，但是灯光以上的部分一般都不会引起人们的注意。这种顶棚设计的主要缺陷在于缺乏光反射，对于增强日光或提高人造光的效能来说都不奏效。通常，使用这一技巧比使用连续的高反射顶棚需要更多的灯具。

带有开口的半封闭顶棚

带有开口的半封闭顶棚，大部分是封闭的，仅有小部分朝着顶棚之上开口。封闭的部分可以是一个简单的平面顶棚或者用角和曲线来构建。虽然这一类型的顶棚制造出结实的顶部平面，但是仍然有一些空间调整的感觉。开口可能允许上部的结构和机械设施可见，或者视线也可能被更低的顶棚表面之上的单独顶棚系统所阻碍。回风通过开口被卷入风室，消除了对于回风铁栅的需求。

浮动的平面元素

半封闭顶棚设计的一个变体，是带有看似在结构和机械设施之下浮动的单独平面元素。这种类型的顶部平面，顶棚所开放的部分比半封闭的要多，悬吊式元素可能有多种高度，并且由各种形状和尺寸的结构组成。使用这种类型的顶棚，其空间调整的感觉比使用半封闭式顶棚更大。参见表7-2，是关于提供用于制造这种顶棚的特别顶棚和装饰的制造商。

开放栅格

如图7-3（e）所示，开放栅格顶棚，使用悬吊式元素总成，通常会统一尺寸和间隔，来制造出结实的视觉平面，同时允许空气在居住空间和顶棚以上的空间里自由流通。最常见地开放式栅格由小的方格网或线型元素构成。线性金属顶棚是这一顶棚类型的变体。关于开放栅格顶棚的制造商可参见表7-4。

开放栅格顶棚可以制造出类似于由灯光定义平面一样的效果。栅格反射背景光，而栅格以上的区域是黑暗的；其效果就是仅栅格是可见的，甚至当人直接向上看时效果也是一样的。

悬吊点元素

如图7-3（a）所示，这种顶棚可以完全开放，如同以屋顶作为顶棚的类型一

表 7-4 开放式栅格顶棚制造商

制造商	网址	描述
阿波罗声学系统公司	www.alproacoustics.com	声音挡板
阿姆斯特朗公司	www.armstrong.com	金属制品 TM 铝制系统
顶棚插件公司	www.ceilingsplus.com	挡板和栅格尺寸各异的 Z 型梁 矩形或正方形系统
芝加哥合金公司	www.chicagometallic.com	Magna T-Cell™、Intaline™、CubeGrid™、 BeamGrid™ 和 GraphGrid™ 系统
戈登栅格公司	www.gordongrid.com	横梁组合大面积开放式栅格系统和平 直或呈弧度配置的飞边配合
单一顶棚公司	www.simplexceilings.com	从 1 英寸到 6 英寸（25 毫米到 152 毫米） 正方形或定制尺寸的铝制栅格
USG	www.usg.com	GridWare™、WireWorks™ 和 WireWorks™ 框架

样，但是带有悬吊在空间内的显著视觉元素。参见图7-3（f）。这些元素可以是灯具、吸声板、横幅、标志、空气扩散器，或者是它们中的任意组合，来制造一个区域性元素。顶平面主要由地板或上面的屋顶结构来定义，但是由尺寸、位置、形状、颜色和悬吊元素的密度来调整。使用很少的几种元素，结构和机械、电气设施就能突出；使用较多的元素，顶棚就能够呈现出浮动平面元素或开放栅格顶棚的效果。

第8章

地平面——
地板、楼梯和坡道

8-1 概　述

地平面是室内设计中最基础的元素。它是一个平面，支撑构成室内空间的所有活动、结构和家具。作为一个基本的封闭式表面，地平面如同顶平面一样，体现了定义任何房间或空间整个表面的重要比例。它不仅提供结构支持和步行表面，而且对于室内环境的特征和定义都有巨大的作用。

顶平面必须保持平坦和水平。与墙、顶棚、家具和其他可以有角度、有弯曲和不规则的室内元素不同，地板在本质上必须是平滑的表面，仅仅可以有坡道或楼梯所带来的偶然中断。室内设计师必须用材料、颜色、图案、形状或水平面的变化来表达设计理念。

地板支持两种元素，固定的和活动的。固定元素包括隔断、橱柜和其他增高的地板之类的结构。活动元素包括家具、设备和临时性结构。固定元素通常被视为空间建筑的一部分，而活动元素则被理解为室内陈设。

地平面可以是家具和其他元素的一个中性背景，或者就其本身而言也可以是主要的设计表达。地板材料的纹理、颜色和形状也可以通过它们的使用方式，来改变空间的规模和特征。

室内设计师可以使用地平面作为主要的设计元素，来迎合支撑、安全、耐用和无障碍性等所有的功能性要求。本章将讨论一些设计概念，设计师可以开始考虑把地平面看作是一个重要元素，并且为细节设计提供一些实用的出发点。关于如何在地平面之间进行过渡的更多办法，可参见第11章。

8-2 元素概念

由于地板的平面属性以及对于安全性、无障碍性和其他功能需要的严格要求，设计师所能使用的结构概念，无论是对于顶棚平面、还是对于垂直屏障而言，通常都要比可能使用的更少。然而，即使有这些局限性，设计师仍然可以通过创造性地使用地板，并且与顶棚平面、垂直屏障、水平面变化以及其他嵌入式结构相协调，来开发出强大的设计表达。

地 板

当没有足够的空间来改变水平面时，设计师可以使用材料、颜色、纹理和地板材料的线条，以及这些元素在单一平面内的变化，来表达空间设计意图。如图8-1显示了一部分基本方法。

当然，最简单的办法是使用单一材料作为活动、家具和其他空间内结构的背景。地板材料可以是普通的、有纹理的、非彩色的和大胆着色的，等等。地板可以有强烈的方向线，如图8-1（b）、（c）所示，这可以影响动态、比例以及空间的规模。无论如何，像顶棚图案一样，强烈的方向性图案应当垂直于空间的长边。大型图案通常应用于大型空间中，较小的空间中则使用小型图案。在大型空间中使用的小型图案，有时会被视为整体的基调，而更甚于单独的视觉纹理。

材料的变化可以用于定义空间或者是出于功能性原因。例如，硬质表面地板可能需要铺装地毯，以使之更加耐久，适应交通繁忙区域的需要，而在紧靠潮湿区域的时候，则要做好防水处理。材料变化可能是由简单的线条或更多的复杂图案来营造，如图8-1（d）至（f）所示。

图8-1 地平面概念

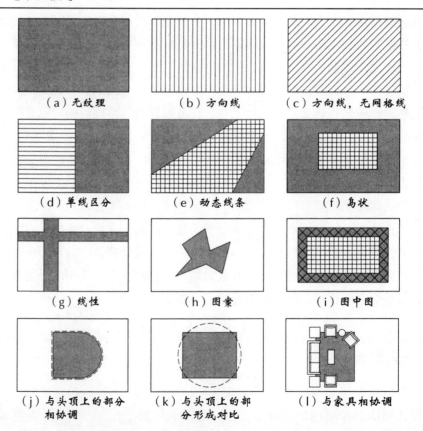

（a）无纹理　　　　（b）方向线　　　　（c）方向线，无网格线

（d）单线区分　　　　（e）动态线条　　　　（f）岛状

（g）线性　　　　（h）图案　　　　（i）图中图

（j）与头顶上的部分相协调　　　　（k）与头顶上的部分形成对比　　　　（l）与家具相协调

特别的图案也可以被设置为一种设计特点或者用来指引活动。参见图8-1（g）至（i）。

在单一平面上的地板变化，当其与顶棚平面的变化进行协调或者与家具组群进行配合时，会更具影响力，如图8-1（j）、（l）所示。虽然不同地板材料的岛状图案也可以用小地毯来制造，但是这可能存在把人绊倒的危险，同时在商业用途中也很难维护。

当水平面可能变化的时候，地平面可以最有效地定义空间。当然这要求具备充足的顶棚空间，但是即便是轻微的升高都足以制造出显而易见的差异以及所想得到的效果。除了其自身水平面的变化外，还可以用各种方法来处理过渡线，如图11-7和图11-10所示。设计师可以使用楼梯或单独使用坡道来制造过渡，或者仅仅通过栏杆或其他特征打断，来实现水平面的变化。

楼　梯

当然，当水平面上发生变化时，设计师必须提供一种从某个水平面移动到另一水平面的方法。这需要用到一部分台阶，并且通常与斜坡相邻。在一个空间里上下移动几英寸或几英尺，与从一层楼板移动到另一层楼板所要求的设计响应是不同的。虽然某些关于安全性和舒适度的要求是类似的，但是地板水平面变化常常要求使用楼梯来迎合出口的需要，而较小的水平面变化通常考虑是大型楼梯。这一节仅讨论用于迎合小的水平面改变、通常需要一到五个台阶的较小变化。

设计师首先必须要做的决定之一就是确定水平面变化的高度和台阶的数量。虽然单步台阶升高平台建造起来最容易且最省钱，但是单步台阶具有内在的危险性，应该尽量避免。然而，通过细致的设计并加装扶手，同时安装视觉标识来帮助识别水平面变化，单步台阶这种水平面变化也是可以使用的。

如图8-2所示，是一些小型台阶相对于它们所服务的水平面变化的布置方式。直线的、相对狭窄的楼梯是最有效和最安全的。参见图8-2（a）至（c）。宽楼梯，如图8-2（d）所示，以水平面变化的全长延伸，制造出更多的设计特点，并且允许在更大的区域内进行移动。为了安全性需要，宽楼梯可能要求中间加装扶手。关于规范要求的讨论可参考本章后面关于限制的小节。这类的楼梯可以通过增加踩踏面的深度，使之超过规范中最小11英寸（279毫米）的规定，从而建造得更加安全。

虽然楼梯也可以规划成弯曲的或环绕于一角的形态，但这样存在更多的危险性，并且在使用时应该谨慎地安装足够的扶手和梯级保护沿。参见图8-2（e）至（g）。其他变化则可以如图8-2（h）至（l）所示那样使用。这提供了直行楼梯的变化，但也提供了垂直于阶梯宽度的人行道，显然比每一步都斜着走更加安全。伸展的结构可以用来指引活动，不论是在楼梯顶部还是底部都可以，如图8-2（j）至（l）所示。

坡　道

无障碍性规范通常要求为任何水平面上的改变提供坡道。它们可以单独使用或与台阶合用。因为坡道要求大量的地板面积，所以设计师一般会对由于设计原因

图8-2 楼梯布置概念

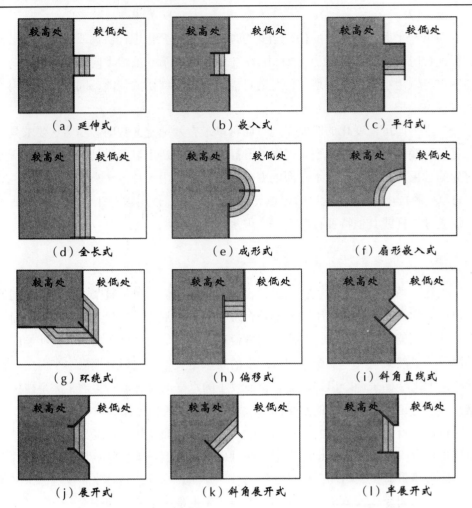

而严格制造出来的可选平台高度进行限制，从而尽量减少坡道所需的长度。无论如何，在某些情况下，沿着坡道的长度也可能用于满足其他意图。例如，在零售商店中，可以在坡道一侧建造一个展架，于是坡道同时兼具交通和营销两项用途。

如图8-3所示，是将坡道相对于水平面变化放置或与台阶配合放置的一部分概念方法。在大多数情况下，尤其是在公共区域，楼梯和坡道两者都应该提供。一些行动困难的人可能会发现使用楼梯比在长距离的坡道上行走更加容易。在理想情况下，楼梯和相邻坡道的起点和终点都应该在相同的区域内。

设计师应该决定如何放置楼梯和坡道，首先要基于坡道要架设的高度。一个21英寸（533毫米）的水平改变需要比7英寸（178毫米）变化更长的坡道，这可能要求使用折返式结构，而不是使用直道。

8-3 功 能

与其他任何设计元素相比，地平面对于功能性需求需要最多的注意力。任何空间内的地板都必须为人们的活动提供一种稳定的、安全的方式，并且为家

图8-3 坡道布置概念

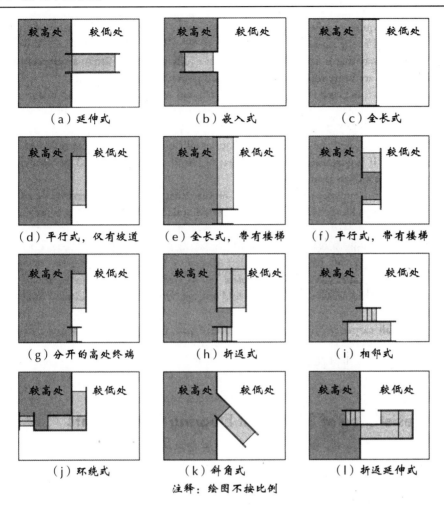

（a）延伸式　　　　　　（b）嵌入式　　　　　　（c）全长式

（d）平行式，仅有坡道　　（e）全长式，带有楼梯　　（f）平行式，带有楼梯

（g）分开的高处终端　　　（h）折返式　　　　　　（i）相邻式

（j）环绕式　　　　　　（k）斜角式　　　　　　（l）折返延伸式

注释：绘图不按比例

具和其他结构提供坚固的平台。因为地板的使用很频繁，所以它对于任何使用方式都必须是非常耐用的，而且应该相对容易清洁和维护，等等。地平面也应该提供人们想要得到的运动感和对交通的控制感。其他功能性需要还包括对于所有使用者的无障碍性、舒适性、防水性和可持续性等。无论设计师可能采用什么样的方式来处理地平面，都必须满足这些功能性需求。有关细节的基本限制和功能需求的进一步讨论，可参见第2章和第3章。

8-4 限　制

对于地平面来说，限制一般包括装饰地板材料及支撑物的耐火性，也包括地板的结构完整性和安全性。对于水平面的变化，安全性和无障碍性方面的规范要求也必须考虑在内。

地板饰面的耐火性

IBC规定了某些装饰地板材料的使用方式。这包括纺织品覆盖物或那些由纤维组成的东西，主要是地毯。IBC尤其排斥使用木质的、乙烯基的、油布的、水磨石以及其他非纤维组成的弹性地板覆盖物等传统的地板铺装方式。

IBC要求纺织品或纤维地板覆盖物符合NFPA 253，即"地板辐射板测试"所定义的两个类别之一的要求。NFPA 253测试测量的是在邻近空间中充分燃烧火焰影响下的走廊或出口的展焰性。I类材料比II类材料更能抵抗火焰的传播。

在I-1、I-2和I-3三组建筑物中（诸如生活辅助设施、医院、养老院和监狱等）在出口的外围设备（楼梯）、安全通道和走廊处的地板装饰物，对于在无喷水头的建筑物内必须是I类材料，在有喷水头的建筑物内至少是II类材料。实际上，由于IBC也要求所有的I类建筑物都带有喷水头，所以I类或II类在这里都是允许的。在I-1、I-2和I-3三组建筑物的其他区域，地板必须是II类材料。

对于所有其他建筑物群组，IBC要求无喷水头建筑物中的纺织品地板覆盖物为II类材料。在有喷水头的建筑物中，纺织品地板材料必须符合16 CFR 1630部分的要求，即地毯和小地毯表面耐燃性标准。这也就是人们所知道的六亚甲基四胺药丸测试或者简单说就是药丸测试。它也被其他设计师叫作DOC FF-1，即装修好的纺织品地板覆盖材料的耐燃性标准测试方法，以及ASTM D2859，即装修好的纺织品地板覆盖材料的点火特性标准测试方法。所有在美国销售和制造的地毯都必须通过药丸测试。

在美国，因为所有地毯都必须通过这一测试，并且几乎所有的弹性和硬面材料制造商都提供符合I类或II类分类的产品，因此在细化平台、楼梯和坡道时，指定饰面地板通常不是问题。

结构地板组件的耐火性

除了饰面，IBC还规定了用于建造升高平台、楼梯和坡道的材料类型。这些通常被分为易燃的或不易燃的两类。易燃材料包括木头，而不易燃材料包括钢结构、混凝土和砖石建筑等。

出于防火和生命安全需要，建筑物被划分为五个类别：I类、II类、III类、IV类或V类。这些分类是基于结构框架、承重墙、地板结构和屋顶结构等特定建筑物组件的耐火性。I类结构是最耐火的，V类则是最不耐火的。例如，I类建筑物的结构框架有3个小时的耐火等级，而III类建筑物框架仅有1个小时的等级。与入住群体相结合，建筑物类型限制了建筑物的面积和高度。家居和小型的、一到三层的建筑物都是典型的V类建筑。

在I类和II类结构中，任何底层地板的框架都必须是不燃的或者建筑物的耐火地板和平台、楼梯或坡道之间的空间必须是坚固的、带有不燃材料或阻燃材料的，这必须与IBC要求相一致。更多关于结构建筑类型和细节要求的信息，可参考IBC的相关内容。

某些行政辖区可能允许在I类和II类建筑物里使用经过耐火处理的木材，来建造低平台或楼梯。在任何时候，室内设计师在细化水平面变化和楼梯坡道之前，都应该核实建筑类型和地方管理部门的相关要求。

对于在I类和II类建筑物中的木装修地板，还有一些特殊的要求。木地板可以直接附着于镶嵌枕木或阻燃枕木，或者直接黏合到耐火结构地板的顶部。如果符合前面所描述的要求，木地板也可以依附于木框架上。对于III类、IV类和V类建筑物，木框架可以用于任何类型的地板。

更多关于装修材料和建筑总成的耐火测试的信息，可参考第2章。

耐滑性和跌绊

地表常见的两个安全问题是打滑和跌绊。所有表面都应该具有适合使用的耐滑性。例如，雪或水会被鞋带进公共大厅的地板上，地板就应该比私人办公室更耐滑。如第2章中所讨论的，耐滑性通常通过COF来测定，其数值范围从0到1。COF 0.5被认为是地板摩擦系数的最小值。对于无障碍路线，水平的室内表面推荐适用COF 0.6，而坡道则推荐适用0.8。更多信息可参考第2章。

水平表面上跌绊的发生通常是由于两种不同材料之间或者安装的同种材料之间的水平面出现轻微变化而导致边缘不齐平。当两种材料紧靠在一起时，设计师应该细化接缝处，以保证两个表面尽可能齐平。ADA易达性要求将任何带有垂直面的水平变化限制于1/4英寸（6.4毫米）之内。达到1/2英寸（13毫米）的水平变化可以是1/4英寸（6.4毫米）垂直的和1/4英寸（6.4毫米）带有陡斜率不超过1:2（13毫米）的斜面相加；也就是说高度为1/4英寸（6.4毫米）、水平长度为1/2英寸（13毫米）。进一步来看，ADA要求限制地毯的绒毛高度从地毯上部到背面测量值最大不超过1/2英寸（13毫米）。理想的情况是在水平面上从一种材料到另一种材料之间应该不存在水平面的变化，而所有变化只产生于倾斜的或有斜面的表面或者过渡材料。关于某些过渡的细节，参见图11-9。

无障碍性

除了上述对于地板表面无障碍性的要求，在细化坡道和楼梯时，设计师还必须考虑其他无障碍性问题。

对于每12个单位的长度，坡道不能在高度上倾斜超过1个单位。因此，一个坡道升高14英寸（356毫米）必须至少在水平投射上要有14英尺（4267毫米）的长度。无论如何，在任何可能的时候，建设坡道时，它们都应该被设计成斜度小于1:12的，既使得人们使用更容易，同时也允许出现建筑公差。

坡道扶手间必须至少有36英寸（915毫米）的宽度。当上升超过6英寸（150毫米）时，必须在坡道的两侧都有扶手。在每个坡道的顶部和底部都要有水平的楼梯平台。对于直道，楼梯平台必须至少与坡道的宽度相同，而当坡道旋转90度时，至少要有60英寸（1525毫米）见方或者在迂回处至少有60英寸（1525毫米）的深度。对于无障碍坡道的其他要求如图8-4所示。

规范要求

建筑规范规定了出口楼梯的类型、数量和宽度，同时也对踏板、踏步和扶

图8-4 无障碍坡道

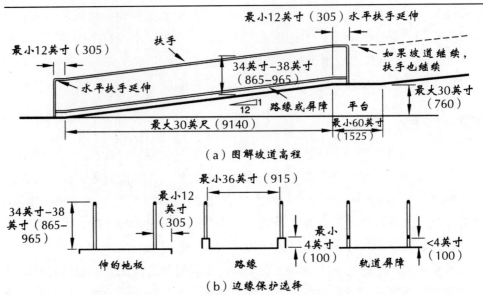

（a）图解坡道高程

（b）边缘保护选择

手的细化要求进行规定。其中大多数是建筑物建筑风格的一部分。无论如何，对于在本章中所描述的仅包含极少踏步并且常常由设计师来进行细化的楼梯类型，有关台阶设计和扶手的规范要求依然适用。

在大多数情况下，IBC要求在楼梯两侧都有扶手。室内使用的例外情况如下：

■ 某些情况下的台阶通道
■ 起居室中的楼梯
■ 螺旋形楼梯
■ R-3组住宅中的单一踏步
■ 在R-2和R-3组别的住宅中，起居室和卧室内的三个或更少踏步的房间升高变化（例如，公寓、学生宿舍和非暂时性酒店，以及实质上以永久居住者为主的住宅等，不在R-1、R-2或R-4的组别分类之内）

无论如何，即便没有要求安装扶手，为了安全和方便起见，也应该安装。

对于楼梯和扶手的基本要求，如图8-5所示。扶手的末端必须转回到墙、护栏或步行路面上，或者接续到相邻单段台阶的楼梯扶手上（或者在有坡道的情况下连续到坡道面上）。更多楼梯设计指南，参考第3章。

在开放的楼梯上，IBC要求除了扶手之外，还得具有高于楼梯踏级前缘42英寸（1067毫米）的单独护栏或低墙。护栏必须是坚固的或经过设计的，以便所有的开口都不能通过直径为4英寸（102毫米）的球体。

大型楼梯（出口不需要）的扶手安装问题往往是令人困惑的，有时甚至是自相矛盾的。当然，扶手总是应该安装在楼梯的两侧。当楼梯间宽度超过60英寸（1542毫米）时，IBC要求其中部也安装扶手，以便出口容积所需楼梯宽度的所有部分的扶手都在30英寸（762毫米）以内。因此，在小型住所中作为出口的宽楼梯可能不需要中部扶手。

图8-5 楼梯要求

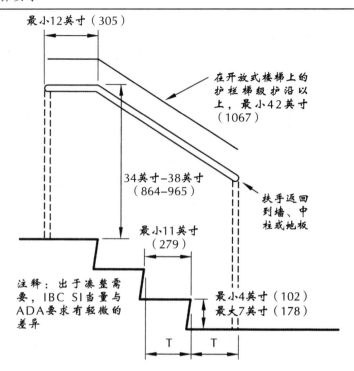

例如，假设一个较宽的大型楼梯用于零售商店第一层的升高平台，并且两侧都带有扶手。对于整体为60英寸（1524毫米）的情况来说，每个扶手的出口宽度都将在30英寸（762毫米）以内。IBC要求楼梯间的出口宽度最小值是为每个居住者供应0.3英寸（7.63毫米）或者，

$$最小宽度（英寸）=居住荷载\times0.3英寸$$

已知60英寸是可用的，那么这两个扶手可以供应的最大居住荷载就是，

$$60英寸=居住荷载\times0.3英寸/居住者$$

$$最大居住荷载=\frac{60英寸}{0.3英寸/居住者}$$

$$最大居住荷载=200居住者$$

如果平台供应少于200个居住者，就不需要中部的扶手。对于在第一层的商业占用，IBC规范规定了最大地板允许量为每个居住者30平方英尺。按照公式，

$$居住荷载=\frac{地板面积}{30平方英尺/居住者}$$

如果对于扶手的最大居住者荷载是200，那么

$$200居住者=\frac{地板面积}{30平方英尺/居住者}$$

$$最大地板面积=200\times30$$

$$最大地板面积=6000平方英尺（557平方米）$$

综上所述，在要求安装中部扶手之前，平台面积最大可以达到6000平方英尺。无论如何，IBC也要求大型楼梯应该在沿出口路径的大部分直接通路上放置扶手。那么，问题就变成楼梯间的两侧是否是沿着大部分出口通路的。这可以经过仔细的判断。当有疑问的时候，设计师应该就所要求的中部扶手位置与地方管理部门进行协商。

扶手应该被设计成便于人们在上行或下行的时候，既能够以最佳效果紧握它们、又能通过摩擦力抓住它们的外形。直径1-1/2英寸（38毫米）的球形通常是最好的，但是也可以使用其他形状。IBC对扶手型材的允许限度，参见图3-14。如图3-14（b）所示，II类扶手在私人家居和商业用途的选择性居住情境中是允许使用的。

8-5 协　调

地板设计和细化必须与地板公差、光线反射和声音要求、耐久性需要以及想得到的流通模式进行协调。除此之外，地平面的设计应该与顶部平面以及如何制作地板与隔断之间的连接相协调。关于顶部平面的设计理念以及如何制作地板到墙面的过渡，可参考第7章和第10章。

公差协调

在使用地毯时，底层地板平面度的公差通常并不是一个问题。无论如何，当硬面装修地板材料被指定时，它所放置的底层地板必须在一定的公差范围之内，以便能够成功安装。

如表5-2，给出了一些关于底层地板的行业标准公差。如表8-1，列出了关于装修地板安装的一部分要求。在许多情况下，现有的底层地板可能会超出成功安装的要求，并且室内设计师将需要发展细节或规格来使得底层地板能够符

表 8-1 装修地板所需的底层地板公差

装修地板材料	所要求的底板公差
木地板	
条状地板和镶木地板	木底板：10 英尺中 1/4 英寸（3 米中 6 毫米）
条状地板和镶木地板	混凝土底板：10 英尺中 1/8 英寸（3 米中 3 毫米）
衬垫地板	混凝土底板：10 英尺中 3/16 英寸（3 米中 5 毫米）
复合地板	混凝土底板：10 英尺中 1/8 英寸（3 米中 3 毫米）
胶泥垫衬	混凝土底板：10 英尺中 1/4 英寸（3 米中 6 毫米）
钢制通道	混凝土底板：10 英尺中 1/8 英寸（3 米中 3 毫米）
瓷砖	
硅酸盐水泥灰浆床	10 英尺中 1/4 英寸（3 米中 6 毫米）
干铺或乳胶硅酸盐水泥灰浆，薄铺	10 英尺中 1/4 英寸（3 米中 6 毫米）
有机黏合剂或环氧胶黏剂的	3 英尺中 1/16 英寸（1 米中 2 毫米）无超过 1/32 英寸（0.8 毫米）突然性不规则
石头地板	
石砖	木底板：3 英尺中 1/16 英寸（900 毫米中 1.6 毫米）
薄层灰浆上的石砖	木底板：10 英尺中 1/8 英寸（3 米中 3 毫米）
水磨石	混凝土底板：10 英尺中 1/4 英寸（3 米中 6 毫米）

来源：建筑公差手册，大卫·肯特·巴拉斯特，约翰威立国际出版公司。

合装修地板的要求。如果这包括水平混合料的使用，那么装修表面可能就会被升高到比相邻地板更高的地方。磨削或修补现有的底层地板会增加成本。在新的结构中，室内设计师可能要与建筑师配合，在建造地板之前为厚地板材料创造嵌入式区域，以尽量避免这一问题的出现。

光线反射比和声音协调

对于灯光设计，地平面的反射系数位列顶平面和墙面之后，通常是最不重要的。这允许室内设计师可以为地板装修来指定几乎任何的颜色和纹理，而不会对光线质量产生不利的影响。

地板的吸声情况会严重影响到空间整体的声音质量，所以应该仔细选择。一个硬面地板，诸如木制的或瓷砖的，不仅会反射声音，而且会增加传到下面地板的音量，这两者都可能是不受欢迎的。例如，铺开的1/2英寸绒毛地毯的SAA（与过去所使用的NRC相类似）值约为0.5，而木地板约为0.10。这意味着在某个频率范围内，地毯吸声能力是木地板的5倍。同样地，木地板上的脚步声可以被轻易地传到下面的地板上。如果这一点是不可接受的，就必须使用其他细节选择（诸如隔音板）来使声音传播最小化，增加细节的复杂度，而同时成本也会随之增加。使用地毯可能是更为简单的方法。

8-6 方 法

对混凝土或木制基底上的地板材料进行细节设计通常是较为简单的。对于铺装地板而不是地毯，主要细化关注点是调节装修材料的总体厚度，制造出从一种材料到另一种材料的过渡，并且允许底层地板存在公差或出现移动。如果采用水磨石以及厚实的瓷砖或石头，地板承担额外重量的能力必须要经结构工程师核实。

地 板
木 材

对于大多数商业和居住应用，可以使用木板条地板或薄镶木地板，或者使用强化复合地板。其他类型的木地板，诸如厚木板、大块和弹力地板系统，在本章中不予讨论。

木板条地板用暗钉通过每一块舌榫条安装在合适的钉合基础之上。如图8-6显示了在木质和混凝土地板两种基底上细化木板条地板的典型方法。对于木制结构，底层地板应该是胶合板、木屑板或厚度不小于1/2英寸（13毫米）的合适的其他屋面衬垫材料。还可以铺上一层15磅的沥青铺毛毡来防止锐音，并起到蒸汽屏蔽的作用。

对于混凝土结构，如图8-6（b）、（c）中显示的两种方法都可能用到。把铺装地板放置在木枕上，呈现更有弹性的地板，并提供空气间层，可以将过量的

图8-6 木板条地板材料

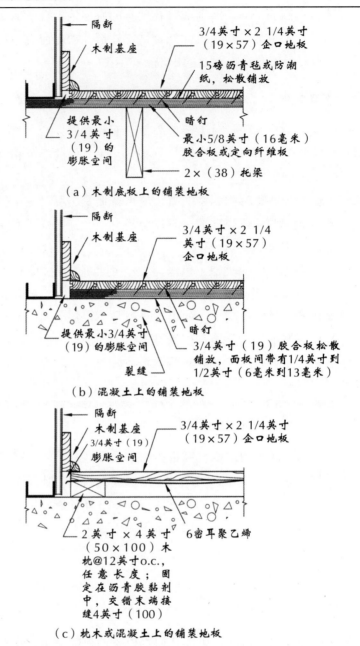

（a）木制底板上的铺装地板

（b）混凝土上的铺装地板

（c）枕木或混凝土上的铺装地板

水分散失掉。然而，这样会需要更多的空间，并且当把它安装在紧靠更薄的地板时就会出现问题。使用3/4英寸（19毫米）厚的胶合板或木屑板基底的方法，需要较少的总体高度，但是当毗邻像弹力砖这样更薄的地板材料时仍然会产生问题。就一切情况而论，在房间周边提供一个最小3/4英寸（19毫米）的膨胀空间来允许地板的膨胀和收缩，是很有必要的。

镶木地板和强化复合地板可以被胶合或松散地覆盖于木头或混凝土底层地板上，如图8-7所示。无论如何，当这些地板材料被放置在混凝土底层地板上时，尤其是在栅隔板上时，非常关键的是不应该出现潮湿并且平板水平度偏差应在10英尺中1/8英寸（3米中3毫米）之内。

图8-7 薄木地板材料

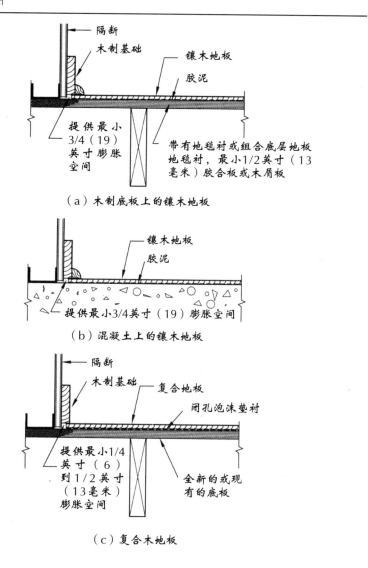

（a）木制底板上的镶木地板

（b）混凝土上的镶木地板

（c）复合木地板

瓷　砖

　　瓷砖或缸砖必须使用某种灰泥浆配方或者黏合剂安放到合适的基底之上。接缝应灌满水泥浆。关于全部瓷砖安装方法的完整描述可参考《瓷砖：北美瓷砖理事会瓷砖安装指南》。两种基本的细化方法是薄安装法和全灰泥浆基础安装法。这两种方法，如图8-8所示。

　　使用薄安装法时，瓷砖被安放在合适的基底之上，通常它是一个为瓷砖安装专门建造的玻璃网格灰泥浆单元。这是一种钉在底层地板上的胶结面板。然后，瓷砖被安放在薄的干燥装置或乳液硅酸盐水泥浆上。底层地板必须是刚性的，以防止破裂。

　　当预期会出现过多的偏向（超过径距约1/360）或在预制和后张混凝土地板上的时候，就应该使用全灰泥浆基础细节。通过这一方法，瓷砖和加固灰泥浆基础通过抗破裂薄膜从结构地板上分开，以便两个地板组件独立移动。除了允许移

图8-8 瓷砖地板材料

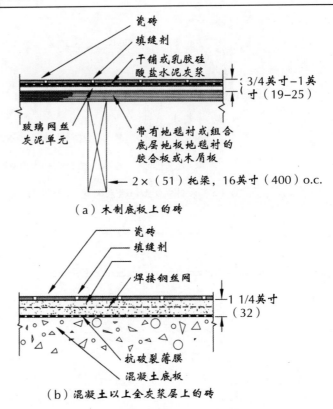

（a）木制底板上的砖

（b）混凝土以上全灰浆层上的砖

动以外，这一系统还可以将底层地板水平面上较小的变化用灰泥浆来修正。在商业淋浴室或者那些呈现连续潮湿的地方，这是对于瓷砖地板的首选方法（同防水膜一起使用）。因为要求整体的厚度，所以如果可能的话，这应该是放置于压缩1-1/2英寸（38毫米）的底层地板上的地板装修细节。

使用薄安装和全灰泥浆基础两种瓷砖安装方法，提供活动接缝来防止或控制破裂是非常重要的。活动接缝（有时被称为膨胀接缝）要求应用于大面积的瓷砖上，以及瓷砖临近抑制表面的地方，诸如柱子、墙体和管线。同时，在那些出现基底材料变化和不同地板的地方也要求使用。对于小房间或走廊，宽度小于12英尺（3660毫米）的不要求。如图3-24阐释了瓷砖活动接缝的一个类型，而如表3-8给出了接缝宽度和空隙的推荐值。

石 头

与瓷砖一样，石头铺装地板可以通过薄安装或全灰泥浆基床两种方法进行安装。全灰泥浆基床法虽然更重一些，通常用于底层地板不平坦的时候、预期有过多偏向或活动的时候，或者当石头像板岩或砂岩一样存在厚度变化的时候。对于大部分安装来说，当前的切削和制造工艺，在全灰泥浆基础上使用天然石材薄砖、而不是传统的3/4英寸（19毫米）厚石头，这是可能的。无论如何，对于薄安装应用，地板必须是水平的，如表8-1所示，并且不受制于超过1/720径距的偏向或移动。

图8-9 石头铺装地板

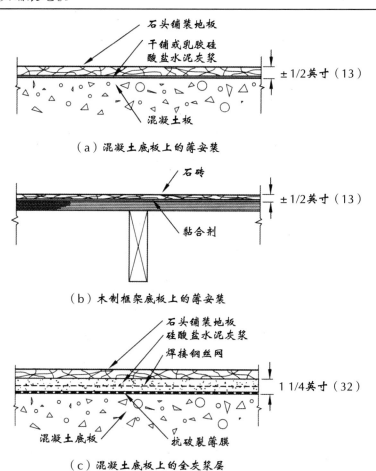

（a）混凝土底板上的薄安装

（b）木制框架底板上的薄安装

（c）混凝土底板上的全灰浆层

　　如图8-9所示，是关于把石头地板放置到木头和混凝土地板上的三种方法。薄安装方法，是将一块统一厚度的石材通过专门的薄安装灰泥或黏合剂安放到底层地板上。总厚度大约为1/2英寸（13毫米），这取决于石砖的厚度。全灰泥基础方法则需要一个3/4英寸到1-1/4英寸（19毫米到32毫米）的灰泥层。

　　石头地板可以通过紧紧对接在一起的接缝或接缝之间的空隙来安放。如果在接缝上有缝隙的话，则必须使用水泥浆或者能够与石头颜色相协调的硅酸盐水泥/沙子混合物来进行填充。有多种水泥浆可以抵抗化学品、真菌和霉菌。当预期地板上会出现轻微移动时，也可以使用某种乳胶水泥浆，来提供一定的柔韧性。

水磨石

　　水磨石是通过把大理石、石英、花岗岩或者其他适当的碎石拌入水泥基、改性水泥基或树脂的基质里所构成的复合材料。典型的方法是在适当的地方倾倒出来，但是也可以预制而成。水磨石与饰面材料不同，它通常不是由室内设计师来细化和指定的。由于附加的重量和需要的厚度，水磨石通常是建筑物结构的一部分。它的安装过程也比较混乱，并且需要一定的时间来浇注、固化和打磨，以完成制作步骤。无论如何，水磨石可以预制，以避免需要过多标准设备的现场工

图8-10 水磨石铺装地板

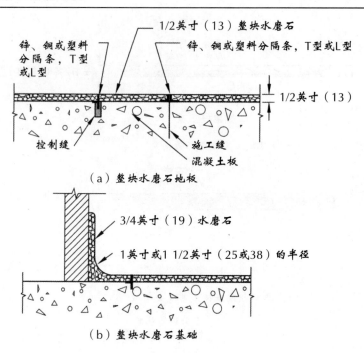

（a）整块水磨石地板

（b）整块水磨石基础

作。水磨石的确可以制造非常耐用的地板，并且混合物的颜色和类型可以在被分隔条隔开的区域之间进行变化。同时，还可以使用弯曲的分隔条和不同颜色的石头基质设计出非常华丽的图案。

水磨石的安装方法多种多样，主要包括沙垫层的、自黏的、整体的和薄安装法等。沙垫层和自黏方法是很沉重的，并且需要总体安装厚度达到2-1/2英寸（64毫米）。这些通常被设计成原始建筑物结构的一部分。

整块水磨石安装直接应用于一个混凝土底层地板，如图8-10所示。水磨石基础可以被同时浇注，并且提供一个内凹的基础，如图8-10（b）所示。以这种方法安装的水磨石大约为1/2英寸（13毫米）厚且重量为每平方英尺7磅（每平方米3.4千克）。底层地板必须在没有过多偏向的情况下，在结构上可以支持额外的重量。在矩形区域中，必须放置分隔条来制造出大约200平方英尺到300平方英尺（19平方米到28平方米）的分区。每个分区的面积不应大于宽度的50%。接缝位置应该与建筑物接缝相协调。

薄安装法类似于整体安装，但是仅仅要求1/4英寸到3/8英寸（6毫米到10毫米）的厚度和大约每平方英尺3磅（每平方米1.5千克）的重量。薄安装水磨石必须使用带有专门类型分隔条的环氧基树脂、聚酯纤维或聚丙烯酸脂基质。

过　渡

在任何时候，一种铺装地板材料在同一水平面上与另一种材料邻接，都必须通过某种过渡来如此。如在第11章中所讨论的，以及如图11-8所示，制作地板过渡有三种基本的方法：通过简单地邻接两种材料、通过在它们二者中间放置一个

图8-11 铺装地板过渡条

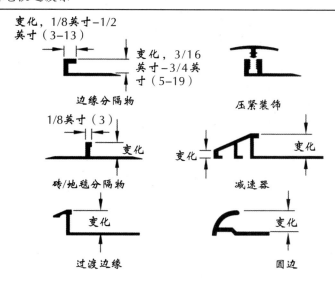

保护边缘以及通过使用第三种材料作为过渡条。

在不使用中间材料的情况下邻接两种材料，通常只有当这两种材料是同一类型并且都相对坚硬的时候才可以。例如，两种不同类型的石头地板，只要其装修表面是齐平的，就可以使用简单的水泥浆接缝进行成功邻接。在同样的情况下，石头可以与瓷砖紧靠着放置在一起。相反地，两种绒毛高度不同的地毯，如果不在上面放置过渡条的话，接缝是非常容易损坏的。

当两种材料邻接时，通常需要用到某种保护边缘。这可以只是一个金属转角，也可以是为特定类型铺装地板而设计的预制金属条。如图11-9（a）所示，是有关边缘保护角的应用方法。关于可用于保护木头或石头地板边缘的不锈钢和黄铜制品的常见尺寸，可参考表2-10和表2-11。

有许多种已经制造好的、可用于各类材料和材料厚度的木头、塑料和金属过渡条。如图8-11显示了一部分常见过渡条。关于一些过渡条制造商的列表，可参考表8-2。大多数弹性地板和木地板制造商都供应它们自己生产的过渡条。

设计师也可以定制过渡条，并使之成为两种地板材料之间的一种设计特色。这类过渡条也可以带有斜面，来适应铺装地板的厚度，并且能制造出任意便利的宽度。关于使用单独过渡条的两种不同类型的地板过渡细节，参见图11-9（b）、（c）。该细节显示的是一块带有斜面的石头条，但硬木过渡条也可以使用。

扶手、护栏和楼梯

如本章上一节所讨论的，在所有用于出口的楼梯以及大型楼梯两侧都要求安装扶手。同时，在任何有安全需要的地方也应该进行安装。如图8-5显示了对于扶手设计的基本要求。除此之外，在开放式楼梯以及护栏上的扶手设计不允许直径为4英寸（102毫米）的球体通过。只有在增高的高度超过30英寸（762毫米）时才需要护栏，但是它们应该用于所有需要安全性的情形下。

表 8-2 过渡条制造商

制造商	网址	评论
陶瓷工具公司	www.ceramictool.com	边缘、接缝、条块和地毯装饰，以及坡道过渡
Genotek	www.genotek.com	各类地毯装饰、减速器、边缘分隔器、门槛、活动接缝和过渡边缘，包括可调节过渡
Johnsonite	www.johnsonite.com	用于各类厚度材质和各种颜色的过渡，包括减速器、边缘护栏、T型模塑、适配器、交通过渡和膨胀接缝密封，以及梯级踏板和梯级前缘护条
国家金属型材	www.nationalmetalshapes.com	用于所有地板材料的各类装饰型和金属氯乙烯样式
率特系统公司	www.schluter.com	提供各类用于不同材料和材料厚度的产品

弹性地板和木地板的制造商，同时供应装饰总成的，未在本表中列出。

　　当出现水平面变化时，如第11章所讨论的以及如图11-10所显示的，可以通过很多方法来制造过渡。室内设计师可以细化由木头、金属或某些混合材料定制而成的栏杆和护栏。然而，在大多数情况下，都是使用标准的、已经制造出来的栏杆系统。有各种各样的类型和材料可供使用，并且供应商可以进行定制修改，以适应项目的准确要求。如表8-3列出了众多栏杆系统制造商中的一部分，而如表5-6列出了铁索栏杆系统的一些制造商。

表 8-3 室内栏杆制造商

制造商	网址	评论
美国栏杆系统公司	www.americanrailing.com	铝制的和不锈钢的带有标准精选的标杆或玻璃填充物
ATR 科技有限公司	www.ATR-Technologies.com	带有标杆或玻璃填充物的铝管扶手；提供定制设计
达拉斯金属制品公司	www.bigdmetal.com	带有玻璃和穿孔金属填充板的不锈钢和木制系统
布卢姆工艺公司	www.blumcraft.com	带有金属和木制盖的玻璃扶手系统，包括灯光扶手系统和墙体安装扶手
建筑服务有限公司	www.csialabama.com	各类材质和样式的定制轨道和扶手系统
查尔斯·劳伦斯公司	www.crlaurence.com	玻璃扶手系统
霍兰德尔制造公司	www.hollaender.com	带有标杆、金属丝网以及穿孔金属填充物的管状扶手系统
李维斯·布朗兹公司	www.liversbronze.com	各类带有金属和木头，以及带有玻璃、标杆和轨道填充物的扶手系统；当代的和传统的都有
纽曼兄弟有限公司	www.newmanbrothers.com	带有玻璃填充物的金属和木制扶手系统
P&P Artec	www.artec-rail.com	带有标杆或玻璃填充物的不锈钢扶手
RamiDesigns	www.RamiDesigns.com	带有标杆、轨道和玻璃填充物的不锈钢扶手系统
瓦格纳公司	www.wagnercompanies.com	各类当代的和传统风格的材料

　　护栏可以设计成带有木头或金属顶栏杆的样式，也可以设计成带有玻璃填充物、标杆、水平栏杆、网格、穿孔金属板或厚镶板的样式。全玻璃栏杆可能会与顶栏杆或不带栏杆的开放式外观一起使用，同时提供安全。关于某类玻璃护栏细节，参见图11-11。这一细节也可以用于楼梯外加的扶手。

对于升高超过7英寸（178毫米）的平台必须提供楼梯。对于大多数室内设计来说，在低顶棚平台高度的空间内工作都是有限的，只需要两个或三个台阶。这些通过木头或金属框架都很容易建造。关于楼梯设计指南，参考第3章。

第9章

空间的连接——
开口、门和玻璃窗

9-1 概　述

　　像隔断和顶棚一样，两个空间相连接的方法是室内设计和建筑的基本组件。这个空间的连接可以由空间之间屏障上的清晰开口来制造，也可以用门和玻璃窗来制造。上面的屏障和开口因其自身原因都是很重要的；屏障起到分隔作用，而开口起到接合作用。

　　出于这两个原因，制造这种连接的方法很重要。当然，连接必须在为隐私要求提供实体分隔、防火隔墙、声音效果和安全性的同时，允许人、货物、视线和光线通过。更为基本的是，这种连接或者使分隔更加彻底，或者统一不同空间，并且架起两者之间的通道。否则，开口就把分开的房间和空间制造成一个完整的设计构成。

　　遗憾的是，现代建筑的开口在很大程度上已经沦为功能性必需品。开口常常只是些穿孔。门在提供分隔、安全性、隐私保护等功能性要求的同时，只是简单地用于允许人们或货物从一个房间到达另一个。只有在某些情况下，诸如在住宅的前门和商店入口，设计师才利用门洞的全部设计潜能来作为一项创新性设计元素。同样，玻璃窗常常未发挥出全部潜能，而仅仅作为提供基本视野和采光的方式来使用。

　　在大部分室内建筑中，提供开口的简单方法，通常是基于功能和成本，但室内设计师就应该识别开口设计的价值，为项目整体设计意图的实现助一臂之力。通道、视野和光照都是人的空间体验的重要方面。在满足功能性需要和特定限制的同时，开口设计扩展的视野也可以实现。

　　本章将讨论一些方法，室内设计师可以用来开发清晰的开口以及门和玻璃窗开口的设计概念，并且为细节设计提供一些指导。关于允许在两个空间之间具有某种程度开口的垂直屏障的其他方法（可参考第5章）。

9-2 元素概念

单独来看，各类开口的设计方法，如果没有上千种，也得有成百种。它们通常都是混合使用的，可能性的数量则显著增加。对于开口来说，基本内容就是尺寸、形状和装饰。对于门和玻璃窗开口来说，基本内容都是材料和开口的外形、框架以及它们与周围建筑的关系。

开 口

开口是刚性屏障上面的空白区域。它们可以延伸到地板，以允许人们从中走过，或者它们可以在地板平面以上，以允许视线穿过、声音穿透、光线透过或者物体传递。它们的尺寸要迎合项目的要求，并且可能要用各种各样的装饰，来组合为成百上千种不同的方式。开口设计受限于设计师的想象力。如图9-1显示了其中的一部分可能性。

开口可以勾勒出视野、指引活动并且调节两个空间之间的连接。它们可以单独使用，也可以按照组群的方式来使用。开口可以成对放置，也可以创造一个前庭或中间空间，作为能够提高通道体验的、从一种空间到另一种空间的过渡。

门

室内设计师可以迎合功能性要求，并且通过它们的尺寸、材料、五金器具、操作方法和与周围隔断及门框的外形、材料、尺寸和饰面的关系等，制造一个结实的、带有门的空间连接。当通过它们的位置和开合方向部分开启的时候，门也可以用于指引移动、控制视野和保护隐私。

图9-1 开 口

（a）基本形状

（b）变化和装饰

（c）显赫的开口

　　强调门和入口的最简单的方法之一，是用尺寸和材料进行强调。大多数门的类型都可以做得比标准的3英尺（900毫米）宽和7英尺或8英尺（2100毫米或2440毫米）高更大。这通常可以在不大幅增加成本的情况下就能做到。设计师可以通过使用不同的基础材料，或仅仅是一种不同的饰面来改变材料。例如，除了标准的薄木片饰面以外，还可以指定许多与众不同的层压制品。作为替换，也可以使用不锈钢门或铜门，而不仅仅是用一个油漆的空金属门。究竟选用哪种方法取决于想要的效果、费用的限制以及规范要求。无论如何，即使存在出口的需求和预算的限制，室内设计师也可以借助对尺寸和材料的选择，来创造有特色的开口。

　　就像门的材料一样，可选择的五金器具为设计师提供了大范围的效果选择。把手、锁具、合页和其他五金器具的种类、形状和装饰的变化都有成百上千种。例如，明亮装饰的表面安装可以强调依附于固定结构上的活动门的传统连接。相反地，使用门轴和隐藏闭合器而不是合页和表面安装的闭合器，可以强调五金器具，如果那是想要的效果的话。

　　除了尺寸、材料和五金器具外，门的操作方法也制造了入口和通道的一种独特经验。如图9-2所示，是门可以基于它们的操作方式而进行配置的多种方法中的一些。例如，一对以自身中部为轴的门，如图9-2（h）所示，制造了唯一的入口，与简单的侧开门完全不同。当然，强制执行规范的出口要求和简易操作性可能会排除在一些特定场合使用它们的可能性。

　　周围建筑物的设计可以影响入口的整体印象，影响程度差不多同开口自身一样。一扇门放置于隔断上的方法可以大大地影响入口和通道的感觉，包括那些设计元素以及形状、规模、平衡、协调、聚焦、对比、变化和比例等方面的原则。如图9-3所示，是门可以根据与隔断、地板和顶棚的关系，进行配置的诸多方法

图9-2 门的操作类型

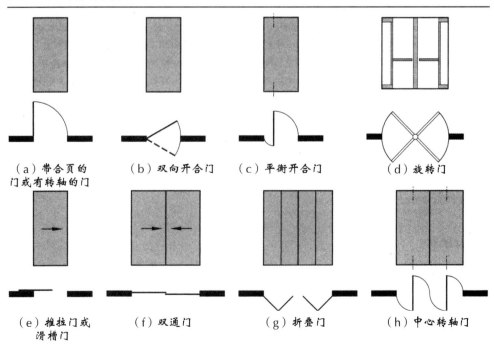

（a）带合页的门或有转轴的门　　（b）双向开合门　　（c）平衡开合门　　（d）旋转门

（e）推拉门或滑槽门　　（f）双通门　　（g）折叠门　　（h）中心转轴门

图9-3 周围结构中的门

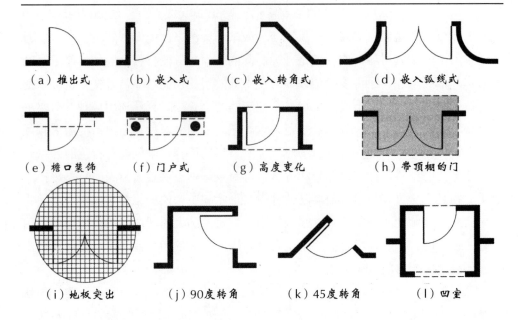

（a）推出式　　　（b）嵌入式　　　（c）嵌入转角式　　　（d）嵌入弧线式

（e）檐口装饰　　　（f）门户式　　　（g）高度变化　　　（h）带顶棚的门

（i）地板突出　　　（j）90度转角　　　（k）45度转角　　　（l）凹室

中的一些。图中显示的大多数选项，可以在不显著增加成本或者不要求功能性、规范要求以及无障碍性让步的情况下建造出来。在某些情况下，比如嵌入式门口，门的位置甚至有助于满足其他需要，比如防止摆动到要求的出口路径等。

如图9-3（a）所示，隔断中简单的穿孔开口，只依赖于门和框架来强调设计。如图9-3（b）至（d）所示，在解决门摆动到通道里的问题时，嵌入式开口为门制造了单独的区域。凹进之处可以被制造成任何宽度或深度，并且按照项目的设计意图所要求的，可以与玻璃窗组合，来发展一个透明度变化的入口。凹进之处必须按照无障碍性要求，提供机动的空隙。

门也可以与顶部结构相协调，无论是简单的一块飞檐装饰，还是在临近顶棚高度以下的一块单独的天棚。参见图9-3（e）至（h）。只要过渡的细节设计是用来避免任何跌绊危险或无障碍性问题的，那么地板饰面也可以与门洞设计在一起，以便强调从一个房间到另一个房间的过渡。参见图9-3(i)。如图9-3(j)、(k)所示，门道入口也可提供一个适当的地方，在活动指引方面做出一些改变，或者在两个不同的空间之间制造过渡空间，如图9-3（l）所示。

最后，室内设计师可以使用框架来创造门的设计特色，以及解决与临近隔断、护件和饰面相连接的实际问题。框架可以在尺寸、材料、饰面和颜色上进行改变。它们可以与门形成互补或者对比。框架也可以被弱化或突出。如图9-4所示，是设置框架的一些方法。这些概念当中的一部分可以用于构建清晰的开口。

玻璃窗

玻璃窗开口给室内设计师提供了多样的设计选择，用以调节两个空间之间的视觉连接。玻璃窗可以在满足安全性、声音控制和隔火等功能性需求的情况下，用于影响附件的感觉、指引视线以及允许日光深入建筑物。如果使用艺术玻璃或

图9-4 框架概念

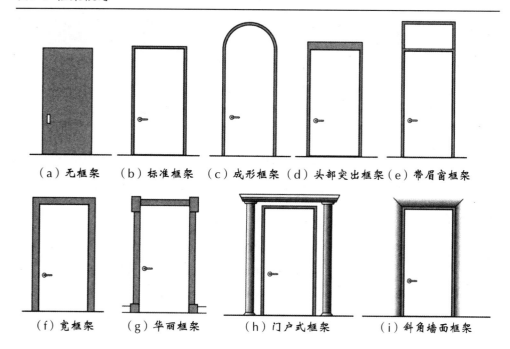

（a）无框架　（b）标准框架　（c）成形框架　（d）头部突出框架　（e）带眉窗框架

（f）宽框架　　（g）华丽框架　　（h）门户式框架　　（i）斜角墙面框架

毛玻璃，以及任何新型的可用玻璃产品，那么玻璃窗本身也可以成为一种设计特色。虽然第5章已经讨论了玻璃窗在整个半通透屏障中的使用，但本节将重点讲解玻璃窗在隔断更小开口上的应用。

就像门一样，设计师可以通过玻璃窗的材料、形状、位置、框架以及同周围结构的关系，在两个空间之间制造出想要的连接。如表9-1列举了许多种类的可用玻璃窗。关于专门的玻璃窗制造商，可参考表5-5。

如图9-5所示，列举了设计师可以采用的许多窗户开口形状和放置概念。一些可以用于视线和光线的透过，而另一些可以允许一部分日光透过、但也保护了隐私，诸如高位或低位玻璃条。如以前的章节中所描述的，框架可以按照如图9-4中所示的方式进行配置。

因为玻璃窗也通常应用于门和与门邻近的地方，所以室内设计师可以结合刚性隔断、门和玻璃窗，以几乎无限的方法来发展任何纲领性需要所要求的精确连接。如图9-6显示了一些在门上或邻近门的地方使用玻璃的基础性概念方法。

窗户覆盖物

在大多数情况下，室内玻璃窗开口的透明度必须是可调节的，以便满足保护隐私或调节光线透射的需要，或者控制耀眼的光、或者临时性地让房间变暗。这可以通过安装窗户覆盖物来实现，包括垂直百叶窗、水平百叶窗、墨镜、装饰织物、刚性滑动覆盖物以及电致变色玻璃窗等。这些覆盖物可以是侧面闭合的、顶部闭合的或者底部闭合的。其中一些仅仅提供两种状态，即开放的或不透明的，诸如刚性滑动覆盖物，而其他的则可以提供大面积的闭合和半通透效果，或者完全从开口中拉出的效果，诸如垂直百叶窗等。当开口或玻璃窗周围的结构可能被细化来提供一处

表 9-1 玻璃类型

类 型	描 述
浮法玻璃	最普通的玻璃类型，厚度从 1/8 英寸到 3/4 英寸（3 到 19 毫米）可选。
钢化玻璃	经过热处理的浮法玻璃。强度大约是浮法玻璃的 4 倍，被认为是安全玻璃。
夹层玻璃	结合了塑料衬片的两层或更多层的玻璃。用于安全玻璃窗、防盗玻璃窗和声音控制。
夹丝玻璃	嵌入丝网的 1/4 英寸（6 毫米）厚度玻璃，用于 3/4 小时防火等级玻璃窗。
防火玻璃	拓宽玻璃使之包含多种符合耐火等级玻璃窗需要的类型。见文本。
电致变色玻璃	当应用电流时会改变透光性的玻璃总称，从清晰或者变为深色或者变为不透明的乳白色。
镜面玻璃	仅在浮法玻璃和钢化玻璃上有效的反光玻璃，也包括单项玻璃。
着色玻璃	用于遮挡日光和保护隐私而用各种着色剂进行修改的浮法玻璃。
压花玻璃	带有表面纹理的浮法玻璃，通过使用滚轴压过熔融的玻璃而制造出来。
斜边玻璃	磨边的玻璃，通常是平直的也可以加工成多重斜边或弧线型。斜边部分可以是平滑的也可以是蚀刻效果。
毛玻璃	毛玻璃也叫蚀刻玻璃，通过喷啥或酸蚀处理去除部分玻璃来制造出图案和图形。可以用于浮法玻璃、钢化（于淬火之前处理）玻璃和夹层玻璃。
彩色玻璃	使用彩色玻璃片的传统装饰玻璃。
仿古玻璃	与压花玻璃类似但是透明的，一面是平滑的。
乳白玻璃	机器加工的，带有一种或更多颜色来制造出半透明大理石花纹效果。
涂色玻璃	在透明玻璃上应用各种颜料并且通过烧制与其进行融合。
双色玻璃	通过特殊工艺将薄层金属氧化物应用于玻璃，使之可以因观看的角度不同而反射出不同的颜色。
浇注玻璃	将玻璃液注入模具中制造出三维玻璃产品。
窑制玻璃	将玻璃片加热并放入模具来制造浮雕效果。处理大型玻璃板时用这一方法比用浇注法更可行。
曲面玻璃	将浮法玻璃或钢化玻璃加工成带有弧度的形状。
低铁玻璃	玻璃含铁量低透明度高，避免了色泽偏绿现象，用于陈列室窗户、展览橱柜、控制室以及类似场合。
增透玻璃	在浮法玻璃上应用低反射涂层来制造不像标准玻璃那样反射光线和妨碍视线的玻璃产品。
防 X 射线玻璃	用于医药和放射性设施的大量含铅的玻璃。

图9-5 玻璃窗开口的类型

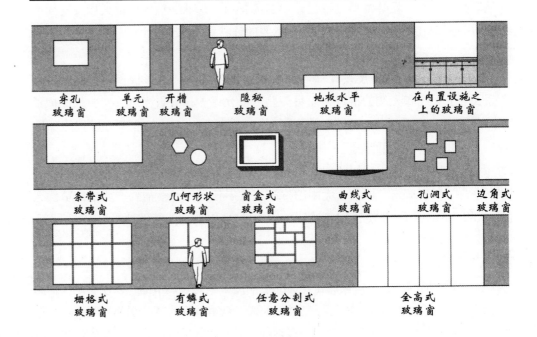

图9-6 门与玻璃窗的关系

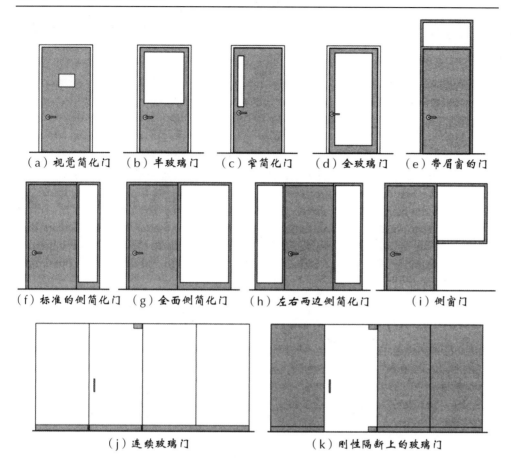

（a）视觉简化门　（b）半玻璃门　（c）窄简化门　（d）全玻璃门　（e）带眉窗的门

（f）标准的侧简化门　（g）全面侧简化门　（h）左右两边侧简化门　（i）侧窗门

（j）连续玻璃门　　　（k）刚性隔断上的玻璃门

槽缝，以隐藏覆盖物的时候，窗户的覆盖物可以在表面进行安装，以至于它们是可见的。窗户覆盖物的安装方法将在本章后面的内容中进行详细地讨论。

9-3 功　能

因为开口服务于诸多目的，而这些目的有时候又会彼此矛盾，所以室内设计师就应该清楚地了解开口所必须满足的功能。清晰的开口、门和玻璃窗开口通常具有下列功能中的一个或多个：

定义并连接两个空间

构建视野

指引活动

控制物理通道

提供可变的视觉私密性

控制声音传输

提供安全性

提供防火和防烟功能

提供光线控制

允许利用日光

提供辐射防护屏

提供货物通道

允许外部视野

作为设计特色出现

只有了解开口所必须履行的特定功能，设计师才能选择开口类型、尺寸、配置、材料、框架以及与周围结构连接的最佳组合，以开发出合适的细节。

在条件允许的范围内，门和玻璃窗开口，以及用来制造它们的材料，应该有助于设计的整体可持续性。关于如何通过设计和细化开口来处理有关持续性问题的建议，可参考方框内内容。

与开口有关的可持续性问题

与开口有关的可持续性问题包括如下几个方面：

- 指定使用尽可能多的可回收材料的门、装饰、玻璃窗材料和框架等。
- 指定和细化门洞，以保证框架和门可以重置和重复使用。
- 使用尽可能实用的玻璃窗，来尽量增大外部的日光和视野。这包括地板以上在30英寸（762毫米）和90英寸（2286毫米）之间的视线，以及从地板以上42英寸（1067毫米）的一点到周边视觉玻璃窗的直接视线。
- 考虑最大限度地使用当地材料。
- 为外部窗户选择覆盖物来尽量减少热量吸收，但允许日光和视野通过。考虑在近5~10年内建造的、可能带有符合性能要求的玻璃窗的建筑物内使用的窗玻璃类型。考虑使用基于日光条件自动控制的百叶窗。
- 指定可回收利用材料制成的窗户覆盖物和那些不会对室内空气质量产生不利影响的材料。

9-4 限 制

对于两个空间之间的净开口连接，很少有限制会约束室内设计师制造连接的方法。现有的顶棚高度可能是仅有的、限制总体外形和规模的因素。因为室内开口是不承重的，所以通常对于开口的宽度没有限制；大多数开口可以用金属或木立柱框架来细化、生成。当出现宽开口的时候，可以使用标准的金属或木材头，或者将开口的上部从结构上方悬吊起来。当遇到额外的荷载时，可以根据细节的需要，用结构钢支撑来加固框架。

对于门来说，限制通常包括门的水平度、成本和对于出口和耐火性的规范要求等。无障碍性要求指定了最小的净开口宽度、五金器具类型、开口力度和门槛高度上的限制，以及与地板相邻的机动空间等。

对于玻璃窗开口来说，限制包括规范管制的耐火性（如果有的话）、声音要求，以及当使用超大块玻璃窗时，潜在的建筑物移动。幸运的是，具有耐火等级的玻璃窗对于几乎所有的情形都是可用的，无论是对于门，还是对于室内窗户。听觉要求可以通过使用夹层玻璃和间隔玻璃窗来突出强调。这些都将在本章后面关于方法的小节中进行讨论。

9-5 协　调

对于净开口来说，几乎没有需要与其他建筑元素或细节进行协调的地方。设计师应该考虑与想要的连接或两个空间之间分隔数量相关的开口尺寸、形状和高度等。更进一步来说，设计师应该考虑与家具摆放、视野和穿过开口的人数，或通过开口的物体尺寸等问题相关的开口位置。

门洞设计必须要与装有门的隔断类型相协调；不同的隔断类型和厚度可能要求不同类型的框架和框架锚固。门摆必须与视线、家具位置和通行所要求的方向，以及出路无障碍要求的净空间相协调。无障碍性要求在门的撞击侧提供充足的机动空间。推门的一侧通常要求12英寸（305毫米），而在拉门的一侧最少要有18英寸（455毫米）。门应该处于房间中既能保持良好交通、又能方便家具摆放的放置上。

玻璃窗必须与所需要视野的数量和方向相协调，无论是在相邻的两个空间之间，还是朝向外面的视野。这也与最大化日光照明所要求的玻璃窗数量有关。照明设备也必须放置在玻璃的相对放置，以避免不多余的反光。细节协调包括提供窗户覆盖物口袋、允许建筑物移动和满足安全玻璃窗要求等。

9-6 方　法

可以用来细化净开口、门以及玻璃窗开口的方法不计其数，如图9-1到图9-6中的概念性显示。开发屏障上开口的一部分可行的方法已经在第5章中讨论过，如图5-10所示。标准的框架细节可以用于发展这些方法中的许多。本节提供了一些关于发展开口细节的起点。

门

大多数门可以用三种标准框架材料之一来进行细化，如图9-7（a）、（b）和（c）所示，或者对其中一种材料进行小的修改。举个例子，如图9-7（d）显示了一扇没有门套的木框架门。单槽或双槽钢框架有各种深度和表面配置可用。铝制

图9-7 门框的类型

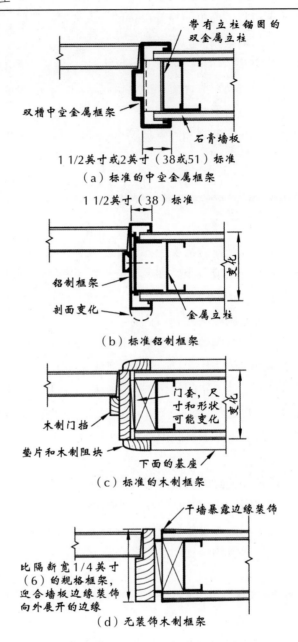

（a）标准的中空金属框架

（b）标准铝制框架

（c）标准的木制框架

（d）无装饰木制框架

框架有许多形状、尺寸和饰面可用。木制框架可以通过改变门套的尺寸和形状，以及门挡的尺寸和配置来进行修整。

无论如何，当定制的木框架被细化时，设计师应该使用行业标准的规模来安装合页以及无框架的门。这些都如图9-8所示。保留标准的规模简化了细节设计，并尽量减少了细节建造的成本和难度。

当需要耐火门的时候，门必要的耐火等级取决于用途以及门所在隔断的耐火等级。表9-3中的一部分总结了这些要求。例如，对于在无喷水头建筑物内1小时等级的走廊隔断，20分钟耐火等级的门是必需的，而在1小时等级的住宅单独隔断中，就需要3/4小时等级的门。

图9-8 标准门框和合页设置

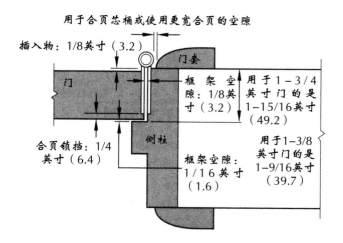

玻璃窗开口

标准的玻璃窗开口

使用浮动的、热处理的、层压的或几乎任何类型的装饰玻璃的标准玻璃窗开口，都可以放到标准的木制或金属框架上，如图9-9所示。这些标准框架可以运用许多方法来进行修整，从而制造出与设计意图和特定的项目需要相符合的细节。在细化玻璃窗开口时，应该保持特定的规模，以便将玻璃固定在恰当的地方。这些都显示在图2-4中，并在表2-7中列出。

中空金属框架可以是单槽的，也可以是双槽的，带有1英寸（25毫米）起宽的面框，虽然2英寸（52毫米）才是标准的。定制的中空金属框架可以在用于构建框架的锻压限制之内预订。铝制框架有各种各样的尺寸、配置和饰面可供预订。

如果设计意图是最小化玻璃窗开口的外观，那么设计师就可以选用无框架玻璃窗，这可以使玻璃仿佛在开口中浮动起来。细节设计可以配制成让饰面材料从玻璃的一侧到另一侧，似乎呈现出连续不断的状态。如图9-10（a）显示了细化一块全高玻璃窗台和顶部的方法。这一细节显示，玻璃框架完全地嵌入结构中的必要性。侧柱框架可以通过离开墙一点的玻璃边缘被完全消除，如图9-10（b）所示。裂缝可以保持敞开的状态，或者通过硅酮密封剂进行密封。如果要求一块以上玻璃板的话，就将边缘对接到一起，并且接缝或者敞开或者填充硅酮密封剂，如果有声音控制要求的话。硅酮密封剂可以是透明的，也可以是黑色的，但是透明的密封剂会显现出气泡，并且可能在视觉上会比黑色更让人反感。基于玻璃厚度的推荐接缝宽度，如表2-9所示。

使用的玻璃厚度取决于开口的尺寸和要求的硬度。室内玻璃窗必须符合10有效负荷（0.48千帕）的地震要求。IBC也要求当两个邻近的玻璃板没有支撑的时候（对接接缝没有密封剂），一个每英尺50磅的力（730牛顿/米）水平作用到一块42英寸（1067毫米）步行表面之上的一块板时，微分偏转不能比玻璃的厚度

图9-9 玻璃框架的类型

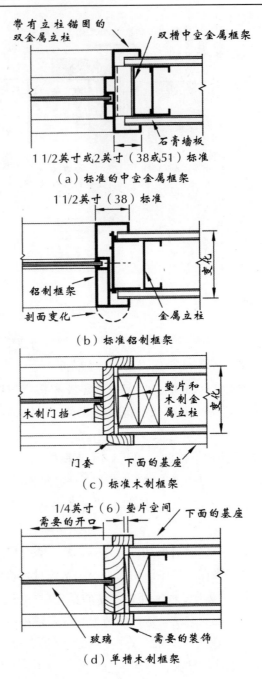

（a）标准的中空金属框架

（b）标准铝制框架

（c）标准木制框架

（d）单槽木制框架

大。如表9-2所示，给出了基于分别带有开放或密封两种接缝的全高玻璃板的建议玻璃厚度。玻璃厚度应该通过玻璃安装工人和当地规范来进行核实。

当全高玻璃门用于无框玻璃窗时，门可以延伸到顶棚。门可能带有连续的、适合固定枢轴和锁的底部，如图9-6（j）所示；或者仅仅在角上带有适合固定枢轴的东西，如图9-6（k）所示。细节必须适应地板枢轴或地板闭合器的需要，并且锚住顶部枢轴和门挡。如图9-11中显示了能达到这一效果的方法。如果混凝土地板不够厚的话，就不足以适应地板闭合器的需要，那么可以使用顶部闭合器，只是它们在进行锚固的时候难度会更大一些。

图9-10 无框玻璃窗开口

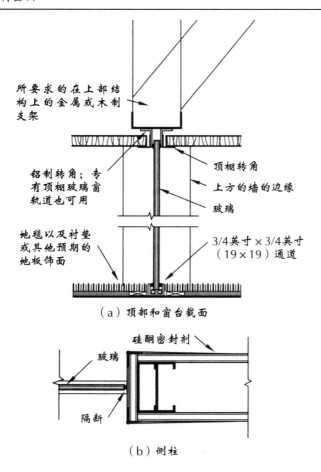

所要求的在上部结构上的金属或木制支架

铝制转角；专有顶棚玻璃窗轨道也可用

顶棚转角

上方的墙的边缘

玻璃

地毯以及衬垫或其他预期的地板饰面

3/4英寸×3/4英寸（19×19）通道

（a）顶部和窗台截面

硅酮密封剂

玻璃

隔断

（b）侧柱

防火等级玻璃窗开口

当建筑规范允许在耐火等级隔断上使用玻璃窗时，玻璃窗（连接到框架上形成一个总成）自身也必须具有耐火等级，而这一耐火等级是经玻璃窗组件标准耐火测试确认的。所要求的玻璃窗组件的耐火等级取决于玻璃窗所在隔断的使用及其耐火等级。如表9-3总结了对于窗玻璃及门上玻璃窗的相关要求。表中所给出的玻璃窗的最大尺寸是用于夹丝玻璃的。耐火等级玻璃窗可应用于更大的尺寸当

表 9-2 室内玻璃的最小厚度		
	仅有顶部和底部支撑	
面板高度	单板或附带邻近板，英寸（毫米）	当邻近板带有开放接缝时，满足反射需要，英寸（毫米）
达到 5 英尺（1.5 米）	1/4 (6)	1/2 (12)
超过 5 英尺直到 8 英尺（超过 1.5 米直到 2.4 米）	3/8 (10)	5/8 (16)
超过 8 英尺直到 10 英尺（超过 2.4 米直到 3 米）	1/2 (12)	5/8 (16)
超过 10 英尺直到 12 英尺（超过 3 米直到 3.6 米）	5/8 (16)	3/4 (19)
超过 12 英尺直到 14 英尺（超过 3.6 米直到 4.2 米）	3/4 (19)	7/8 (22)
来源：北美玻璃协会（GANA）		

图9-11 全玻璃室内入口门

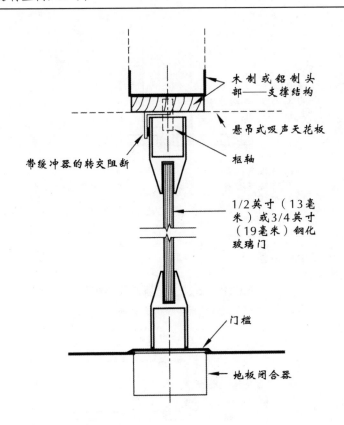

木制或铝制头部——支撑结构

悬吊式吸声天花板

带缓冲器的转交阻断

框轴

1/2英寸（13毫米）或3/4英寸（19毫米）钢化玻璃门

门槛

地板闭合器

中，不同制造商会有所不同。

从以往来看，夹丝玻璃是仅有的耐火门和耐火隔断窗可接受的玻璃窗类型。夹丝玻璃传统上拥有45分钟的耐火等级，并且即便人们不认为它是安全玻璃窗、但是仍然允许它用于危险场所中，诸如一扇门或一个门边的挡风玻璃等。现在，玻璃窗产品的新发展使得其他同时符合耐火等级和安全玻璃窗要求的玻璃产品替代传统夹丝玻璃成为可能。这些新产品也具有45分钟以上的耐火等级。

目前，IBC不允许将夹丝玻璃用于本章下一节将描述的危险场合中。IBC规定两种玻璃窗可用于耐火隔断：防火玻璃窗和耐火玻璃窗。

防火玻璃窗是1/4英寸（6毫米）厚玻璃框架中的夹丝玻璃，或者其他符合NFPA 252，即门总成耐火测试标准方法；或NFPA 257，即窗户和玻璃砖总成标准耐火测试的玻璃窗类型。这样的玻璃窗必须有45分钟的耐火等级，并且当防火屏障用来分隔居住环境或分隔附带的居住配套设施时，仅限于1小时等级的防火隔断和防火屏障。在任何使用玻璃窗的房间内，这类玻璃窗都不能超过普通墙面区域的25%。这一限制适用于分隔两个房间的隔断，也适用于分隔一个房间和一个走廊的隔断。个别耐火等级较低的玻璃窗面积不能超过1296平方英寸（0.84平方米），并且任何一个维度都不能超过54英寸（1372毫米）。IBC仍然可以接受1/4英寸（25毫米）的夹丝玻璃（如果不在危险场合用的话），来满足在没有特殊测试的情况下的45分钟耐火等级要求，但是其他玻璃窗则必须符合NFPA 252或257测试的45分钟耐火等级要求。

表 9-3 室内隔断开口的保护要求

隔断用途	装配类型*	耐火等级	适用于耐火玻璃窗和夹丝玻璃的门的限制规模				维度和尺寸仅适用于夹丝玻璃	窗玻璃面积不能超过房间之间普通墙面积的 25%[a]			注释
			耐火等级, 小时	玻璃面积, 平方英寸（平方米）	最大宽度, 英寸（毫米）	最大高度, 英寸（毫米）	玻璃耐火等级, 小时	玻璃面积, 平方英寸（平方米）	最大宽度, 英寸（毫米）	最大高度, 英寸（毫米）	
过道墙，无喷水头（居住荷载 >30）	FP	1	0.33	无限制	无限制	无限制	3/4	1296(0.84)	54(1372)	54(1372)	FRRG 允许 1 小时
过道墙，有喷水头 A、B、E、F、S、U、M、I-2[b]、I-4	FP[2]	0	0	无限制	无限制	无限制	无限制				
墙分隔居住单元	FP	1	3/4	1296(0.84)	54(1372)	54(1372)	不可用				
相同的，IIB、IIIB、VB[c] 类型	FP	1/2	0.33	1296(0.84)	54(1372)	54(1372)	不可用				
墙分隔客房，R1、R2、I-1	FP	1	3/4	1296(0.84)	54(1372)	54(1372)	不可用				
相同的，IIB、IIIB、VB[c] 类型	FP	1/2	0.33	1296(0.84)	54(1372)	54(1372)	不可用				
有顶长廊中的界墙	FP	1	3/4	1296(0.84)	54(1372)	54(1372)	3/4	1296(0.84)	54(1372)	54(1372)	FRRG 允许 1 小时
楼梯墙，<4 层	FB	1	1	100(0.06)	10(254)	33(838)	不允许				FRRG 允许 1 小时
楼梯墙，≥4 层	FB	2	1 1/2	100(0.06)	10(254)	33(838)					FRRG 允许 2 小时
安全通道，1 小时	FB	1	1	100(0.06)	10(254)	33(838)	不允许				FRRG 允许 1 小时
安全通道，2 小时	FB	2	1 1/2	100(0.06)	10(254)	33(838)					FRRG 允许 2 小时
分隔附带的居住配套设施[d]	FB	1[d]	3/4	1296(0.84)	54(1372)	54(1372)	3/4	1296(0.84)	54(1372)	54(1372)	FRRG 允许 1 小时
住宅分隔	FB	1[e]	3/4[f]	1296(0.84)	54(1372)	54(1372)	3/4	1296(0.84)	54(1372)	54(1372)	FRRG 允许 1 小时
住宅分隔	FB	2[c]	1 1/2	100(0.06)	10(254)	33(838)	不允许				

*装配类型：
FP＝耐火隔断
FB＝耐火屏障
FW 耐火墙
FRRG＝耐火等级玻璃窗
关于装配类型的定义见 IBC 2009
[a] 基于 IBC 2009
本栏中的规格适用于夹丝玻璃。更大尺寸的用用耐火等级玻璃窗是可能的。见制造商关于耐火等级玻璃窗的尺寸限制数据。
[b] I-2 住宅也要求有烟屏障。
[c] 在这类建筑物中必须安装喷水头。
[d] 关于需要 2 小时分隔的 4 个例子见 IBC。大多数，但是不是所有的情况下喷水系统可以取代对 1 小时内火等级的需要。
[e] 关于需要几小时耐火等级的门，喷水头使用以及其他例外见 IBC。
[f] 1 小时耐火等级住宅分隔要求 3/4 小时耐火级玻璃的门，并且对于大多数室内设计情形来说是最常见的。

耐火等级玻璃窗是玻璃材质的或作为耐火等级墙组件被测试过的其他玻璃窗材料，即根据ASTM E119"建筑结构和材料耐火测试"。这一玻璃窗定义允许使用特别的耐火等级、能够达到两小时的耐火玻璃窗。

有四种类型的耐火等级玻璃窗。第一种是比夹丝玻璃具有更高的抗冲击力、并且膨胀系数更低的透明陶瓷。一小时耐火等级尺寸达1296平方英寸（0.84平方米），而3小时耐火等级尺寸达100平方英寸（0.0645平方米）是可用的。虽然某些陶瓷玻璃的结构不符合安全玻璃窗的要求，但是也有能够达到2小时等级和撞击安全性等级的层压组件。

第二种是特别的、钢化防火玻璃。它的最大等级为30分钟，因为它不能通过水龙射水试验，但是它确实符合ANSI Z97.1"用于建筑物中的安全装配玻璃材料——安全性能规格和测试方法"和16 CFR 1201"建筑装配玻璃材料安全标准"这两项撞击安全标准要求。

第三种包括两层或三层的钢化玻璃，中间带有透明的聚合物凝胶。在正常情况下，玻璃是透明的，但是当被火烧的时候，凝胶会起泡沫并且变得不透明，因而延迟了热量的传导。这类产品有30分钟、60分钟、90分钟和120分钟等级的，取决于所使用玻璃窗格的厚度和数量，以及每个制造商测试产品的方式。对于简化物的最大尺寸和认可的框架类型存在限制。虽然玻璃窗必须具有与所在隔断相同的耐火等级，但这一玻璃窗可以用于超过1小时耐火等级的隔断上。对于整个玻璃区域没有限制，但是对于单个框架单元的尺寸则有限制。对于这些限制，每个制造商都略有不同。

第四种玻璃窗是玻璃砖。无论如何，并非所有玻璃砖都具有耐火等级。玻璃砖用于耐火等级开口必须是经特别测试的，并且由地方管理部门核准。

就一切情况而论，框架的类型和细节对于玻璃窗组件来说是很重要的。框架必须是玻璃窗材料制造商所要求的种类，并且经ASTM E119核准。一般地，框架比标准窗玻璃更大。如图9-12显示了一种类型的框架。

安全玻璃窗开口

IBC要求在危险场合使用安全性玻璃窗。危险场合是指那些易受人体碰撞的地方，诸如门上的玻璃、淋浴设备以及墙上的特定位置等。根据IBC，要求和不要求安装安全性玻璃窗的典型地方，如图9-13所示。16 CFR CFR Part 1201，即联邦管理法规，给出了明确的要求。IBC也允许玻璃窗材料可以应用于除挡风雪门、安全出入口门、滑动露天门、壁橱门或门上，以及按摩浴缸、普通浴缸、桑拿浴、蜗旋浴缸和淋浴等附件所在的地方，根据ANSI Z97.1。从技术上来说，安全性玻璃窗是指通过这两项允许特别应用的测试之一的任何产品。实际上，安全玻璃窗是钢化的或夹层的安全玻璃，虽然如果符合测试要求的话，塑料玻璃窗也是可以的。

安全玻璃窗的细节必须将玻璃固定在合适位置、并且一般是与标准玻璃窗相同的，如图9-9和图9-10所示。如果一个碰撞条被用在安全玻璃窗所在的地方，如图9-13所示，那么它必须能够抵抗每英尺50磅（730牛顿/米）的水平荷载。

图9-12 典型的耐火等级玻璃窗细节

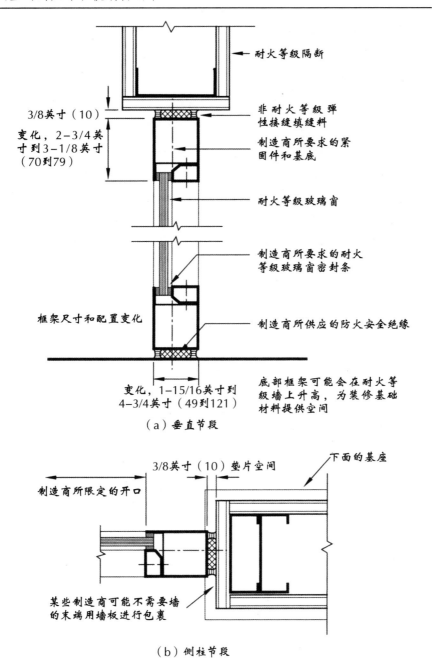

3/8英寸（10）

变化，2-3/4英寸到3-1/8英寸（70到79）

框架尺寸和配置变化

变化，1-15/16英寸到4-3/4英寸（49到121）

（a）垂直节段

耐火等级隔断

非耐火等级弹性接缝填缝料

制造商所要求的紧固件和基底

耐火等级玻璃窗

制造商所要求的耐火等级玻璃窗密封条

制造商所供应的防火安全绝缘

底部框架可能会在耐火等级墙上升高，为装修基础材料提供空间

3/8英寸（10）垫片空间

下面的基座

制造商所限定的开口

某些制造商可能不需要墙的末端用墙板进行包裹

（b）侧柱节段

声控玻璃窗开口

当一个带有玻璃窗开口的隔断必须让声音传播最小化时，就必须使用特殊的细节。一块玻璃的单一厚度仅提供有限的声音传播损耗。例如，一块1/4英寸（6毫米）厚的浮法玻璃仅能提供约29分贝的STC等级。当需要更高的STC时，就必须用到细节设计策略的结合。关于门和玻璃窗开口控制声音传播方法的讨论，可参考第3章。

图9-13 安全玻璃窗的位置

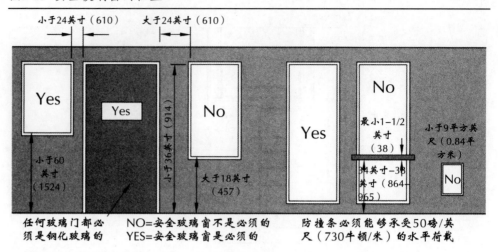

图9-14 嵌入式百叶窗槽

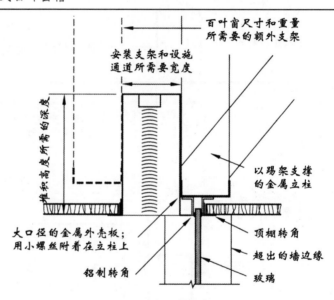

窗户覆盖物

在大多数情形下，室内玻璃窗开口的意图是要保持无覆盖状态，以允许视野和日光贯穿室内空间。无论如何，在某些情况下，为了保护隐私或光线控制，开口必须是临时性关闭的。窗帘和百叶窗就像任何窗户覆盖物一样，可以作为顶棚或墙的表面安装，但是这需要有堆叠空间、并且覆盖物总是可见的。为了垂直窗帘或百叶窗的使用便利，设计师可以细化侧槽深入墙面。水平百叶窗可以嵌入凹进顶棚以上的槽中。如图9-14显示了全高玻璃窗开口达到这一效果的方法。

作为替换，也可以使用电致变色玻璃窗。电致变色玻璃窗是关于玻璃窗类型变化的普通术语，在应用了电流后，从暗色或者从不透明的乳白色变为透明。当电流通过时，玻璃就是透明的；当电流关闭时，玻璃就变暗或变白（取决于它的类型）。电致变色玻璃窗的制造商，如表5-5所示。

第三部分

过　渡

第10章

墙面过渡

10-1 概　述

　　如第1章所述，除了要有助于整体设计概念外，细节也可以解决两个或多个材料及建筑元素之间的连接或过渡的审美问题。

　　室内空间的形状和特性问题是由许多单独结构元素决定的，包括墙、顶棚、地板以及类似于家具和总成这样的独立组件等。甚至更多的无定形特点，像光线、视野和音响等都能塑造某种室内空间的特性。固定的建筑元素，或者互相连接，或者形成更大的建筑元素的一部分。元素连接或者从一个元素向另一个元素过渡的方法是空间整体设计和审美影响的重要组成部分。如果做得好，连接就会有助于空间的功能性和设计效果的实现。如果做得不充分，空间就会呈现出杂乱的、较差的设计效果。

　　有时，问题远不止技术问题一样简单，比如如何在不损害预期设计概念的情况下制造连接和达到功能性需要。其他时候，这个问题也不止是审美问题，比如如何将一种材料变为另一种材料或者在选择范围很小的情况下如何将一个建筑元素变为另一个建筑元素。通常，这会是一个结合技术和审美的综合性问题；需要左脑和右脑协同工作来解决的问题。最好的细节可以在完美地改善项目设计的同时，以最具功能性和最经济的方法来解决技术性问题。

　　连接或过渡的细节设计问题通常分为两个宽泛的类别：当室内建筑元素连接或在相同平面、或在不同平面上发生的时候，以及当元素被置于其他元素之上或者本身就是其他元素一部分的时候。本章所讨论的是从墙面或到顶棚平面、或到地板平面的过渡方法。

10-2 主要元素的连接

　　室内空间通过结合许多单独元素而被创造出来，而那些元素定义了空间并赋予它特定的属性。地板、墙和顶棚平面显然是用于定义空间的主要建筑元素，但是诸如柱子、横梁、壁柱、吊顶、凹槽和投影等其他元素也可以用于塑造空间的品质。从技术上来看，主要元素的连接方法通常很少，因此必须在限定的范围之内满足功能性和施工能力方面的需要。然而，从严格的审美立场来看，通常有成百上千种方法来制造相同的连接。

　　如何连接这些元素是细节设计方面的一个问题。连接元素则有不计其数的方法，而它们都不外乎于本章所讨论的常规类型之一。

10-3　从墙到地板

　　从墙到地板的连接是最基础的连接类型之一，并且通常几乎不会关注接口部分。地板支持隔断的荷载，并且通常每个平面都以不同的材料进行装修，而两个平面之间的接缝都以同一类型的装饰进行覆盖。从墙到地板连接的一般类型如图10-1所示。使用哪种细节设计方法取决于设计师是否想要给予地板和隔断同等的分量，或者目标是否是要从视觉上分隔两个平面。

　　每种方法都会产生独一无二的效果，这对于不同的设计目标来说都是非常有益的。例如，将部分地板材料向上延续到墙面会增加地板的可视面积。过渡的类型可以分为三大类：标准基础、特色基础和组件基础。

图10-1　从墙到地板过渡概念

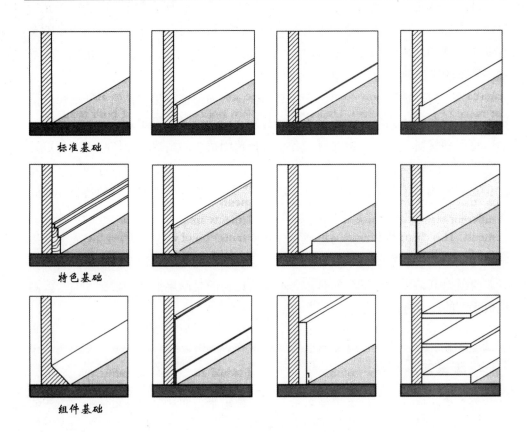

标准基础

　　无基础

　　在大多数基本结构中，隔断仅仅是直接放在地板上，没有任何装饰，如图10-2（a）所示。其效果是简单、朴实而现代的，而且在某些场合下可能非常使用。出于建造和维护的实际原因，应当提供一个耐用的基础，但是这可以通过细化基础，使之与隔断表面齐平并且用与墙相同的颜色和纹理装修来实现。如果隔断饰面自身就很耐用的话，也可以将它延伸到地板。

　　如何对墙体材料的底部边缘进行装修，取决于地板材料的类型。例如，如果

图10-2 从墙到地面的标准连接

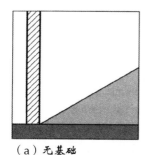

（a）无基础

简单平坦的墙体不带基础，呈现出光洁的现代外观。然而，许多饰面经不起正常磨损和清洁。另外，在决定墙体材料以及如何细化墙体底部边缘的时候，所有不规则地面或斜坡都必须被考虑到。

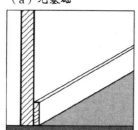

（b）应用基础

应用基础是最普通的，对包括木头、氯乙烯、橡胶、石头、金属和复合制品在内的任何基础材料都有效。这类基础可以覆盖墙体材料底部边缘和地板之间的接缝，并且在大多数情况下，可以调节不水平的地板。

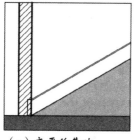

（c）齐平的基础

齐平的基础既具备了光洁的现代外观这一优势，又可以经受住清洁和其他频繁使用所产生的摩擦，迎合了耐用基础的功能性要求。暴露的尺寸可以很小，以便最小化基础的外观，也可以更大一些，来突出分隔或者使得建造更加容易。为了尽量减少基础的视觉影响，可以选用同墙体饰面相同的颜色和纹理。

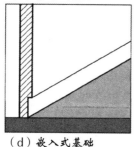

（d）嵌入式基础

嵌入式基础将隔断表面作为从地板表面分开的单独平面进行强调。它呈现出现代外观，并且可以掩饰暴露中基础材料上的小损坏。然而，这一类型建造起来难度更大、成本也更高，通常还需要再加一层石膏墙板，或者第二层混水墙。

地板上要铺地毯的话，那么就可以将石膏墙板放到地板上，并且像安装墙板一样在其间带有轻微的缝隙。然后，用地毯和衬垫覆盖缝隙。对于硬面地板，诸如木头或弹力砖，石膏墙板的底部边缘将需要用标准墙板"L型"装饰或"J型"装饰来进行装修，如图5-4（a）、（b）所示。作为替换，也可以使用如图10-11（a）中类似的铝制暴露装饰。通常来说，不建议省略基础，尤其是在地板需要频繁清洁的地方。当每一块墙板或其他墙体饰面必须切割以适应地板线而导致地板不水平时，这种基础处理方法是很难使用的。

应用基础

如图10-2（b）所示，是用一块应用基础处理从墙到地板细节的标准方法。基础覆盖了接缝，使之免于清洁工具的磕碰和踢撞。这一方法提供了广泛的尺寸、配置以及包括弹力材料、木头、石头或金属等在内的基础材料方面的选择，同时成本不高、并且容易建造。应用基础很容易移除和替换，从而便于进行重塑或回收利用。

齐 平

如图10-2（c）所示，齐平的基础提供了保护和隐藏接缝等功能性需要，尽量减少了基础带来的视觉影响，同时呈现比应用基础更现代的外观特点。基础可以采用对比材料和颜色，也可以采用与墙体饰面匹配的材料和颜色。正如任何一种包含以上材料的细节一样，齐平基础也很难在现场建造出完美的齐平接缝，尤其当其中的一种材料是石膏墙板的时候。如图10-3所示，是制造齐平基础的三种方法。要适应不水平的地板，设计师必须决定是否要让基础和装饰遵循地板线，要让雕合基础来适应地板线需要，或者要让装饰设置水平，并且允许暴露的尺寸有所变化，以适应基础与地板线相吻合的情况。

嵌入式

嵌入式基础强调地平面和墙平面两者之间的分隔。参见图10-2（d）。嵌入式基础的一个实际优势就是清洁操作导致的损坏较小或所产生的污物较少，不像在齐平基础或应用基础中那样明显。无论如何，在大多数情况下，嵌入式基础需要使用双层墙板，尤其是当隔断要求耐火等级或者需要听觉分隔的时候。

许多细化嵌入式基础的方法，如图10-4所示。如图10-4（a）所示，最简单的方法是使用一个未到达地板、并且通过J型或L型装饰进行修整的双层石膏墙板。比墙板厚度薄的基础用来装修嵌入式部分。墙板装饰可以水平放置，同时应用基础要遵循地板线。在这种情况下，基础顶部和墙板装饰之间的缝隙随着地板变换的不规则性而进行变化。作为替换，装饰可以被放置到距离地板固定的距离，并且遵循地板线，在这种情况下，装饰边缘可能会出现不水平的情况。设计师必须决定或评估地板将会产生的不水平程度，并且决定选用哪种方法。

如果想要嵌入更深的话，可以把第二层混水墙建造在主要隔断的外面，如图10-4（b）所示。可以使用标准混水墙，或者将J型跑道与2-1/2英寸（63.5毫米）的

图10-3 齐平基础细节

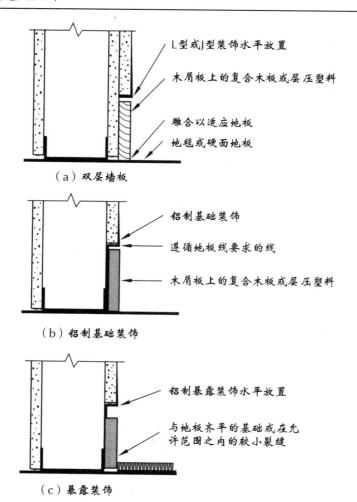

L型或J型装饰水平放置

木屑板上的复合木板或层压塑料

雕合以适应地板

地毯或硬面地板

（a）双层墙板

铝制基础装饰

遵循地板线要求的线

木屑板上的复合木板或层压塑料

（b）铝制基础装饰

铝制暴露装饰水平放置

与地板齐平的基础或在允许范围之内的较小裂缝

（c）暴露装饰

金属立杆一起使用。在这一细节或如图10-4（a）所示的情况中，设计师可以决定想要什么样的嵌入高度。这一细节允许一个更厚的基础（诸如木头或石头），而仍然保留了一种嵌入式的外观。这一方法的劣势是需要额外的成本和建筑时间。

创造嵌入式基础的第三种方法是使用专用的铝制装饰块，如图10-4（c）所示。因为铝块隔绝了立柱的空间，这一细节可以与单层石膏墙板一起使用。装饰可以涂漆或者用其他材料进行黏合。无论如何，这一细节受限于制造商的4英寸（102毫米）高度之内，并且因为没有墙板，也就不可能具备耐火等级，同时隔音效果也会大打折扣。

特色基础

强 调

如图10-5（a）所示，强调的基础是应用基础的一种，但是比标准基础处理更大和/或更华丽。强调基础的高度通常要比大多数弹性或木基础的标准4英寸（100毫米）高度更高。强调基础用来补足更大的空间规模，或者用于当设计师想要强调或加强地平面和墙面间过渡的时候。

图10-4 嵌入式基础细节

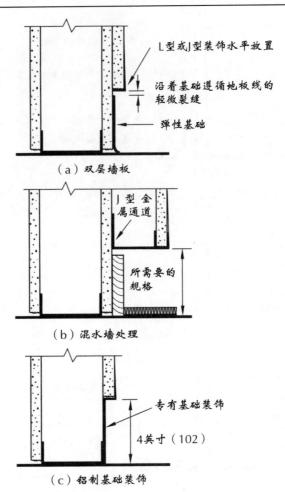

（a）双层墙板

（b）混水墙处理

（c）铝制基础装饰

强调基础可以通过多种方法成形。尺寸可以就在标准基础上增加；例如，通过使用9英寸（229毫米）高，而不是4英寸（102毫米）高的木制基础。设计师也可以通过增强复杂度来强调基础，正如由基础、踢脚板线脚和基础盖共同组成的组合木制基础一样。其他材料也可以通过相同的方法使用。基础也可以通过一种以上的材料来进行细化，从而突出它或者进一步强调。

内 凹

内凹基础是指带有显著曲线的基础，比如垂直平面和水平平面之间的过渡。曲线必须比那些仅仅是建造到某些弹性基础里面的小内凹更大。参见图10-5（b）。当内凹基础出于卫生原因而普遍应用时，内凹也可能被用来在地板和墙之间创造一个平的视觉过渡，在某些情况下，让它们看上去好像一整块表面。因为这种类型的基础具有一定的视觉作用，内凹必须具有至少2英寸（50毫米）或更大的半径；如果房间规模较大的话，就需要更大的尺寸。

内凹基础比其他的类型建造起来更加困难，成本也更高。内凹基础最常用的材料之一是水磨石。当使用带水磨石地板时，它提供了一个容易清洁的基础，适

图10-5 带有特色基础的、从墙到地板的连接

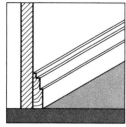

强调基础渲染了地板平面和隔断平面之间的过渡。它们也适当地增加了带有高顶棚的大房间或大空间内基础的规模。

（a）强调基础

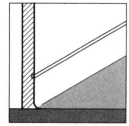

内凹基础使得地板和隔断之间的过渡更加平滑。它们也是一个制造容易清洁的卫生基础的好方法。为了更加高效，内凹的半径必须足够大，以便容易感知并且与所在房间成一定比例。

（b）内凹基础

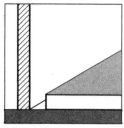

浮动基础从物理上在地板的饰面水平面处与隔断平面分隔开来。所制造出的暴露可能很浅也可能很深，这取决于细节设计的方式。浮动地板在水平平面和垂直平面之间制造出了非常明显的分隔，虽然它也的确产生了潜在的跌绊危险。

（c）浮动基础

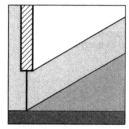

像浮动地板一样，浮动墙从物理上通过用玻璃填充缝隙的方法将垂直平面从水平平面上分隔开来。它通过仔细的细节设计使得地板饰面呈现出从一个空间不间断地延续到另一个空间的状态，并创造出更强烈的空间感，使房间显得更大。为了效率更高，细节中需要更加干净的空间状态，以便玻璃不会被家具所阻断。

（d）浮动墙

合于医院和其他的高维护性区域使用。参见图8-10（b）。当人们靠墙行走和踩到曲线部分的时候，大型的内凹基础会呈现一定的安全隐患。

浮动地板

浮动地板在地板和墙的边缘带有缝隙或暴露，使得地板在空间内呈现盘旋状态。参见图10-5（c）。在所有类型的基础细节设计中，浮动地板是一种在物理上和视觉上把地平面从墙面上分隔开的最有效的方法。这种地板可以用于零售商店、美术馆、饭店、大堂和任何不需要家具靠墙放置的地方。要想最具视觉影响力，这种基础需要沿着全部长度方向都是可见的。

虽然它制造了一种戏剧性的设计表达，但是浮动地板会呈现出明显的跌绊危险，并且对于视障人群也会有一定的危险性。无论如何，如果尽量减少暴露

图10-6　浮动地板

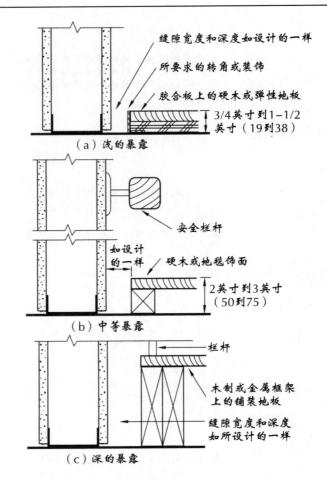

缝隙宽度和深度如设计的一样

所要求的转角或装饰

胶合板上的硬木或弹性地板

3/4英寸到1-1/2
英寸（19到38）

（a）浅的暴露

安全栏杆

如设计
的一样

硬木或地毯饰面

2英寸到3英寸
（50到75）

（b）中等暴露

栏杆

木制或金属框架
上的铺装地板

缝隙宽度和深度
如所设计的一样

（c）深的暴露

宽度的话，就可以减少这些危险。依附于地板或墙上的扶手也可以用来防止人们离缝隙太近。如果用在一个有大量碎屑的环境中，缝隙也可能会产生清洁方面的问题。

　　细化这一类型地板的某些方法如图10-6所示。在大多数情况下，暴露的深度由地板饰面结构来创造；隔断和地板两者都放在底层地板的相同高度上。如图10-6(a)显示了装修地板的暴露的最小深度，用于胶合板或屋面衬垫材料的厚度。根据装修地板类型的不同，可能会要求使用保护角，来防止地板结构变化所产生的损坏。对于深一些的暴露，地板可以被提升到一个平台结构上，如图10-6（b）、（c）所示。就一切情况而论，隔断必须在地板安装之前就建造和装修完毕，这可能会影响施工进度。

　　浮动墙

　　浮动墙是由隔断的刚性部分，即在地平面上明显升高的一段距离，以及地平面与开放的或填充玻璃窗的隔断底层之间的空间组成的。这一类型的细节对于把隔断创造成下面带有连续、不间断地板的屏障很有效果。它在水平和垂直平面之间制造出坚固的视觉和听觉分隔。与沿着顶棚线的开口或装配玻璃结合起来，这一设计可以提供一种开放的感觉，并且在保持视觉私密性的同时允许自然光渗透一个分隔线。

　　这一设计是很难实施的细节之一，尤其是当玻璃窗用于关闭开口的时候。一种细化方法如图10-7所示。这一细节显示了如何使用大型的金属跑道来支撑立柱。因为大多数制造商都提供长度为10英尺（3048毫米）的跑道。这限制了支撑物之间的最大空间。对于更长的跨度和更重的墙，可以使用一个结构钢轨道。在何种情况下，都应该咨询结构工程师有关基于跨度距离、墙体高度和重量、用来支撑立柱的构件的确切种类、尺寸和厚度的建议，同时也要咨询关于垂直支撑构件的种类和尺寸的建议。

　　除了结构上的考虑外，电线和数据线也必须考虑到。电气设备可以安装在顶棚风室里，并且像贯穿隔断那样水平地贯穿立柱。钢支撑构件在安装之前必须穿孔，以便电缆导管通过。

图10-7 浮动墙

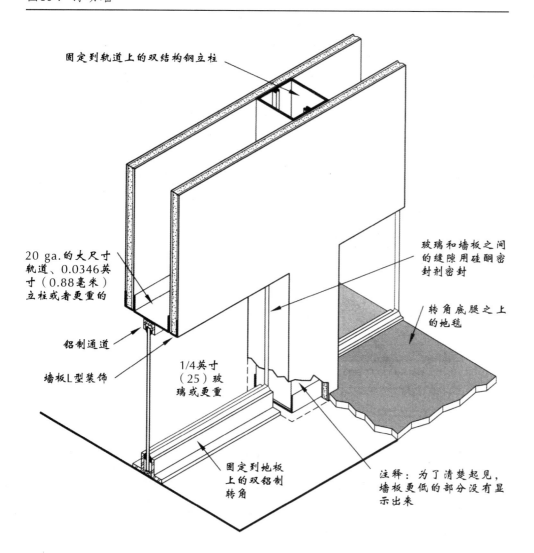

固定到轨道上的双结构钢立柱

玻璃和墙板之间的缝隙用硅酮密封剂密封

20 ga.的大尺寸轨道、0.0346英寸（0.88毫米）立柱或者更重的

转角底腿之上的地毯

铝制通道

墙板L型装饰

1/4英寸（25）玻璃或更重

固定到地板上的双铝制转角

注释：为了清楚起见，墙板更低的部分没有显示出来

组件基础

第三面

除了标准基础，第三面与水平地面和垂直隔断平面的差异可以用来强调过渡和制造独一无二的细节。参见图10-8（a）。灯光可以包含到这类细节中，以给出可能适合于走廊的强烈方向感。角度可以被重复，并且可以成为墙和顶棚的交叉点。虽然这一细节可用于进行强调，但如果饰面与隔断和顶棚相同的话，也可以使得两个平面看上去好似合并了一样，正如一个大的内凹基础。

正如内凹基础一样，一个大的第三面会产生跌绊危险，所以它的使用是受到限制的，需要视情形而定。如果平面使用与隔断相同的材料进行装修，那么就会有耐久性

图10-8 从墙到地板连接的组件

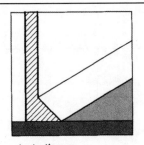

（a）第三面

在地板和隔断之间的第三面过渡强调了基础线。界面可以是任何尺寸或角度，并且所用饰面可能用与地板或隔断相同，或者也可能不同。它可能包含灯光或其他特点来进一步强调过渡。

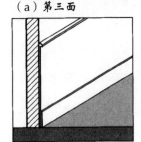

（b）护墙板

护墙板是装修隔断较低部分的传统的方法。除了保护隔断防止过度使用产生的损坏外，它还可以调节房间的规模并且给空间增加视觉趣味。护墙板接近地板的部分可以用传统的应用基础或其他方法来进行细化。

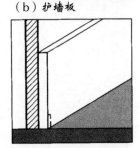

（c）平行的第二面

平行的第二面从基本隔断建造出来并与之有显著距离。这一处理方法既可以调节空间垂直规模也可以使得本来扁平的垂直表面出现深度增加的感觉。界面接近地板的部分可以用传统的应用基础或其他方法来进行细化。功能上，这一基础处理方法可以隐藏服务设施和功能设备。

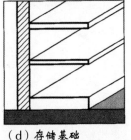

（d）存储基础

当基础过渡非常大的时候，它就可以用于存储。正如一个平行的第二面一样，这一细节可以调节空间的规模，也可以提供功能性的存储空间。它还可以为垂直表面增加显著的深度。

和维护性的问题出现。如果地板材料被放在第三面上面的话，它就会变得较不明显、并且可能会成为安全隐患。所有这些潜在的问题都可以通过使用耐久的、易维护的材料，并从功能上将第三面处理为标准基础而得到缓解，诸如层压塑料或石头等。

护墙板

护墙板是一个处理地平面和墙面之间过渡的传统的、实用的方法，同时还能提供耐久性的表面，来保护它不受家具和其他活动的刮擦。参见图10-8（b）。从设计立场来看，也可以使用护墙板来改变房间的大小。当传统护墙板使用一个标准的、上面带有木板的木制基础时，可以选择和细化材料，以保证不会用护墙板来作分隔基础。层压塑料、石头、金属或木板都可以用来延伸到没有分隔基础的地板之上。

某些类型的装饰盖要求用于面板顶部，从而在护墙板和墙饰面之间制造过渡。

平行的第二面

作为护墙板概念的延伸，分隔面板可以用于增建主分隔区，不仅强调过渡的高度、而且强调厚度。参见图10-8（c）。这一类型的细节可以用来调节空间的规模，提供一些耐久的材料，并且如果必要的话，还可以隐藏机械或电气设备，诸如大型管道或暖气片等。如果有必要的话，表面的顶部也可以用作存储搁板。在地板线上，第二面可以延伸到没有分隔基础的地板，如图10-2（a）所示，或者可以用本章所讨论过的其他方法来处理过渡。

这一类型的设计可以非常容易地建造成混水墙，按照功能性和审美要求采用一个立柱的深度。如果深度比所要求的立柱深度更大的话，那么可以按照所要求的尺寸，使用水平的和垂直的金属框架来增建第三面。

存储基础

最后，水平面和垂直平面之间的过渡可以用嵌入式存储来填充，如图10-8（d）所示。这一类型的基础设计在需要大量存储的地方是非常有用的。因为在存储之上的隔断饰面实质上是与室内活动分隔开的，所以更加精美的饰面材料可以用在隔断上来防止损坏。正如护墙板和平行的第二面一样，这种处理对于调节空间规模也是很有用的。

在地板线处，存储器几乎可以延伸到没有分隔基础的地板，或者最低的存储搁板可以放到比地板高几英寸的地方，并且那一点上的基础可以用本章中所讨论的其他方法来进行处理。

10-4 从墙到顶棚

墙面到顶棚平面的连接是室内设计中最重要的问题之一，因为它将两个最显著的建筑特征连接在一起，同时也因为它总是存在于房间居住者的视野之内。在当代建筑中，它也是最少被考虑到的问题之一，而这是很遗憾的，因为垂直和水

图10-9 从墙到顶棚的过渡概念

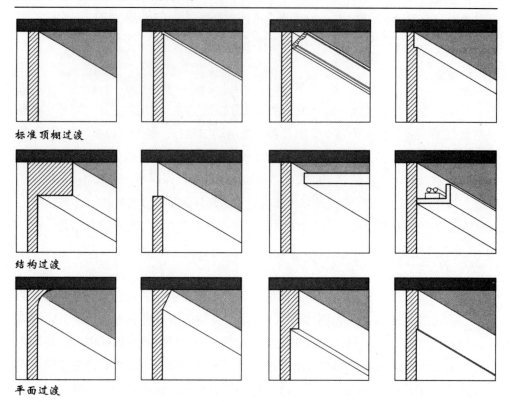

标准顶棚过渡

结构过渡

平面过渡

平顶棚平面连接的方法会影响到空间的规模和感觉，同时也可以解决许多功能性问题，诸如材料过渡、支撑和照明等。

从墙到顶棚连接的一般类型，如图10-9所示。使用何种细节设计方法取决于设计师是否想要给予顶棚和隔断同等的分量，或者目标是否是从视觉上分隔两个平面。两者中的每一个都会在接下来的小节中进行讨论。

正如从墙到地板的过渡一样，每一个细节设计方法都会产生对于不同设计目标非常有用的、独一无二的设计效果。例如，把顶棚材料部分向下延续到墙面上，增加了顶棚的可视面积，并且使得墙的可见高度更低了。过渡的类型可以分为三大类：标准顶棚过渡、结构过渡和平面过渡。

标准顶棚过渡

标准顶棚过渡是那些通常使用的、处理墙和顶棚平面接缝的传统方法。它们通常规模小、建造简单，并且可以解决典型的顶棚建筑功能性问题。参见图10-10。

无装饰

如图10-10（a）所示，没有细节设计的连接，当然也是最简单和最省钱的建筑，这就是为什么它被经常使用的原因。无论如何，一个简单的90度接缝也可以连接的视觉重要性最小化，赋予两个平面同等的视觉分量。它也通常被视作当代最流行的方法、并且呈现一种简约之美。

图10-10 标准的从墙到顶棚的连接

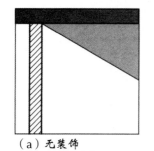

一面带有应用基础的平墙，在与顶棚连接处无装饰，这是最普通的隔断类型。这很容易建造，成本也较少，并且为各种平滑的室内饰面提供了很好的基础。最为通常的情况下，这类隔断是将石膏墙板应用于木制或金属立柱之上。

（a）无装饰

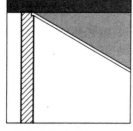

小型装饰或暴露相对于隔断和顶棚的面积是很小的。它们有助于在两个界面之间提供清晰的分化。暴露在不同的材质之间制造出了光影划线和分隔，而小型装饰则可以隐藏顶棚或隔断材料边缘接缝上较小的不规则性。

（b）小型装饰或暴露

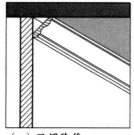

强调装饰制造了比小型装饰更醒目的表述，并且渲染了垂直面和水平面之间的过渡。在大多数情况下，装饰的尺寸应该调整以适应顶棚高度和整个房间的规模。强调装饰可以通过传统方式用标准模具来制造，或者也可以用更具现代气息的正方边元素来制造。

（c）强调装饰

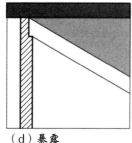

暴露过渡在顶棚面与隔断之间提供了主要的分隔。它比小型暴露更大，并且制造了鲜明的、现代的表述。暴露可能采用与隔断相同的饰面，或者也可以采用与之形成对比的颜色和饰面。

（d）暴露

在隔断和顶棚都用石膏墙板装修的住宅建筑和商业建筑中，接缝仅仅是墙板的一个连续。仅有最终的油漆或墙面涂料饰面可能会区分两个平面。在商业建筑中，当顶棚是悬吊式吸声天花板的时候，如果隔断延续贯穿顶棚的话，那么过渡可能仅仅是一个标准的顶棚钩角，或者如果顶棚在隔断顶部以上延续的话，则可能根本就没有任何装饰。

小型装饰或暴露

有时候，小型装饰可用于隐藏隔断和顶棚之间的接缝，或者为视觉兴趣提供较小的光影划线。同时，也可能使用暴露来区分两个平面，或者因为严格的功能性原因而使用，这些功能性原因包括使油漆或装修更加容易、适应不规则的表

图10-11 垂直顶棚暴露

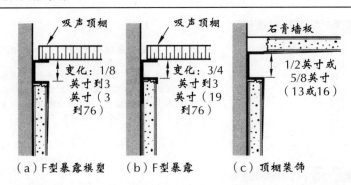

(a) F型暴露模塑　　(b) F型暴露　　(c) 顶棚装饰

面、去除对于吸声顶棚标准顶棚钩角的需要等。暴露可以通过使用标准石膏墙板装饰和标准顶棚钩角而创造出来，但是有能够适应不同情况和顶棚材料的专用铝装饰块。参见图10-11。部分装饰制造商的信息可参见表5-3。无论如何，如果要求使用耐火等级吸声隔断的话，那么就有必要使用第二层墙板。

强调装饰

强调装饰是指模塑或用来突出墙和顶棚平面交叉点的其他材料，如图10-10（c）所示。传统上，这可以通过使用顶冠饰条或由独立块组成的木制模塑来实现。木头的外观也可以被制造成传统的塑料模塑、中等密度的纤维板或者与传统木制模塑相同型面的高密度聚氨酯模塑。

强调装饰对于这一表面过渡的反映是更传统的方法，而不给任何平面增加更多的重量，诸如飞檐模塑等。对于当代设计，除了传统形状之外，也可以使用轮廓来完成相同的设计目标。

暴　露

如图10-10（d）所示，正如从地板到墙的连接一样，使用暴露或物理分隔两个平面，倾向于强调顶棚平面。这取决于使用什么样的材料、饰面和颜色。就像嵌入式基础一样，这类细节通常要求双层墙板应用或者第二层框架和墙板，如图10-4所示。如果顶棚暴露与相匹配的嵌入式基础（也可能是墙与墙交叉点上的暴露）一起使用的话，隔断就会呈现出从其他表面漂离开来的、单独的垂直平面外观。

结构过渡

隔断和顶棚之间的结构过渡在垂直和水平平面交叉点上，都带有明显的和重要的建筑块。在大多数情况下，这类过渡是为了实际原因而存在的，并且也修饰了空间的规模和外观。例如，内凹可以提供一种方法，用于在房间内提供间接的环境照明。

拱　腹

拱腹是一个建筑在顶棚之下并且离开墙的区域。参见图10-12（a）。在大多数情况下，拱腹是由木头或金属框架来建造的，并且覆盖石膏墙板。拱腹通常的

图10-12 从墙到顶棚的结构连接

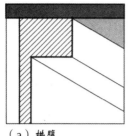

拱腹是从主要顶棚面高程向下建造出来的整个顶棚中的一小部分区域。拱腹可用于强调顶棚较高的区域、隐藏机械设施或者填充橱柜以上的区域。

（a）拱腹

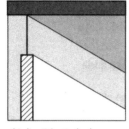

通过连续顶棚贯穿隔断并且用玻璃窗填充缝隙或者任其敞开的方式，可以实质消除顶棚面和隔断面之间的交叉点。在大多数情况下，缝隙上安装可以阻隔声音的玻璃窗，而同时允许光线从一个空间照射到另一个空间。

（b）顶棚面连续

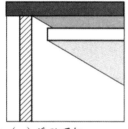

浮动顶棚在隔断面和头顶以上界面之间创造出确切的分隔。如果顶棚相对隔断保持封闭，那么隔断看上去就好像消失于顶棚之后了。如果浮动顶棚由分开的"云状物"顶部元素组成，那么顶棚的深度就会更大，其上方的空间就会在不同高度之间浮动。

（c）浮动顶棚

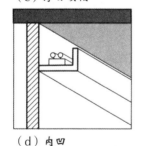

内凹常常用于隐藏直接的光线，但是它们也可以用来调节房间的规模并且隐藏空气供给和回风栅格。内凹可以用简单的矩形来建造，也可以用更多的传统模塑总成来装修。

（d）内凹

用途就是填充壁橱以上不延伸到顶棚的空间。无论如何，拱腹也可以用于隐藏结构元素或机械设备，包含照明设备，强调墙体区域，或者调节空间的规模。

顶棚面连续

顶棚面连续是指在隔断顶部使用玻璃窗，以保证顶棚呈现出从一个空间连续到另一个空间的外观。参见图10-12（b）。这一细节是一种在保持视觉私密性的同时使空间显得更大、并且允许日光透入室内空间的好方法。

如果意图是允许日光穿透，那么任何类型的框架都可以使用，包括标准的木制或金属框架到无框架的玻璃窗等。无论如何，如果设计意图同时要求框架结构最小化、并让它呈现出顶棚连续不间断的外观的话，那么就可以选用如图10-13中所示的细节。如果对于声音控制有要求或者要保持开放的话，那么通过使用这

图10-13 玻璃窗以上的顶棚连续性

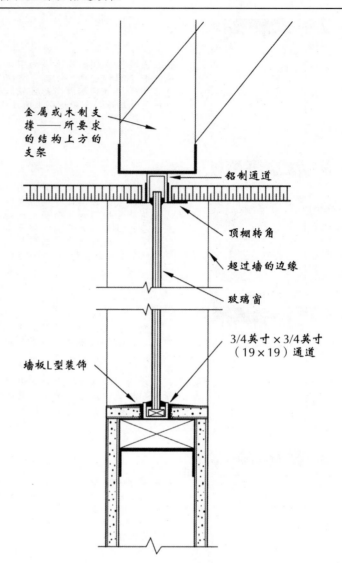

金属或木制支撑——所要求的结构上方的支架

铝制通道

顶棚转角

超过墙的边缘

玻璃窗

3/4英寸×3/4英寸（19×19）通道

墙板L型装饰

种类型的无框架玻璃窗，玻璃窗之间的垂直接缝就可以使用硅酮密封剂来进行隐藏。如果隔断必须具有耐火等级的话，可以使用耐火玻璃窗和框架，但是框架的尺寸就很重要了。

浮动顶棚

如图10-12（c）所示，浮动顶棚从物理上和视觉上将顶棚面与隔断分隔开来。这种效果可以与连续的平面顶棚一起使用，如第7章所讨论的以及图7-2（c）、（d）所示的；或者与半封闭或浮动平面顶棚一起使用，如图7-3（c）、（d）所示。这一类型的过渡通过将其与隔断分隔、并且作为独一无二的结构元素来对待，从而强调了顶部平面。如图10-14所示，是按照这一思路进行细节设计的三种方法。

要制造从墙上倾泻而下的间接照明，可以把荧光灯或其他类型的灯具放到顶棚的边缘。这不仅是一种有趣的间接照明手段、而且也进一步强调了水平平面和垂直平面之间的分隔。浮动顶棚可以通过多种方式制造出来。其中一些方式如图

图10-14 水平顶棚暴露

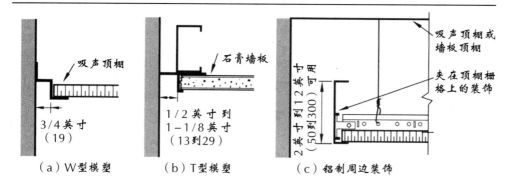

（a）W型模塑　　　（b）T型模塑　　　（c）铝制周边装饰

7-10和图7-11所示。标准石膏墙板顶棚可以与金属框架一起使用来修整边缘，或者也可以使用预制的边缘处理件。参见表7-2和表7-3，了解关于供应边缘装饰以及完整的浮动顶棚总成的制造商。

内 凹

内凹是一个在顶棚线附近水平运转地单独的模塑或建筑总成。除了它的装饰用途和作为调整房间规模的方法以外，内凹还可以用于给顶棚提供间接照明。参见图10-12（d）。内凹可以像安装在远离顶棚平面的标准飞檐一样小，或者也可以像设计师所要求的视觉效果和照明需要一样大。

除了在墙和顶棚平面之间制造不那么生硬的过渡，内凹还可以解决一些实际问题，诸如提供照明或隐藏空气补给设备和排气通风装置等。以木制或金属框架、或者以预制铝型材来建造的内凹可以用来支撑灯具，如图10-15所示。铝制内凹型材有各种各样的型面可用，并且用螺丝拧紧到支架上带有凸缘的立柱上。然后，饰面外形被固定到支架上。墙板凸缘提供了镶边和装饰，在装饰和石膏墙板之间制造出平滑的过渡。

平面过渡

平面过渡是指那些提供从顶棚到单一表面隔断平面变化的过渡。这种过渡通常有四种类型。

材料的连续性

通过材料的连续性，顶棚饰面或隔断饰面都可以通过平滑的、不间断的表面延续到其他平面上。这通常用曲线来实现，如图10-16（a）所示。

设计细节把两个表面混合起来、并且不再强调转角和两个平面间的接缝。当顶棚材料部分向下延续到墙上的时候，倾向于降低隔断的视觉高度。无论如何，这一设计要想起作用的话，曲线必须要足够大才能创造出想要的效果。

小的内凹可以用木制模塑或灰泥制造出来，但是更有效的方法是使用铝制装饰。铝制装饰有各种半径可供使用，从3/4英寸（19毫米）到6英寸（152毫米）不等。这一装饰附属于框架、并且为使用墙板接合剂提供了凸缘，从而将曲线平

图10-15 照明内凹

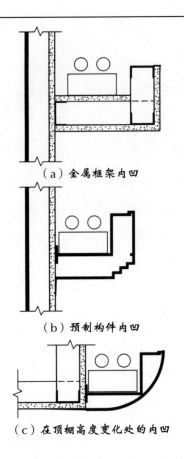

（a）金属框架内凹

（b）预制构件内凹

（c）在顶棚高度变化处的内凹

滑地放入到石膏墙板里。更大的半径可以通过弯曲的墙板、灰泥或者石膏强化玻璃纤维创造出来。

第三面

正如一个地板到隔断的过渡一样，第三面倾向于强调在顶棚平面和隔断平面之间的过渡，尤其是当它或者与隔断、或者与顶棚装修得不一致的时候。参见图10-16（b）。当它们装修相同的时候，它可能会使得两个平面看起来似乎合并在一起，但如果这就是意图的话，那么内凹过渡会更好。

根据第三面所需要的尺寸，它可以使用模塑、胶合板或者木头或金属立柱结构的墙板来进行建造。

平行的第二面

如图10-16（c）所示，一个平行的第二面，创造了一个与隔断平行的、具有明显高度和厚度的外置墙截面。正如地板过渡一样，这一细节可以用于调节空间规模，并且创造出三维情趣。然而，与地板水平面上的第二面不同，这一细节并不会减少地板上的可用区域。因为厚度的关系，额外的装饰可以使用本章中所描述的其他技术来安装在隔断和外置截面之间。

平行的第二面可以用创造凸面的方法之一来建造，如图5-3所示。

图10-16 从墙到顶棚连接的平面

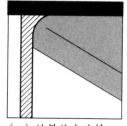

（a）材料的连续性

在垂直平面和水平平面制造平滑的过渡弱化了它们之间的接缝。大多数常常以循环的曲线而创造出来，顶棚过渡降低了顶棚表面上的高度。

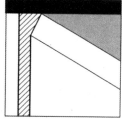

（b）第三面

在隔断和顶棚之间的第三面过渡倾向于强调交叉点，并且制造了额外的趣味性界面。界面可以与顶棚以相同的方式来装修，这样的话它也倾向于降低房间表面上的高度，正如内凹一样，或者它也可以与隔断以相同的方式来装修。为了增加强调，第三面也可以用不同于其他两个面的颜色和纹理来进行装修。

（c）平行的第二面

第二面，平行于隔断，可以调节房间的高度并且可以给平坦的墙面增加三维效果。界面可以与墙以相同方式装修，但是它也提供了为垂直表面增加颜色或纹理分隔带的机会。

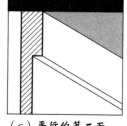

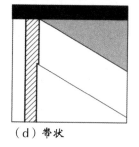

（d）带状

顶棚带是一段小的但是显而易见的从墙上建造出来的厚度条。它类似于护墙板，但是位置刚好相反。带对于调节房间规模非常有用，很像是平行的第二面，并且可以为装饰、引导标识或其他特色提供表面。

带　状

　　类似于护墙板，顶棚带是单独的、略微外置于隔断的明显边缘。这一细节可以用于调节房间的规模以及强调垂直面和水平面之间的差异。它建造起来比平行的第二面成本更少，但通常可以制造出相同类型的效果。视情况而定，顶棚带可以选择使用额外的、带有边缘装饰的石膏墙板层、胶合板、薄石片或其他材料而建造。也可以结合本章中所描述的其他的过渡细节一起使用。

第11章

平面过渡

　　除了第10章中所讨论的室内空间中不同结构平面之间的过渡之外，在不同材料、饰面或同一平面的不同水平面之间也有过渡，包括隔断、地板和顶棚等。这些平面过渡对于物理连接不同结构元素和解决其他功能性要求来说都是必要的，但它们也有助于整体设计概念的实现。

　　作为空间分隔器，墙和隔断都为视觉和听觉分隔、安全性和控制活动这些明显的功能性目标服务。然而，除了这些，它们都是定义室内空间特性的主要决定因素之一。平面的过渡提供区分材料、强调区域、修改规模、调节空间和创造视觉兴趣的设计元素。

11-1 从隔断到隔断

　　如第5章所讨论的，就像垂直屏障一样，隔断不仅可以分隔和创造空间，而且可以通过多种方式进行处理和细化。当两个或多个饰面材料或建筑元素相结合的时候，所生成的过渡必须要细化。这一点能够做到，以便隔断表面彼此一致或者仅存在轻微的偏移。实现这类过渡共有9种基本方法，如图11-1所示。

　　设计师所选择的隔断过渡的类型通常与基础或顶棚的处理方法相协调，但是也并非总是那样。例如，在一个隔断的不同截面之间的垂直暴露可能用来与在隔断和顶棚之间的暴露过渡相结合。作为替代，可以使用90度角来制造出垂直转角，而顶棚也可以包含弯曲的结构。

面内过渡

对接接缝

　　最简单的过渡是基本的对接接缝，如图11-2（a）所示。在这一细节中，使用了相同的基底材料，并且饰面沿着垂直直线进行对接。这类接缝的例子包括两个不同的相邻油漆颜色，在氯乙烯墙面涂料里的垂直接缝，或者两块木板沿着它

图11-1 从隔断到隔断的过渡概念

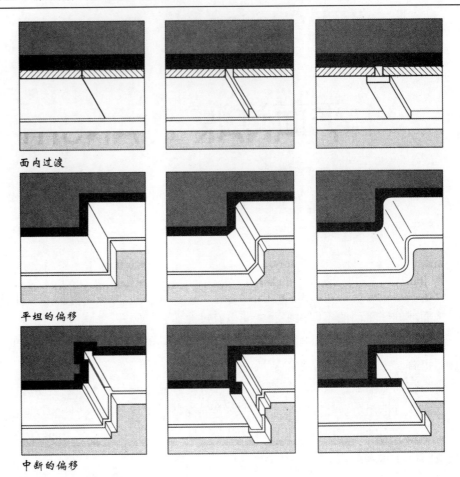

面内过渡

平坦的偏移

中断的偏移

们的垂直边缘相接触。

如果设计意图就是平滑、统一的外观，那么对接接缝恰能很好地满足这一意图。它们建造起来简单而便宜，并且对于大多数预制材料来说都是有必要的，诸如木头或石头。无论如何，某些材料可能会在接缝处剥落或者两种材料都可能会收缩，导致一个不小的裂缝，并且使朴素的、统一的表面装修的设计目标失败，诸如墙纸或氯乙烯墙面涂料等。设计师必须选择使带有对接接缝的影响最小化或者用在本章中所讨论的其他过渡来渲染它。

带有松动边缘的对接接缝是对接接缝的某种变体。松动边缘是指一个材料边缘的轻微斜边，通常是总厚度的一小部分，所以可见的边缘不是90度角。例如，一块木板可以提供1/16英寸（1.6毫米）的斜角。虽然这更多地突出了接缝，但是它在隐藏木板的任何轻微的、不均匀的褶皱方面是有很效的，因为斜边是故意而为之的。

暴　露

暴露是指在两种带有明显深度的接缝材料之间的明显分隔。参见图11-2（b）。如在第5章中所讨论的，暴露对于隐藏接缝宽度上或邻近表面校直上的小瑕

图11-2 面内隔断过渡

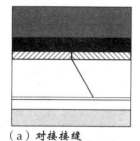

对接接缝使材料过渡的影响最小化，并且给予隔断的整个界面更多的强调。对接接缝典型应用于邻接材料完全相同的地方。

（a）对接接缝

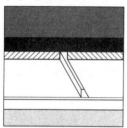

暴露接缝在材料之间提供了明显的分隔，并且隐藏了任何在校准上的小瑕疵。暴露接缝也在不同材料或饰面之间提供了很好的分隔。这些接缝也使得在不干扰相邻面板的情况下将隔断的一部分移除进行维修或者进行替换更加容易。

（b）暴露

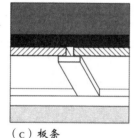

板条接缝容易建造，并且可以覆盖任何瑕疵或者晓准底部表面边缘。板条可以预加工，并且当使用的时候为材料提供齐整的和干脆的边缘。

（c）板条

疵是有很用的。它们也可以使涂料或其他不同的相邻材料的装修更加容易。如图5-7显示了一些制造暴露的方法。

板 条

板条接缝是指被另一种材料覆盖、从两个处于同一平面的加工表面上延伸出来的接缝。参见图11-2（c）。板条可能是与表面相同的材料，比如木材，或者是不同的材料，比如石板上的金属。在大多数情况下，板条相对于暴露的加工表面是较窄的，但是它可以与设计师所限定的宽度一样。

板条是隐藏接缝的一种有效方法，因为饰面材料不需要与它们的边缘完全垂直或对齐。板条隐藏了较小的瑕疵。因为板条强调接缝，所以它们的相互位置以及与水平细节的位置关系都应该仔细考虑。板条对于木制细节与应用基础和顶棚装饰的配合尤其有效。

把板条依附于基底的方法也应该仔细考虑。连接可以用黏合剂或夹子来隐藏，或者可以用暴露螺钉头、强调螺栓帽或其他明显的紧固件的方法来突出。

平坦的偏移

偏移是用于两个相邻的墙面出于审美原因、功能性原因或两者兼有而不对齐的

图11-3 平坦的偏移隔断过渡

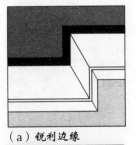

锐利边缘的墙面过渡建造起来是最普通、最简单的，也是成本最少的。它们是大多数人都能想得到的。隔断模塑可以很容易地进行切割，并适应这类过渡的需要。

（a）锐利边缘

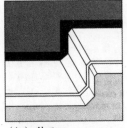

斜面转角使得转角看上去较为缓和，并且提供了更加安全的边缘。在这里显示的内部和外部转角都带有斜面，但是较典型的是外部转角带有斜面。

（b）斜面

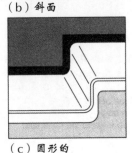

圆形的过渡使得转角更加缓和，这一点比斜面转角更加有效，并且弱化了界面的变化。圆形转角也比方形转角更加安全。像斜面转角一样，仅仅外部转角是圆形的，而内部转角则可以保持原有的方形结构。

（c）圆形的

地方。例如，平面幕墙的一部分可能需要向外凸出几英寸，来隐藏机械设备，或者墙的一部分可能建成嵌入式，来突显大幅的艺术品。不像相邻房间的外部转角可能会延伸几英尺或更多，隔断偏移仅仅偏离平面几英寸。区别是，偏移被视为相同的隔断平面的一部分，而外部转角则明显地视作相邻空间的内部转角。偏移可以通过许多方法进行处理，其中三种在外观和细节设计上都是很简单的，如图11-3所示，还有三种在外部和内部的偏移处存在明显的中断变化，如图11-5所示。

锐利边缘

锐利边缘偏移仅仅是墙面上的一个90度变化，如图11-3（a）所示。这是一个带有饰面材料、基础和遵循隔断线的顶棚装饰的标准的隔断转角。偏移也可能使用非90度的角来制造。这一细节为平面变化提供少量的强调。无论如何，如果偏移很小的话，用木板或专有金属板建造可能会很困难，因为有时候这些材料很难制造成狭窄的小块。

斜 面

斜面是指用轻微的角度建造的转角，就像在两个平面之间的过渡。最普通的是建造于彼此成90度角的两个平板之间的、成45角的斜面。参见图11-3（b）。与有角

图11-4　构建斜面的方法

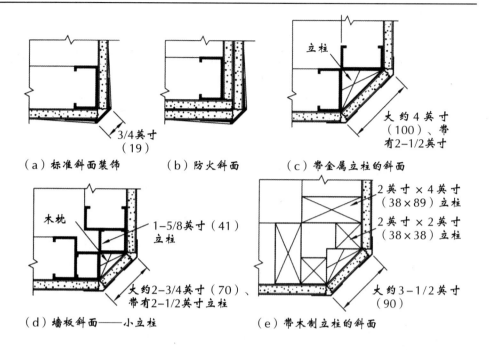

（a）标准斜面装饰　　　（b）防火斜面　　　（c）带金属立柱的斜面

（d）墙板斜面——小立柱　　　（e）带木制立柱的斜面

度的偏移相比，斜面与墙面高度和面积的关系较小，大多都是在一英寸到几英寸的范围之内（约15毫米到100毫米）。

　　如果考虑到安全问题的话，斜面可以从外观上柔化那些成锐角的部分，同时也可使锐利的边缘最小化。对于石膏墙板隔断来说，斜面通过专用的铝制装饰块是比较容易建构的。参见表5-3，是关于一些斜面装饰的制造商。无论如何，成品斜面装饰通常要求防止墙板距离转角过近，所以如果耐火等级或听觉性能比较重要的话，就有必要使用两层墙板。参见图11-4（a）、（b）。也可能没有相应的成型内部转角斜面，所以就必须用木头建造小型内部斜面，并且用密封剂进行处理。对于大型的斜面，就需要建造木制的外部转角，如图11-4（c）、（d）和（e）所示。

　　对于除了石膏墙板以外的材料，用来细化小斜面的简单方式取决于材料的种类。木头是容易处理成带有某种角度的，但是用某些种类的厚石头来制造斜面可能就会存在一定的问题。

圆形的

　　与斜面一样，圆形的转角偏移相对于墙板的高度和面积来说通常是很小的。参见图11-3（c）。通过石膏墙板，外部和内部的转角都可以用适合的铝制装饰建构出来。这些装饰块半径从5/8英寸（10毫米）到6英寸（152毫米）不等，这取决于制造商。更大的转角则必须用弯曲的墙板或者其他方法来建造。

　　虽然转角可以用不同的方法弄弯曲，但是弯曲的基础、飞檐模塑或椅子模塑的安装都是存在问题的。弹性的直线型基础可以轻易弯曲，但是内凹基础要限于最小半径，以便它在弯曲的时候不会产生扭曲变形。木制基础和其他木制模塑可以使用各种方法进行弯曲，诸如层压、机械加工半径、分割或蒸汽弯曲等，但是这些方法有时候是很困难的，并且比安装直线型木制基础的成本要更高。

中断的偏移

中断的偏移是指那些带有一块重要结构的平面偏移，界面在这一结构上改变了方向。如图11-5所示，这些偏移有三种基本类型。

凹 角

凹角偏移在转角处具有一个内部的凹槽。这些可以发生在一个外部转角、也可以发生在内部转角，虽然它们的用处常常被限制于外部转角。参见图11-5（a）。凹角转角被用于柔化界面生硬的拐弯，并且给转角增加关注和视觉兴趣。对于凹角转角的大多数类型来说，立柱和石膏墙板的主分隔结构可以被轻易地建构成凹角的形状，并且会在隔断的对面留下一个不同寻常的形状。形状本身必须用装饰或其他应

图11-5 中断的偏移隔断过渡

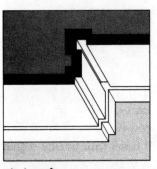

凹角转角在转角处具有小的凹槽，并且用于增加视觉情趣和给予原本简单的90度转角以强调。它们可能被用于内部转角，如此处所示，但是典型的是用于外部转角的。

（a）凹角

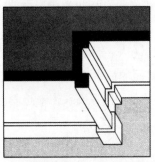

装饰性转角也强调了界面的改变。它们也可以被用于隐藏转角处的材料变化或者藏匿接缝的不规则性。装饰性转角常常与其他装饰的造型是一致的。

（b）装饰性

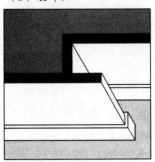

重叠可被用来打断原本冗长的隔断，或者为空间提供更具动感的附件。同时，可以增加隐藏的灯光来突出某个隔断。

（c）重叠

图11-6 凹角转角

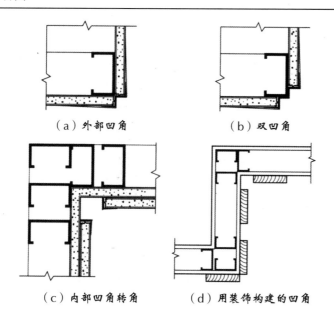

（a）外部凹角　　　　　　（b）双凹角

（c）内部凹角转角　　　（d）用装饰构建的凹角

用材料来建构。可以达到这些要求的部分方法如图11-6（a）至（d）所示。

　　无论如何，更大的凹角转角可能会通过建造标准隔断以及使用镶边的或额外的立柱来建造凹角形状的方式来建构。

装饰性

　　装饰性转角在隔断的装修表面延伸出来的外部或内部转角处有一种应用材料，如图11-5（b）所示。装饰性转角用来隐藏相邻界面之间接缝的不规则性，从一种饰面材料过渡到另一种饰面材料制造，或者仅仅出于建筑原因而用来强调转角。

　　如图11-5（b）所示，在装饰之间可能有、也可能没有平整的表面，这取决于偏移的量。随着基础隔断的建构，装饰材料以任何适合的方式应用，而应用装饰转角通常是比较容易建造的。

重　叠

　　重叠隔断过渡创造从一个隔断滑到另一个隔断、不会看到连接的效果。参见图11-5（c）。这种类型的过渡可以用来制造浮动隔断的效果、调节大面积墙的规模，或者用来制造一个三维的垂直界面。从功能上来说，它们也可以用来隐藏小的开放存储区域，或者提供间接侧光的空间。

　　除了只在一处重叠，一整面墙也可以通过多个重叠向里、向外进行调节。重叠隔断的概念可以与第5章中所讨论的可调节屏障的类型相结合使用。

　　重叠很容易会被建构成一个隔断单纯地伸展到另一个隔断的形态。基础模塑和其他的饰面也是比较容易应用的。作为这一概念的变体，重叠可以弯曲或呈现一定角度来迎合设计要求。仅有的限制就是在隔断面之间必须要有足够的距离，以允许工人把饰面和模塑应用到所创造的狭小空间的内部。

11-2 从地板到地板

地板是室内空间中主要的设计元素。它们可以是简单的、单面的功能性表面，也可以通过升高或降低来定义空间，或者将特定区域与特定的功能相分离。水平面可以变化，来制造出动态的、在不使用墙板的情况下就能从视觉上分隔出不同区域的空间效果。地板的水平面变化也可以在相同体量的情况下制造出"这里"和"那里"的强烈感觉。

地板引导水平移动，也引导垂直移动。在不关闭空间的情况下，不带台阶和坡道的地面变化，可以自动控制和引导水平方向的流通。楼梯或坡道的位置及使用决定了从一个平面移动到另一个平面的位置和体验的类型。那种体验可以是单纯的、功能性的，或者可以弄成极为庞大的、平缓的、故意而为之的或令人兴奋的，来迎合空间设计的要求。

地板实际上是人们所接触的建筑元素之一。因此，地板以及从一块地板到另一块地板的过渡的触感，对于设计师提高空间的体验来说，是一个强有力的工具。

地板也可以通过反射和吸收房间里的声音，以及吸收或强调人们行走时的脚步声，来影响音质。这本身就能够很大地影响人们对于空间尺寸以及空间活跃度、正式度和功能的感知。例如，嘈杂的空间通常似乎更具动感、更令人兴奋，而安静的空间则暗示了拘谨。

因为大多数室内设计都包括在现有的建筑物内部工作或者与那些已经设计好的、并且正在建造的建筑物一起工作等情形，所以大多数地板水平面的变化都包括从结构地板向上建造的情况。根据空间的建筑局限性或现有的顶棚高度，设计师所能操作的地板水平面变化量是有限的。无论如何，甚至是最小的变化都会大大提升室内设计的概念。

地板过渡到另外的地板的方法，或者是在相同平面、或者是在不同平面进行。地板到地板的过渡方法如图11-7所示。有三种基本类型的过渡，分别是平面的、平坦的偏移和中断的偏移。关于地平面本身作为设计元素的讨论，可参看第8章。

面内过渡

面内过渡是指那些相邻饰面彼此齐平或者彼此差别在1/2英寸（13毫米）之内的过渡。平面必须在这一距离之内符合无障碍性法规。而更大的变化必须使用坡道。制造这类过渡有三种基本方法，如图11-8所示。

邻接材料

最简单的相同平面过渡细节就是直接把两种材料连接在一起。它们被放成彼此直接接触的状态，如图11-8（a）所示。这是所能制造的最简单的过渡，并且如果它们能完美地彼此齐平的话，对于某些材料来说可能很有效。无论如何，当人们走过接缝的时候，若没有额外的保护，某些材料可能会沿着边缘损坏。例如，如果比其他材料（比如地毯）安装地稍微靠上的话，木头或石头这样坚硬的表面材料可能会裂开缺口。

图11-7 从地板到地板过渡

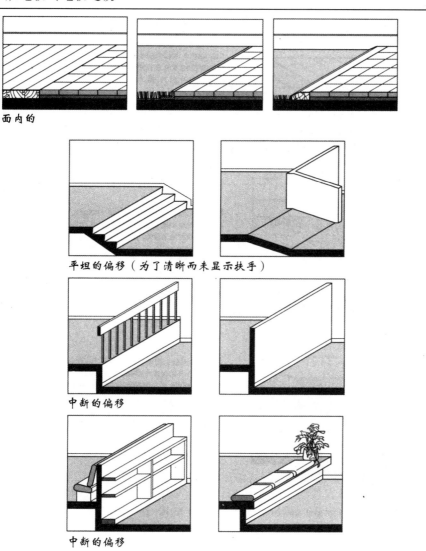

面内的

平坦的偏移（为了清晰而未显示扶手）

中断的偏移

中断的偏移

这一类地板安装用于当材料由于功能性原因而必须变化的时候，但设计师不想强调变化或引起注意。

保护性边缘

要避免材料的潜在损坏，就应该在材料之间放置薄的保护边缘，并且使之与安装得最高的材料齐平。最普通的处理方法是使用金属棱角，如图11-9（a）所示。这种类型的细节设计为边缘提供了保护，并且尽可能地减少了维护问题，同时也尽量减少了接缝和过渡的使用。地毯和瓷砖总成制造商为他们各自的材料都提供了大量的边沿衬条，以用于向其他材料过渡。

过渡条

过渡条是放置在两个相邻地板表面之间的材料，不仅可以保护两种材料的边缘，而且可以凸显或强调过渡。过渡条也可以用来在两个表面的装修高程上制造

图11-8 面内地板过渡

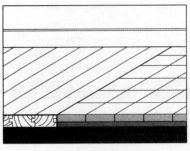

（a）邻接材料

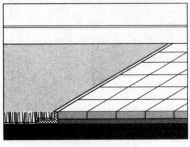

（b）保护性边缘

可以使用金属转角、塑料边缘或类似的保护边缘来防止材料损坏，并且能在最小化接缝外观的情况下调节高度上较小的差异。

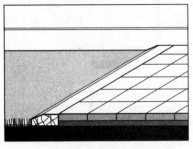

（c）过渡条

过渡条突出了地板材料的变化并且可以调节材料高度上较大的差异，同时保持了无障碍性需求。过渡条可以是与地板表面相同的材料，也可以是与之形成对比的材料。

出较小的变化。这是一种既能防止跌绊、同时还符合无障碍性要求的实用的安全特性。任何达到1/2英寸（6毫米）的高程变化都必须使用不大于1:2的斜坡来完成；那就意味着一个1/4英寸（6.4毫米）高的斜坡将需要一个水平的1/2英寸（13毫米）的轨道。高程达到1/4英寸（6.4毫米）的变化则可以做成垂直的。

图11-9 地板过渡细节

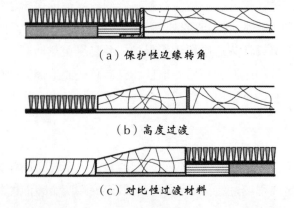

（a）保护性边缘转角

（b）高度过渡

（c）对比性过渡材料

设计师也可以选择放置某种中间材料来强调过渡或者补偿在水平方向上的较小差异，如图11-9（b）所示。中间材料可以与其中一种地板材料相同，或者也可以使用第三种材料及对比性材料，如图11-9（c）所示。

平坦的偏移地板

当相邻地板处于不同水平面时，可能是这两种情况：或者在水平面之间的任意位置提供方便的移动，或者两个地板是分开的，以至于只可能在选定的位置上移动。

平坦的偏移地板，或者使用楼梯，或者使用坡道，或者两者兼有，以便在水平面之间制造过渡。在这类的水平面过渡中，楼梯或坡道是主要的设计特色，并且始终贯穿于大范围的水平面变化，不仅可以作为制造过渡的方法，而且可以作为支持移动的物理方法。在大多数情况下，当提供了楼梯时，就需要一个邻接坡道来满足无障碍性要求。坡道不能带有大于每12个水平单位、1个垂直单位的斜率，即8.33%。

更多关于设计和细化楼梯和坡道的信息，可参考第8章。

带有楼梯的平面变化

楼梯可以用于地板水平面之间差异约大于12英寸（305毫米）的地方。这是因为出于安全的考虑，台阶数量至少应为两步；在任何可能的情况下，都应该避免单步台阶。楼梯可以占据开口的绝大部分，带有最小限度的、仅供无障碍性需要的坡道。根据应用型建筑法规的要求，必须安装扶手。

带有坡道的平面变化

在地板水平面差小于12英寸（305毫米）的时候，坡道对于运动来说是最好的选择，这同样是出于单步台阶的安全性问题。坡道可以单独使用，也可以与楼梯一起使用。坡道允许无障碍设计，并且通常为流通连续性制造的障碍较小。对于那些更喜欢楼梯或不便于使用坡道的人们来说，坡道会占据开口的绝大部分，仅带有最小宽度的楼梯。

中断的偏移

中断的偏移通常发生在阻止大部分的水平面变化以防止上下移动的时候。当然，在选定的位置上会有楼梯和坡道，允许在水平面之间的物理性移动，但是在这一概念中，这是有关水平面过渡的次要内容。有四个基本方法来设计和细化中断的偏移：可见的平面变化、隐藏的平面变化、功能性过渡以及在更高水平面成为可用表面的过渡。如图11-10所示。

可见的平面变化

一个可见的平面变化发生在当居住者对于较低和较高的水平面都可以看见的时候。如果需要护栏的话，它就是开放的，以保证具有清晰的视线。参见图11-10（a）。可见的平面变化用于当空间需要尽可能地保持开放，并且设计师想

图11-10 中断的偏移地板过渡

（a）可见的平面变化

一个可见平面变化的地板表面和高度变化无论是从低水平面还是从高水平面上都可以清楚地看到。如果需要护栏，它应该尽可能的开放，同时还要符合建筑规范的需要。

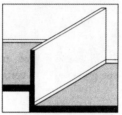

（b）隐藏的平面变化

隐藏的平面变化从较低的水平面看上去就像一个低隔断。它是可以在提供护栏的同时最小化水平面变化外观的简单的、低成本的方法。刚性隔断也可以藏起靠墙放置的家具和其他设备。

（c）功能性过渡

就像隐藏的平面变化一样，功能性过渡沿水平面变化处提供了可用的区域。诸如仓库、柜台空间、座位和展示空间等功能性区域都可以建造到过渡里面。

（d）将地板作为座区或平台

使用靠上的水平面作为平台来提供可见的平面变化，同时充分利用边缘。如果应用建筑规范不要求护栏，那么沿着边缘的总成就可以提供可见的提示，来满足中等安全性的需要。

要强调变化的时候。如果水平面上的变化小于30英寸（762毫米），IBC则不要求安装护栏，但是出于安全性原因，则应该使用护栏。为了获得完全开放的感觉，可以使用玻璃护栏。其中的一种细节设计方法，如图11-11所示。

隐藏的平面变化

隐藏的平面变化使用一种封闭式扶手来限制来自较低水平面的视野。这可以用于当水平面变化需要被强调或者当有家具或其他设备靠近边缘的时候。制造这种隐藏的最简单的方法就是使用一个低隔断，使水平面的饰面材料保持连续，以提升隔断的表面。如图5-17所示，隔断可以用其中的任何方法进行加盖。

功能性过渡

功能性过渡将有用的元素混合到水平面变化之中。例如，如图11-10（c）所示，存储单元面对着较低的水平面，并且嵌入式座位被置于较高的水平面。这一

图11-11 玻璃护栏及水平变化

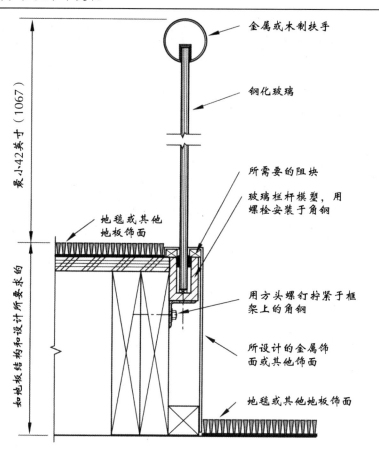

金属或木制扶手

钢化玻璃

所需要的阻块

玻璃栏杆模塑，用螺栓安装于角钢

地毯或其他地板饰面

用方头螺钉拧紧于框架上的角钢

所设计的金属饰面或其他饰面

地毯或其他地板饰面

最小42英寸（1067）

如地板结构和设计所要求的

概念性方法尽量减小了水平面变化的影响，使它看上去更像是一个低隔断，如果这就是设计意图的话。无论使用何种功能性元素，都会起到安全护栏的作用。

将地板作为座区或平台

地板的较高水平面也可以用作长凳或其他类型的工作台面，如图11-10（d）所示。这可以在指示水平面变化的同时，还维持了空间的开放性感觉，并且提供了某种程度上的安全性，否则根据应用建筑规范就需要设置护栏。

11-3 从顶棚到顶棚

如第7章所讨论的，顶棚是一个主要的设计元素，因为它总是出现在视野中、并且占据定义空间整体平面元素的大部分。因为顶棚还必须包含其他各种各样的特性，诸如灯光和机械设备等，所以它的设计是非常重要的。

顶棚可以表达建筑物的结构，或者通过一个悬吊式平面将其完全隐藏。作为替换，顶棚可以制造出一个全新的形状。如果拥有充足的空间，顶棚在塑造空间上就会具有极大的灵活性，因为它们不必像地板和墙面那样保持平坦或遵循特定的结构。

图11-12 从顶棚到顶棚过渡概念

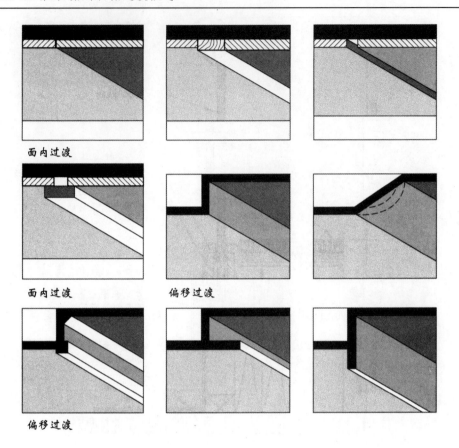

面内过渡

面内过渡

偏移过渡

偏移过渡

由于顶棚几乎总是在身体能触及到的范围之外，所以它们的效果一定是单纯的视觉效果。用于顶棚的材料类型和顶棚之上的空间体量，决定了使用何种类型的过渡才是最恰当的。

从一个顶棚到另一个顶棚的过渡有两种基本变化：在相同平面的过渡和偏移过渡。参见图11-12。

面内过渡

面内过渡发生在当两个相邻顶棚齐平或者几乎彼此齐平的时候，参见图11-13。有四个基本的方法来设计这一类型的过渡。

邻 接

邻接的顶棚与邻接的墙或地板相同。两种材料或饰面沿着单线彼此接触、并且齐平或者几乎齐平。参见图11-13（a）。对接接缝使顶棚材料的变化最小化，并且保持顶棚高程的恒定。这是所能做到的最简单的接缝，但是正如其他对接接缝一样，有时候它很难让两种材料完美地排成一行，并且装修也可能存在难度。对接接缝也仅仅适用于特定的材料。例如，石膏墙板和吸声顶棚砖可能是对齐的，但是要求在它们之间有某种装饰来同时支撑这两种材料的边缘。如图11-14（a）所示，一个白色的铝制挤压件可以用于这类支撑，且不会太明显，但它却不是真正的对接接缝。

图11-13 面内顶棚过渡

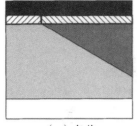

邻接接缝为饰面材料提供了很好的面内结合方式，如果饰面都被放置于相同的基底之上，或者所有基底都是相同的厚度。这类接缝简单且容易制造，但是如果两个表面基底不同的话，则很难将它们对齐排列。

（a）邻接

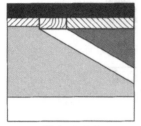

过渡条可以调节基底厚度的略微不同，同时掩饰任何校准方面的小问题。因为让两个表面齐平是很困难的，所以最好将过渡条放在与两种顶棚材料不同的高度上。同时，过渡条也突出了顶棚饰面的变化。

（b）过渡条

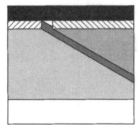

正如墙面暴露一样，顶棚暴露从视觉上分隔了两种不同的材料，并且产生了有趣味的光影划线。暴露也可以掩饰两个边缘之间任何较小的不对准的状况。

（c）暴露

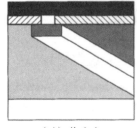

特色条用于当顶棚饰面或基底厚度相同的时候。它可以提供容易的、低成本的方法来隐藏接缝厚度以及任何饰面边缘不对准的状况。就像过渡条一样，特色条也可以突出顶棚材料或饰面的变化。

（d）特色条

过渡条

如图11-13（b）所示，过渡条是放置在两个顶棚面之间用于强调过渡、给顶棚增加视觉趣味或者调节基底厚度轻微不同的第三方材料。过渡条可以与表面之一齐平、与两个平面都齐平或者与它们都不齐平，这取决于设计概念或者细节的功能性要求。过渡条在石膏墙板顶棚上的应用相对容易，但是可能较难应用于吸声天花板。如图11-14（b）显示了在墙板顶棚上使用木条的一种方法，同时用它来支撑吸声天花板的顶棚勾角。

暴　露

暴露是在两种顶棚材料之间一个的可见缝隙。参见图11-13（c）。正如墙面暴露一样，顶棚暴露隐藏了任何轻微的表面不对准性，并且增加了视觉趣味，在

图11-14 平面的过渡细节

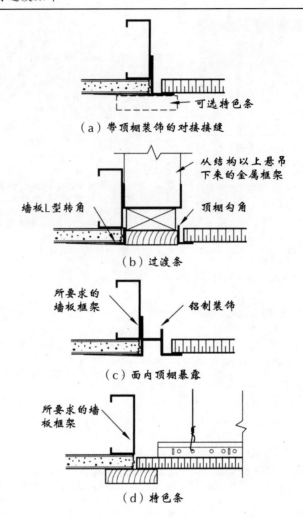

（a）带顶棚装饰的对接接缝

（b）过渡条

（c）面内顶棚暴露

（d）特色条

两种材料之间制造出了一个清晰的分隔，同时还可以使装修更加容易。如果它们具有装修好的边缘的话，暴露可能仅需要按照想要的比例来分隔这两种材料而制造出来，或者通过使用预制的铝制装饰，如图11-14（c）所示。

特色条

特色条是放置在两个顶棚表面接缝之上的第三方材料，很像是一个用于墙面过渡的板条。参见图11-13（d）。特色条在强调两个顶棚饰面之间过渡的同时，还提供了一种容易装修接缝的功能性方法。其中一种细节设计方法，如图11-14（d）所示。

偏移过渡

偏移过渡发生在相邻顶棚平面处于明显不同的高度的地方。偏移过渡要求用于制造许多顶棚概念，如第7章中所讨论的。有五种基本的从顶棚到顶棚的过渡方法。

锐利边缘

锐利边缘仅仅是一个从较低的水平顶棚平面到较高的平面的90度变化，如图

图11-15 偏移顶棚过渡

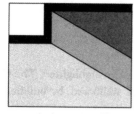

锐利边缘是最普通的顶棚过渡，几乎可以用所有材料来构建，包括吸声顶棚系统等。然而，垂直部分通常使用石膏墙板。

（a）锐利边缘

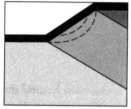

转角或弯曲在两个顶棚面之间给出了更柔和的过渡，并且是非常有效的设计方法，尤其当与空间任何地方所使用的类似形状相结合的时候。

（b）转角或弯曲

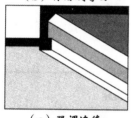

强调边缘用于将注意力集中于顶棚过渡，并且增加了界面变化的趣味性。边缘可以用任何材料来处理，可以是传统的木制装饰，也可以是现代感觉的。

（c）强调边缘

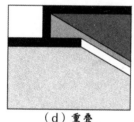

重叠给予顶棚高程过渡的感觉比其他方式要更轻微一些，这使得它呈现出顶棚在其他的下面浮动的感觉。重叠之内的部分可以隐藏空调系统的暂存器或间接灯光等。

（d）重叠

隔板给上顶棚以下的空间制造出强大的体量感。与升高的地板结合使用的话，这一设计可以将一个空间与其他空间明显地区分开来。

（e）隔板

11-15（a）所示。这类偏移的垂直部分可以用许多材料进行建造，但是石膏墙板是最普遍使用的，不论水平平面是墙板、悬吊式吸声天花板还是其他材料。石膏墙板和它的支撑框架允许各种各样的装饰以及其他的建筑元素依附于其上，以支撑任何类型的顶棚系统。如果吸声砖被用于两个水平平面，那么很多细节就都可以使用，如图7-10（a）、（b）、（d）所示。

转角或弯曲

在顶棚之间的过渡也可以使用成任意角度、符合设计概念的斜面来制造。参见图11-15（b）。它也可以被做成有一定弧度的外形。过渡可能会用与水平部分相同或不同的材料来制造。例如，弯曲或转角可能是石膏墙板，而两个水平部分可以是墙板、吸声砖或其他顶棚饰面。

强调边缘

强调边缘用于需要凸显顶棚过渡的时候。强调点可能通过应用装饰来创造，或者如果顶棚是石膏墙板的话，可以通过把墙板建造成想要的外形来制造强调点。参见图11-16（a）、（b）。

特别的铝制装饰也可以用于强调边缘。专有装饰的三个例子将强调边缘和转角过渡相结合，如图11-16（c）所示。

重　叠

重叠过渡是一种较低的顶棚平面延伸超过垂直连接、以至于呈现出低顶棚浮动在高顶棚之下的状态，如图11-15（d）所示。高程不同是由设计概念、想要的顶棚高度以及较高顶棚之上的结构和机械设备产生的限制决定的。两个顶棚之间的空间可以用于间接采光，隐藏空气供给器，或者保持开放的状态。参

图11-16　强调边缘

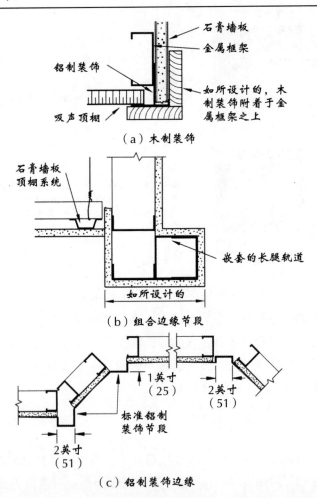

（a）木制装饰

（b）组合边缘节段

（c）铝制装饰边缘

见图7-10（c）和图7-11（c）。

隔　板

隔板是一种垂直的建筑元素，从较高的顶棚很好地延伸到较低的顶棚下面。参见图11-15（e）。这一细节强调了过渡，也在较高的顶棚之下制造出强烈的空间体量感，如图7-2（d）所示。在当与已分化的饰面或一个升高的地平面进行配合的时候，这一设计方法尤其有效，参见图7-2（c）。

除了隔板的较低边缘在较低的顶棚高程以下延伸得更远一些外，隔板可以很容易地用从上面的结构悬吊下来的石膏墙板结构建造出来，与如图7-10（b）中所示的细节相似。

第12章

结构过渡

12-1 概　述

　　关于结构的感知是人对环境认知的基础。人们生活在一个重力、压力、拉力、弯曲、扭转和冲击的世界中。即使没有结构设计技术方面的知识，人们也有根据这些基本的结构性力量来建造元素的感觉。例如，人们对于一个柱子是否适合用来支撑横梁，或者一个标志是否看上去对于支持它的线缆来说太重等等这类的事情都具有与生俱来的感觉。

　　甚至无论是有意识地、还是无意识地，建筑设计和室内设计中的每个体验都在这些结构性力量的环境之内进行判断。结果就是当那些可见的东西与人们的正常经验和期望背道而驰时，结构性力量的组成是稳定的、或者明显不协调的。在大多数情况下，结构性力量依据从一个组件到另一个的结构过渡而得以感知，就像放在柱子上的横梁那样。在本章中，结构过渡是指一种元素到另外一种元素之间的连接，连接或者是真实的、支持性连接，或者仅仅是对于结构连接的一个视觉暗示。

　　当然，根据法律规定，室内设计师不能设计一栋建筑物的实际结构或者主要结构元素。然而，在最广泛的感觉中，甚至是最简单的室内设计细节都具有结构组件。例如，横跨一个开放区域的工作台必须支撑自身的重量以及任何放置其上的重量，并且不会发生弯曲或断裂。室内设计师以如下的方式参与结构相关的设计：

- 通过饰面覆盖建筑物真正的结构，或者强调结构，或者隐藏它
- 通过假横梁和柱子等制造假定的结构
- 通过细化由地震区法规所管理的建筑元素
- 通过设计和细化不由建筑规范管理的悬吊元素
- 通过细化和指定固定在墙上的东西
- 通过在出现次要力量的地方细化结构性木制品
- 通过细化其他混杂的、具有真正的或假定的建筑组件的室内元素，诸如低隔断、开口或面板支撑等

创造建筑表达的能力为室内设计师提高设计概念、积累经验和解决细节问题提供有力工具。设计师可以决定是要表达和修饰结构、明确地表达与之相反的意见，还是抛开它进行设计。设计师也可以制造稳定的感觉，刺激不协调性，制造兴趣，暗示奇迹，或者完全隐藏结构。任何方法都不一定比其他的好；室内设计师必须要决定哪个结构表达方法最能迎合项目的设计目标。

结构也可以暗示和定义空间的体量。以历史的眼光来看，结构一直是空间特性的主要决定因素，并且作为一种设计工具在当今很多的建筑设计和室内设计中已经很大程度上被丢弃了。例如，大教堂的大型柱子、拱形的顶棚和厚重的墙体都是那些室内空间主要结构的缔造者，而不是在它们表面上细化了的绘画和雕刻。将那一方法与几乎任何当代的室内结构相比，这些室内结构中的平顶棚、平墙和无特征的开口对于空间附件的实际支撑物几乎是不提供线索的。如果想要的话，室内设计师可以清晰地把建筑物的结构表达成一个定义空间和特殊使用区域的起点。

这一章将讨论在主要建筑元素以及较小的建筑组件中制造过渡的概念方法。这些过渡可以分为三大领域：柱子、横梁和悬吊元素。第4章讨论了一些细化连接的基础结构性方法，而有关特殊结构连接的一些建议则在其他章节中提供。

12-2 柱 子

柱子是室内设计中仍然可见的最普通的建筑结构元素之一。它们可以在房间中呈现独立性，也可以显著地从一个相反的平墙延伸到外面来。其他的结构建筑元素，诸如横梁、托梁和承重墙等，通常都会被其他建筑结构饰面或室内结构饰面隐藏起来。室内设计师可以在仍然保留任何要求的耐火涂层的同时，选择通过应用带有最小尺寸的饰面来最小化柱子的外观，或者把它们隐藏在隔断结构之内。在其他的情况下，设计师可能会选择通过放大饰面的尺寸或者改变饰面覆盖物的形状来突出柱子。

无论柱子自身最终的尺寸和结构，在表达设计师的建造方法时，柱子和顶棚、地板或横梁之间过渡的设计和细化是需要重点考虑的东西。

从柱子到顶棚的过渡

柱子支撑顶棚或横梁的方式是基本的设计原型。最根本的方式就是将横梁直接放在柱子上。横梁转而支撑次梁或顶棚。所有人都可以直观地理解这一基础性结构原则，并且使用它来评价他们所经历的其他结构环境。无论如何，室内设计中的大多数情况都呈现出柱子与顶棚的直接性交叉，并且没有中间横梁。

从严格设计的出发点来说，有时候，设计和细化高雅的柱子到顶棚的过渡是很困难的，因为在许多当代结构中，顶棚是悬吊式吸声天花板，它的栅格可能或不可能与建筑结构网格或者完全独立于建筑结构的功能性隔断布局相协调。无论如何，在可能的时候，室内设计师都可以考虑以下的一些结构表达方法。前四个建议柱子事实上支撑顶棚，而顶棚独立在柱子之上。后四个指示顶棚清晰地独立于室内柱子，从而独立于建筑物结构本身。

无过渡

在柱子和顶棚之间制造过渡的最普通的方法是根本不使用过渡。参见图12-1（a）。这是最简单的、成本最少的方法，也是一种可以让结构的外观和重要性最小化的方法，如果这就是设计师的意图的话。如果不要求耐火涂层的话，结构柱子甚至可能会暴露出来，以最小化柱子的尺寸。这一方法在建议柱子支撑顶棚的情况中是最少见的。

如果使用石膏墙板顶棚的话，带有石膏墙板柱子的过渡将会呈现出简单的内部转角。带有悬吊式吸声天花板的交叉点将会仅被一个简单的顶棚勾角中断。它

图12-1 依附型从柱子到顶棚的过渡

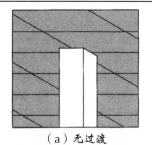

柱子到顶棚过渡最简单的类型是根本没有过渡。这很普遍，因为它具有低成本、快捷以及容易安装等特点。当使用悬吊式吸声天花板的时候，顶棚勾角可能就是两种元素连接处唯一能见的结构。

（a）无过渡

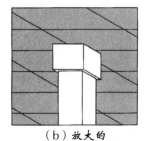

放大的柱子是简单的过渡，在不精心刻画结构的情况下确认了柱子和顶棚的相接。

（b）放大的

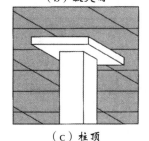

柱顶是柱子和顶棚之间的主要设计特色。柱顶可以向这里所显示的很简单，或者也可以更具装饰性。传统上，柱顶用于制造出更宽的支撑面积。它的最佳使用是与顶棚的类型和布局相协调的时候。

（c）柱顶

向外展开的柱顶呈现出从上部扩散重量的状态，并且给出一种稳定感。正如其他依附柱子过渡一样，顶棚栅格的位置应该与柱顶与顶棚相接处的尺寸和形状相协调。

（d）向外展开的

看上去就好像是其他墙或顶棚的穿透。

放大的

从柱子到顶棚制造过渡的传统方式是用柱顶或其他过渡装置制成横梁，或者直接让柱子支撑横梁，转而又支撑顶棚。如果柱子呈现出直接支撑顶棚的状态，如同传统的室内结构一样，过渡就可能用简单的放大柱子的方法来制造。这是一个略微高雅的解决过渡细节的方法。它显示了柱子设计的传统方法，但是没有详细的建造过程或成本。它可以像一个额外的石膏墙板层或普通的木制装饰一样简单。参见图12-1（b）。装饰通常与其他装饰或者用于隔断对面的顶冠饰条一样。

柱 顶

带有柱顶的过渡在柱轴的顶部和顶棚之间使用了一个明显的、并且是相当大的元素。它是一种经典的建造方法，柱顶为两个在柱子上的横梁接缝提供更大的支撑面，要比柱子本身单独可以提供的大。直观地来看，人们所见到的就是柱顶集中了上方结构的重量，并且将其置于柱子上。

柱顶可设计成各种各样的结构，从最简单的柱帽，如图12-1（c）所示，到华丽的古典柱顶。当然，柱顶的细节设计应该与顶棚的类型和风格相协调，并且与所在空间的总体设计概念相协调。如图12-2显示了如何用金属框架来细化柱顶的两个变体。

向外展开的

向外展开的柱顶是可以使用的许多变体之一。向外展开的柱顶制造出明显的过渡，从柱轴的尺寸和形状到柱顶的顶部尺寸，如图12-1（d）所示。向外展开

图12-2 结构柱柱顶

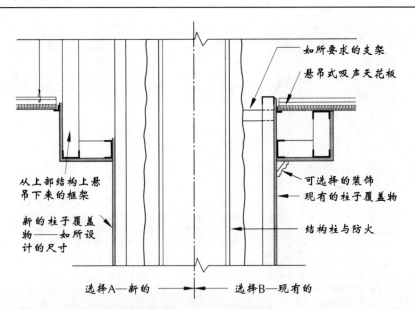

的柱子可以轻易地用金属框架来细化。

暴 露

从柱子到顶棚过渡的第二组包括那些清晰而明显地将顶棚作为单独的、清楚的室内饰面，从建筑物建筑结构里分离出来。一个暴露在柱子和顶棚之间提供了微妙的分隔。

通过使用暴露，呈现出柱子贯穿顶棚的外观。参见图12-3（a）。它是当代结构中最可靠的表达，因为在大多数情况下，柱子确实不用来支撑顶棚。顶棚是一个单独的人造平面，并且室内饰面从结构中分隔开。如第7章中所谈论的和图7-10（a）所示的，暴露可以用相同的石膏墙板装饰轻易地建构出来。大的暴露可以通过使用远离柱子几英寸的顶棚装饰来进行细化。

图12-3　独立型从柱子到顶棚的过渡

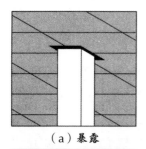

（a）暴露

暴露过渡可以通过使用简单的W型装饰支撑吸声砖而制造出来，或者使用通过装饰总成或石膏墙板通过围绕柱子构建开口而形成的更深更宽的暴露制造出来。

（b）穿过

穿过式安装明显地将悬吊式顶棚与柱子分隔开，柱子看上去好像延伸出去不触及上面的结构。柱子与顶棚装饰边缘的距离可以是设计师想要的任何大小。

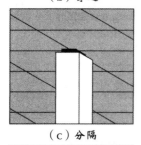

（c）分隔

分隔的柱子从视觉上断开了柱子与顶棚。虽然柱子实际的结构部分延伸到横梁以上，当从眼睛的高度看去的时候，效果是在柱子和顶棚之间不存在连接。

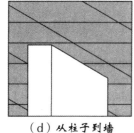

（d）从柱子到墙

在这一设计中，柱子被放大，以呈现为一个厚的隔断或承重墙的形态。未被实际的柱子所占据的部分可以被用于储物或其他用途。

穿　过

若要非常清晰地把柱子从顶棚分隔开，可以发展一种穿过的细节，如图12-3（b）所示。通过这一细节，在柱子和悬吊式顶棚之间会出现大的缝隙。顶棚呈现出从柱子上浮动悬吊的形态，并且如果缝隙足够大的话，建筑物结构和机械设施就是可见的。因为顶棚悬吊系统的边缘是可见的，所以应该会使用到某些装饰，类似于图7-10（c）中所示的。

分　隔

分隔的柱子看上去好像差一点就到达顶棚线了。参见图12-3（c）。要制造这一效果，饰面覆盖物必须比实际的结构柱子要大得多，如果柱子是混凝土或者是带有应用耐火涂层的钢制的话，这可能就会很困难。柱子覆盖物必须从实际的柱子延伸足够的距离，以至于从空间的大多数区域来看，都看不见实际的柱子。若要增加这一效果，实际的、延伸贯穿顶棚的更小的柱子可以用镜子来装饰，以反射周围的顶棚表面。

承重墙内的柱子

柱子也可以变形为非柱子的东西，从而被设计和细化为独立于顶棚的形态。如图12-3（d）所示，柱子可以被放大为类似某种厚隔断。最终的饰面可以仅仅是石膏墙板或者任何包含空间整体设计概念的饰面材料。若要更有效地利用空间，实际上不包含柱子的、放大隔断的部分可以用作架子或其他的功能性需要。

从柱子到地板的过渡

正如从柱子到顶棚的过渡一样，柱子基础和地板之间的交叉点可以像正常的结构一样被理解、强调，或者两种元素被清晰地区分开。无论如何，与柱子的顶部不同，在地板线上任何额外的结构都需要额外的地板空间，并且如果它超过了标准墙基础厚度的话，就可能会出现跌绊危险。正如从柱子到顶棚的过渡一样，在基座上的柱子可以呈现出独立或不独立于地板。

无过渡

柱子可以直接在地板上终止，没有基础或仅有适用于柱子所在房间的标准基础。这是最容易的和成本最少的方法，只需要最少量的地板空间，并使柱子的外观最小化。参见图12-4（a）。这是最简单的依附型过渡。

放大的基础

第二种从柱子到地板的依附型过渡是一个放大的基础。正如柱子支撑顶棚或横梁一样，看上去最稳定的过渡是一个柱子放在比它更大的基础之上。不论是结构上、还是传统上，这一方法都把柱子的荷载延伸到地板更大的范围内。即使在大多数情况下，这在当代的建筑结构中也不是问题，视觉效果也是同样的。人们

图12-4 依附型从柱子到地板的过渡

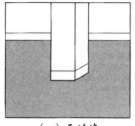

在基础上弱化柱子，设计师可以选择根本不像房间的其他地方那样给柱子设置即便是最小的基础。这是最容易也是成本最少的方法，并且不需要对细节进行精心制作。

（a）无过渡

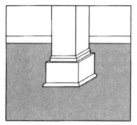

放大的基础呈现出最稳定和最正规的状态，因为这是传统的处理柱子的方式，所以其重量看上去好像在支撑地板上分散开了。放大的基础可以是简单的应用木制装饰或者是更大的由木头、石头或其他材料组成的组合部分。

（b）放大的基础

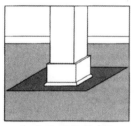

明显的地板材料围绕圆柱基础放置，在不要求任何特别基础细节设计也不会产生跌绊危险的情况下唤起了人们对于过渡的主意，假定两种地板材料是齐平的。

（c）地板材料变化

认识到这一类型的过渡具有内在的稳定性。基座的尺寸和复杂程度可以视情况的需要而定。参见图12-4（b）。

地板材料变化

如图12-4（c）所示，基础的状况可以通过使用一个更大的基础来强调，也可以通过改变基础周围的地板材料进行强调。这还可以在不使用额外的地板空间或制造跌绊危险的前提下，对交叉点进行额外的凸显。围绕柱子的地板材料可以延伸到设计师想要的距离，或者在大空间内，它可以从一个柱子到下一个柱子持续延伸下去，以此来暗示建筑物实际的结构栅格。

浮动的

如图12-5（a）所示，浮动的柱子是一种独立的、在视觉上将结构从室内饰面上分隔开来的、从柱子到地板的过渡。因为实际的结构柱子必须继续延伸并穿过地板，饰面材料额外的厚度必须细化成未达到地板线的状态。这可以简单如使用一个基础暴露，如图10-4（c）所示，或者通过从原始的饰面覆盖物向外进行镶边，从实际的柱子向外延伸饰面几英寸。能达到这个效果的一种方法是使用"J型"轨道，如图10-4（b）所示。无论这一概念使用何种方法来细化，只要当实际的柱子不能从正常的眼睛高度上被看见，并且柱子实际看上去似乎并不接触地板，这就是最有效的。

图12-5 独立型从柱子到地板的过渡

（a）浮动的

浮动柱子呈现出不附属于地板的状态。如果柱子的实际结构部分很大，那么覆盖物也必须足够大以便可以隐藏真正的柱子，使得人从正常的眼睛高度看时看不到。

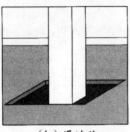

（b）通过的

通过的柱子明显将室内地板从建筑物的结构元素上分隔开。如果缝隙足够大，那么它会产生跌绊危险，除非使用了扶手或者护脚板。

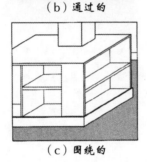

（c）围绕的

当柱子的重要部分被其他结构所围绕，柱子就相对不那么引人注目，并且呈现为其他结构的一部分。这一概念可以与"柱子到墙"概念来结合使用，从而将柱子完全隐藏起来。

通过的

正如绕开从柱子到顶棚的过渡一样，地板上的"通过"明显地将室内饰面从建筑物的结构中分隔开来。参见图12-5（b）。虽然这是制造从柱子到地板的独立型过渡的有效方法，但是如果暴露过大的话，它就会产生跌绊危险。某些在地板线上制造通过型柱子的方法与隔断的条件相同，如图10-6中所示。

围绕的

柱子的"围绕"用柱子作为一个位置，去制造额外的结构，以便柱子不再呈现为结构支撑，而是作为空间内的一个功能性元素。围绕型可以呈现出厚隔断的外观，如图12-3（d）所示，或者被储物间或其他的可用结构所包围，如图12-5（c）所示。

从柱子到横梁的过渡

从柱子到顶棚的过渡是室内设计中最常见的，在三种情况中，柱子和横梁的交叉点是可见的或被暗示的。第一，结构柱子和横梁可能被暴露出来，作为建筑物的结构部分。室内设计师会选择把它们暴露出来作为室内设计的一部分，或者覆盖它们。第二，饰面材料，诸如石膏墙板等，覆盖实际的结构柱子

图12-6 饰面型从柱子到横梁的过渡

简单的横梁到柱子的连接通过直接将横梁放置到柱子顶部来产生。这一方法可以使用典型的诸如木头等结构材料，或者也可以通过使用石膏墙板来制造平滑表面的方法来创造出来。

（a）简单的单向型

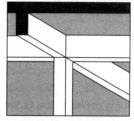

简单的交叉横梁与横梁之间的过渡典型用于当柱子在空间中部支撑被石膏墙板饰面围住的结构横梁的时候。在大的空间里，这一方法制造出有趣的图案，图案中低横梁和顶棚空间定义了建筑物的结构凹陷。

（b）简单的交叉型

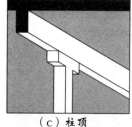

柱顶使用于柱子的顶部，转而支撑横梁，这是柱子与横梁结构的古典方法。这一方法可以使用简单的墙板饰面，也可以使用木头或其他材料建造室内设计师可能创造出来的假的结构。通常，柱顶大约与柱子同宽。

（c）柱顶

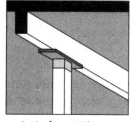

中间材料使用起来很像是柱顶，但是它可能尺寸和形状不同，并且用不同的材料建造，这都由设计师来灵活掌握。如果柱子和横梁是通常与诸如木头等结构材料有关的材料制成的，那么使用这一方法才最有效。

（d）中间材料

和横梁，但是覆盖物遵循相同的总线，如同结构一样。例如，在顶棚线以下的外镶边覆盖物暗示出在顶棚以下存在实际的结构横梁。第三，设计师可能会制造出虚假的从柱子到柱子的连接，或者作为空间里的一次性实例，或者重复现有的建筑连接。

有许多不同的概念性方法来装修柱子到横梁的过渡。如图12-6所示。在所有的这些例子中，都用到了石膏墙板结构。

简单的单向连接

在单向连接中，建筑物实际的结构被某些类型的饰面材料所覆盖，大多数都是金属框架上的石膏墙板。参见图12-6（a）。横梁覆盖物的深度和宽度取决于结构元素的尺寸，并且如果横梁或柱子是钢制的话，这也取决于任何在建筑物的建造过程中应用的耐火涂料。这种细节尽可能地减少了结构的影响，并且将成本降到最小。

在很多情况下，饰面覆盖物可能已经被应用为基础建筑结构的一部分，并且室内设计师可能选择保持已经存在的东西，仅仅改变其形状或饰面，或者把覆盖物做得更大。无论如何，都不能干扰或移除任何耐火涂料。某些建筑细节结合石膏墙板覆盖物作为耐火覆盖物。在这种情况下，它就不能被移除或干扰，但是在周围可以建造额外的结构。当然，如果柱子或横梁是混凝土的话，就不会有额外的耐火涂层出现。如果对于柱子或横梁的材料是什么或者它的耐火性如何不清楚的话，室内设计师就应该检查建筑物的建筑平面图，或者与建筑师或建筑官员来协商解决。

简单交叉

单向横梁到柱子连接的一个变体是简单的交叉，在这一交叉点上结构横梁被建造到位于柱子顶部的主梁里。所有的结构元素都以石膏墙板来覆盖，如图12-6（b）所示。在大型空间里，这一类简单的过渡可以用来表达结构，也可以用来在每个结构隔间之内制造明晰的空间体量。就像在简单交叉点上的一个变体，放大的柱顶也可能用于在柱子和横梁之间提供一种支撑的感觉。饰面横梁覆盖物可能要比横梁覆盖物的宽度更小，也可能更大，这任凭室内设计师来处理。

柱　顶

使用柱顶将重量从横梁分配到柱子上是一种古典的结构方法，并且可以通过简单地放大柱子轴上的墙板结构来进行暗示，如图12-6（c）所示。油漆或其他饰面材料可能会进一步提高其效果。

中间材料

用于柱子顶部和横梁附件之间的中间材料，可能会用于强调结构过渡以及使之成为更重要的细节。参见图12-6（d）。中间材料可以是像不同油漆颜色或饰面一样简单的东西，或者它可能实际上是不同的材料，诸如木装饰或围绕柱子的石头外饰。它可以与设计师的感觉一样简单或详尽，与空间的设计概念相协调。

结构柱子到横梁的过渡有许多种不同的概念性方法；也就是说，那些看上去好像是真正的结构连接，而不仅仅是饰面覆盖物。横梁可以对柱子的上部、支架或横木施加压力，或者以其他种类的连接物能够支撑横梁，好似横梁呈现出连续向上的状态。如图12-7所示。

支　架

支架，有时叫做角拉条，从柱子投射出来，用以支持或支撑横梁。支架可以通过各种各样的配置来进行细化，如图12-7（a）中显示的两种。支架强调柱子和横梁之间的连接，来凸显建筑的结构。如果两个柱子紧挨在一起的话，那么支架也可以在横梁任何一侧的空间内给出一种强烈的分隔感。支架可以简单如一个

图12-7 结构型从柱子到横梁的过渡

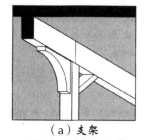

支架呈现为支撑或支持横梁与柱子之间连接的状态。支架可以设计为各种各样的方法并且可能不包含诸如螺栓或螺钉这类可见的紧固件。

（a）支架

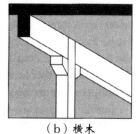

横木附属于柱子，来为横梁提供支撑。对于假横梁和柱子，横木可能被设计成任何配置和任何尺寸。对于木制结构，横木通常是木制的，但也可能是角钢或其他类型的连接器。

（b）横木

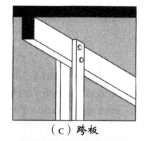

一对柱子构件可以跨在横梁上，如这里所显示的，或者两个水平构件可以跨在单个柱子上。螺栓或其他紧固件可被用于连接横梁和柱子。

（c）跨板

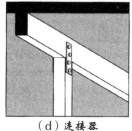

连接器过渡在横梁和柱子之间制造出特色接缝设计。可以使用钢片或其他种类的金属连接器，并且紧固件和片材甚至可以比正常要求的更大，正常要求则是由于严格的结构原因而将它们纳入结构元素和它们被所用于的空间规模之中。

（d）连接器

墙板形状，或者设计师可以用木头、金属或其他材料来细化它们，就像所要求的那样简单亦或详尽，以适应空间的设计概念。

横　木

在结构关系中，横木是依附于柱子的、相对较小的建筑元素，柱子用于支撑横梁，而横梁则是建造到柱子内部、而不是放置其上。横木有时候也叫做枕梁，可以呈现为任何结构，从一个简单的矩形木头块到华丽雕刻的木制品。参见图12-7（b）。

跨　板

跨板连接通常为下面的两种情况之一：一种是两个垂直构件放置在横梁的任何一侧，如图12-7（c）所示；另一种是一个或两个水平构件由一个单柱来支撑。

在任何一种情况下，构件都是用钉子、螺丝、夹子或螺钉来连接的，以便将荷载从横梁转嫁到柱子上。横梁和柱子都是由典型的木制类接头来连接的。过渡的类型提供了一个有趣的细节，并且强调了连接的结构属性。对于一个非结构细节，室内设计师可能会细化一处假定的连接，实际的紧固件就不那么严格了。无论如何，在大多数情况下，在使用螺钉的时候，这种接缝是最能体现结构状况的。

连接器

连接器是一种与螺钉或其他紧固件一同使用来固定两个或多个结构组件、并转嫁荷载的金属预制件。参见图12-7（d）。通常，连接器用于木制构件。例如，如图12-6（a）所示，紧固在柱子和横梁之间的钢板比横梁放置在柱子上的状态能够提供更为强烈的结构感。连接器有多种多样的形状、尺寸和配置。当然，室内设计师可能会细化的假定结构，实际的尺寸和配置就不那么严格了，所以设计师可以发展任何类型的、看上去适合的细节。除了如图12-7（d）所示的简单连接外，当许多元素交叉为奇特的角度时，诸如木制横梁和柱子，这类连接器对于制造接缝就非常有用了。

12-3 横　梁

横梁是主要的结构元素，但是在商业和住宅建筑的结构中一般都被隐藏了。当它们暴露出来的时候，通常就是被设计为建筑物主要建筑特色的时候，并且室内设计师让它们暴露出来可能是为了遵守建筑设计的要求。

在某些情况下，结构横梁侵占到室内空间中，并且需要向下覆盖的区域来隐藏它们，在上面同时附以耐火涂层材料。当地板到地板的规模很小、并且从悬吊式天花板到地板以上的距离不足以隐藏所有结构构件的时候，尤其是这样。在其他情况下，室内设计师可能想要表现横梁的位置，并且可能会增加假横梁来提升建筑物的结构感，或者使用隐性结构元素来定义空间。

在设计横梁到其他建筑元素之间的过渡时，室内设计师必须考虑三种基本情况：从横梁到隔断之间、从横梁到顶棚之间、从横梁到其他横梁之间。这些都可以与前一节所讨论过的从横梁到柱子的过渡相结合，来发展与结构过渡相关的整体设计概念。

正如其他结构过渡一样，设计师如何处理横梁取决于设计师的整体结构哲学：是将室内看作完全独立于建筑物的建筑结构之外的状态，还是强调结构，还是在不能避免的情况下将结构外观最小化。

从横梁到隔断的过渡
无过渡

最简单的过渡是根本没有过渡。参见图12-8（a）。在这种情况下，结构横梁或饰面覆盖物消失于隔断之中。正如其他类型的结构过渡一样，这一方法使横梁

图12-8 从横梁到隔断的过渡

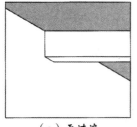

（a）无过渡

最简单的过渡是横梁直接建到隔断中。横梁可以是墙板覆盖物或者也可以是其他由墙板饰面包围的材料。这是对于结构最不精确的表达，因为这呈现出对横梁没有任何支撑的状态。

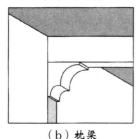

（b）枕梁

枕梁为建构到其中去的横梁提供了可见的支撑方法。枕梁可能使用墙板简单地呈现出来，也可能是木头或其他材料制成的。枕梁可以呈现为通过在隔断上应用其他饰面而由垂直构件或者通过如这里所显示的安装延伸到地板上的薄饰面层，来进行支撑的状态。

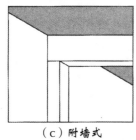

（c）附墙式

附墙柱子提供了简单的柱子和横梁的连接，大多数人都认为这是一种稳定的结构。如果横梁被包围在墙板或者其他材料里，附墙柱子可以是石膏墙板制成的。附墙柱子也可能用于强调过渡的结构属性。

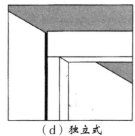

（d）独立式

独立式横梁到隔断的过渡显示出好像横梁和柱子根本不接触隔断的状态。这可能通过远离隔断来实际固定假结构构件的方法或者通过使用简单的墙板暴露以至其呈现出隔断经过柱子和横梁的状态从而建造出来。

的外观最小化，并且可能甚至会显现管道系统或其他机械设施附件的形态。如果结构横梁暴露出来的话，设计师可能就会选择使用石膏墙板来覆盖它，或者用其他饰面来掩饰外观。

枕　梁

　　枕梁是从墙上投射出来的小突出，以支撑结构构件。传统上，枕梁是从石头墙体上设计出来的石头构件，用来支撑石拱，但是这一概念也可以用于任何材料。如图12-8（b）显示了制造枕梁的一种方式。它们可以用金属框架上的石膏墙板来建造，或者通过更传统的结构材料来建造，诸如木头或石头。无论如何，简单墙板隔断上的木头或石头可能会看出特征，所以设计师可能会想要使用相同的材料作为枕梁，并且将其延伸下来一直到隔断上。

附墙式

附墙柱子是依附于墙的柱子。在商业设计中，它通常呈现为石膏墙板覆盖真实柱子的形态，但是人造的柱子可能制造出来，仅仅是通过隔断用镶边来覆盖。参见图12-8（c）。使用附墙柱子来给依附的横梁做过渡，是结构连接更为可靠的表现，并且可以沿着隔断制造出某种视觉兴趣，尤其是对于一个不间断的长隔断来说更是如此。一个附墙柱子可能会与枕梁结合使用来强调结构，而这样做对于地板空间的要求非常小，并且通常不干涉空间的功能使用。如果横梁很深并且枕梁相对较大的话，这一方法对于在横梁的任意一侧制造强烈的空间定义是很好的方法。

独立式

独立式柱子从视觉上把结构从室内隔断上分隔开。隔断可能很好地放置于离开柱子的地方，以至于在柱子后面确实存有开放的空间，或者隔断能够建造出一个小暴露，使得柱子呈现出独立的外观。参见图12-8（d）。柱子或者使用石膏墙板，或者使用木头或其他材料进行覆盖。独立式柱子需要更多的地板区域来进行制造，并且可能干扰家具的摆放或其他功能性使用，但是它们确实给予空间强烈的结构感。

从横梁到顶棚的过渡

从横梁到顶棚的过渡出现在当室内设计师有责任设计顶棚并处理任何暴露的横梁的时候。无论如何，如果建筑师的意图是让屋顶或顶棚结构暴露出来，那么室内设计师可以选择让它保持暴露或者仅仅提供如图7-3所示的间歇式悬吊顶棚元素。这一节将讨论某些可替代的方法，用于设计和细化横梁与顶棚界面之间的连接。

标准附件

在大多数情况下，商业建筑和居住建筑中，落于装修顶棚之下的横梁都是依附于石膏墙板或木头，来隐藏实际的结构横梁的，如图12-9（a）所示。金属或木制框架都从上方的结构中悬吊下来，为基础提供应用墙板和饰面。如果设计师想要强调建筑物结构的话，也可以使用额外的石膏墙板、木头或其他材料制成的假横梁。附件和假横梁可以细化得比实际要求要隐藏的结构横梁更大，以便进一步强调结构骨架。

暗示附件

结构的暗示附件可能会出现在当实际结构横梁落于装修顶棚以下仅很小的距离，或者当设计师想要只是对于结构给出一种指示，但是又受附件落于顶棚

图12-9 从横梁到顶棚的过渡

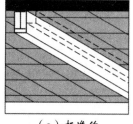

最简单的制造横梁到顶棚的过渡的方法是使用一个简单的石膏墙板附件，而无论所使用的顶棚类型。如果要突出结构以获得额外的趣味性，可以使用额外的墙板框架梯级，请如这里所指出的使用短划线。

（a）标准的

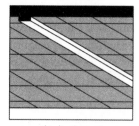

当实际结构横梁仅仅轻微地延伸过顶棚，或者当设计师想要指示结构栅格的位置、但是又需要使净空高度保持最大化的时候，可以使用更小一点的石膏墙板附件。

（b）暗示的

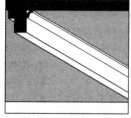

装饰横梁过渡在横梁的垂直部分和顶棚水平面之间使用某种模塑或中间材料。这是装修横梁的传统方法中的一种，当横梁架构了空间的四个面时，可以制造出明显的方格天花板。这一图解显示了在一侧的简单的阻块装饰以及在另一侧的更华丽的木制模塑。

（c）装饰的

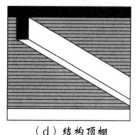

板材或其他填充材料可以被用在横梁之间，通过各种传统方式来给出强烈的用一种材料支撑其他材料的感觉。

（d）结构顶棚

以下距离所限时。参见图12-9（b）。正如标准附件一样，横梁可以用简单的墙板骨架、木头或其他可以直接应用于顶棚或依附于顶棚以上骨架上的材料来进行暗示。

装饰的

装饰横梁过渡是处理横梁和实际顶棚间过渡的一个更为传统的方式。在这一细节设计中，某种额外的材料被放置于横梁和柱子的交叉点上。如图12-9（c）所示，材料可以简单如额外的墙板步级，或者详尽复杂如木飞檐模塑。

当顶棚是石膏墙板或其他种类的装饰性顶棚、而不是暴露的栅格吸声天花板时，设计效果看上去是最好的。在有许多结构凹处的大型空间内，这一设计概念制造出了结实的方格天花板，并带有反映建筑物结构的节奏。

结构顶棚

结构顶棚是一种横梁之间的中间填充物被暴露出来的顶棚形态。在居住型建筑物中，它可以是暴露的木制装饰，在商业建筑中它可能仅仅是一个装饰复制或其他饰面材料。参见图12-9（d）。如果填充材料放置于横梁之上的话，这一设计方法更多地强调了结构，转而横梁又放置在主梁之上（下一节将讨论到），主梁则放置于暴露的柱子之上。

从横梁到横梁的过渡

对于室内设计来说，从横梁到横梁的过渡是受限制的，因为受限制的顶棚高度通常遭遇的要么是商业建筑、要么是居住建筑。如果原来的建筑师以暴露结构的意图来设计一个高顶棚空间的话，室内设计师可能想要保持结构表现出本来面目。在其他的情况下，室内设计师可能会考虑到结构概念。

隐藏的

隐藏的从横梁到横梁过渡是指实际的结构横梁使用饰面材料隐藏起来，通常是石膏墙板，并且仅给出一个结构暗示。参见图12-10（a）。在某些情况下，仅有一个附件可能包含一个真正的结构横梁，并且设计师可以增加其他交叉附件，来指示其他结构的位置，或者仅仅制造出较小的结构凹陷。交叉横梁的底部可以被设置为与主梁齐平或更小。正如横梁到顶棚附件一样，其建造结构是使用金属或木制框架上的石膏墙板来进行细化的。

连接器

连接器过渡使用角钢或某种金属预制件、从物理上将一个横梁与另一个相结合，如图12-10（b）所示。这种连接一般使用带有螺钉或其他显著暴露紧固件的木横梁。连接器过渡强调了横梁的结构属性，并且能够提供一种与装修饰面相对比的趣味。这一类型的结构连接可能是建筑物原始建筑风格的一部分，或者室内设计师可以用这类的连接器制造假的横梁栅格。

挂　钩

挂钩类似于连接器过渡，由一个金属预制件用来从一个木制主梁上悬挂一个木横梁，来使净空高度最大化。主梁是一级结构，而横梁是二级构件、并且建构到主梁内部。参见图12-10（c）。取决于所使用的挂钩类型，紧固件可能不像以转角连接器方式使用的紧固件那样突出。紧固件通常是钉子或螺丝。

导向轴承

导向轴承过渡是很少遇到的室内结构，除非它是建筑物原始建筑设计的一部分。参见图12-10（d）。这是因为它要求在顶棚或屋顶的高程以下具备相当大的

图12-10 从横梁到横梁的过渡

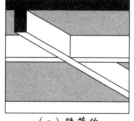

隐藏横梁过渡隐藏了任何实际结构连接的迹象，或者甚至是所连接的横梁类型。否则，它们就用石膏墙板覆盖物来进行隐藏。无论如何，这一类型的过渡可以制造出强烈的结构方位感。

（a）隐藏的

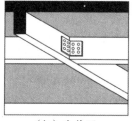

连接器一般使用木制横梁，并且对于一个横梁是如何支撑其他横梁的进行了非常清晰的表述。它可能是建筑物原始建筑的一部分，或者室内设计师也可能制造出一系列假的横梁和连接器。

（b）连接器

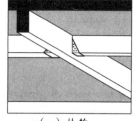

挂钩是将横梁建构到栅格中的一种简单的方法。它首先是一种使用木制框架的功能性连接，但是在室内结构中可以被复制。就像使用连接器一样，这一方法尽可能地将净空高度最大化。

（c）挂钩

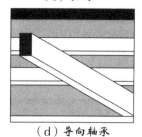

导向轴承是将横梁支撑到大梁顶部的经典方法，并且清晰地指示出一部分结构是怎样被其他结构所支撑的。

（d）导向轴承

空间。导向轴承是一种功能性、结构性原型，并且是结构的最可靠表达，因为人们能够看到横梁放置于主梁之上。

12-4 悬吊物体

对于室内设计项目而言，悬吊物体可以包括标志、灯具、特色顶棚、显示系统、面板、高压交流电设施和管道系统等任何东西。在许多情况下，设计师想要使悬吊系统的外观最小化，并且指定最细的电线和最小的连接器。在其他情况下，设计师可能想要在顶棚和悬吊物体之间把过渡制造成一种自身的设计特色。这里所讨论的悬吊物体，假设建筑元素是明显地与顶棚或上面的结构相分隔的，而不是直接依附于它。要迎合无障碍性要求，悬吊物体就必须不能低于地板平面以上80英寸（2030毫米）。

基本的设计概念决定了细化悬吊系统的一般方法。最终选择何种方法也取决于下列因素：

- 顶棚材料和结构
- 悬吊物体的重量
- 硬度要求
- 悬吊物体的材料（何种紧固件是可能的）
- 悬吊物体的厚度
- 电力要求，如果有的话
- 上下的适应性，如果有的话
- 在不改变支撑的情况下，改变悬吊物体的能力
- 改变悬吊物体位置的能力

如图12-11所示，是细化悬吊物体的某些可能的概念性方法。所显示的某些概念可以与或者厚、或者薄的悬吊元素一起使用，而某些则仅可以与厚的悬吊元素一起使用。

细的支撑

如图12-11（a）至（g）所示，细的支撑包括铁索、链条、双钩和棒条等。铁索是以最不引人注目的方式、悬挂大多数物体的最简单的方法。它是灵活的，并且通过改变铁索的尺寸和附着方式，可以适应二维的或三维的物体，以及轻的或重的物体。通过环或挂钩附着物，铁索支撑的物体可以被轻易地改变位置。

有各种各样的连接器将铁索附着到顶棚和悬吊物体之上。作为替换，也可以使用薄的螺纹杆。如图12-11（a）、（b）和（c）显示了这一方法的三种变化，假设铁索沿着悬吊物体的顶部连接于物体之上。如图12-11（d）至（g）显示了在使用薄的铁索或棒条杆的情况下的其他变化。某些使用铁索悬吊基础的连接器，如图12-12所示。对于轻质的、从吸声天花板上"T型"杆夹上悬吊下来的荷载可以与铁索、挂钩或链条一起使用。更重的荷载可以通过穿过顶棚安装肋节栓来进行支撑，或者用放置在"T型"条上的轨道来支撑，如图12-12（a）所示。把铁索附着于标志和更厚的悬吊物体的各类方法，如图12-12（b）所示。

夹　子

如图12-11（h）所示，夹子提供了一种使用铁索和夹子之间相对较小的连接来悬挂薄板的简便方法。无论如何，如果设计师想要强调结构连接的话，夹子和紧固件就都可以超出尺寸。可以附加额外的铁索来支撑重的荷载。除了如图12-12（b）中显示的方法以外，图5-9和图5-13（d）中也显示了用夹子来悬吊面板的其他两种方法。

图12-11 悬吊物体过渡

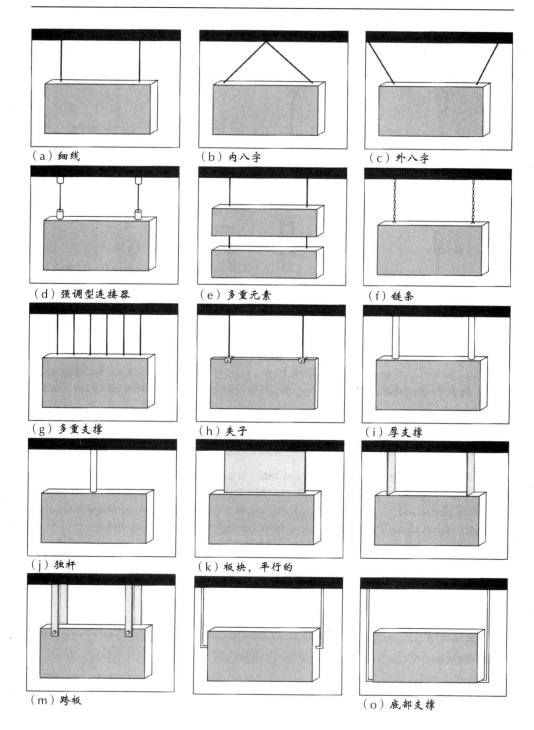

（a）细线　　　　　　　（b）内八字　　　　　　（c）外八字

（d）强调型连接器　　　（e）多重元素　　　　　（f）链条

（g）多重支撑　　　　　（h）夹子　　　　　　　（i）厚支撑

（j）独杆　　　　　　　（k）板块，平行的

（m）跨板　　　　　　　　　　　　　　　　　　（o）底部支撑

厚支撑

厚的支撑包括圆的和方的管道，也包括其他的管状材料，如图12-11（i）、（j）所示。对于重的或大的物体，厚的悬吊构件为细节提供了更强烈的结构感，并且创造出重要的建筑元素。

图12-12 悬吊硬件

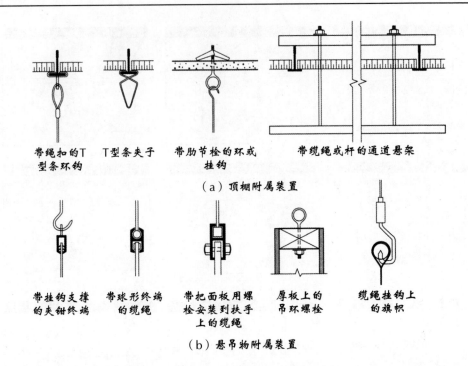

| 带绳扣的T | T型条夹子 | 带肋节栓的环或 | 带缆绳或杆的通道悬架 |
| 型条环钩 | | 挂钩 | |

（a）顶棚附属装置

带挂钩支撑	带球形终端	带把面板用螺	厚板上的	缆绳挂钩上
的夹钳终端	的缆绳	栓安装到扶手	吊环螺栓	的旗帜
		上的缆绳		

（b）悬吊物附属装置

如果使用钢制或铝制管道的话，可以把它焊接到用螺丝或螺栓拧紧到顶棚的平板上，也可以焊接到悬吊物体上。如果地方建筑规范允许的话，塑料管道可以在铁索或者细杆支撑上滑过。木头支撑可以按照任何尺寸和结构来进行细化。

刚性支撑

刚性支撑包括面板产品和其他大型连接器。参见图12-11（k）至（o）。平行板悬浮面板，如图12-11（k）所示，为悬吊物体增加了重要的块团，并且就像与厚的支撑一同使用一样，可以制造出比悬吊物体更大的建筑元素。面板支撑可以从顶棚悬吊下来，并且附着于带有金属轨道或转角的物体之上。侧面和底部的支撑系统可以用铝管、钢管或者铝板、钢板进行细化。

附　录　A
参考资料

图书和出版物

Architectural Woodwork Institute. *AWI Quality Standards*. Potomac Falls, VA: Architectural Woodwork Institute, 2009.

Ballast, David Kent. *Handbook of Construction Tolerances, 2nd ed*. New York: New York: John Wiley & Sons, Inc., 2007.

Ballast, David Kent. *Interior Construction and Detailing for Designers and Architects, 4th ed*. Belmont, CA: Professional Publications, Inc., 2007.

Beylerian, George M., Jeffrey J. Osborne, and Elliot Kaufman. *Mondo Materials: Materials and Ideas for the Future*. New York: H. N. Abrams, 2000.

Binggeli, Corky, ed. *Interior Graphic Standards, 2nd ed*. New York: John Wiley & Sons, 2010.

Bonda, Penny, and Katie Sosnowchik. *Sustainable Commercial Interiors*. New York: John Wiley & Sons, 2007.

Brownell, Blaine, ed. *Transmaterial*. New York: Princeton Architectural Press, 2006.

Dell'Isola, Alphonse J., and Kirk, Stephen J. *Life Cycle Costing for Facilities*. Kingston, MA: RS Means, Reed Construction Data, 2003.

Egan, M. David. *Architectural Acoustics*. Fort Lauderdale, FL: J. Ross Publishing, 2007. (reprint of original McGraw-Hill edition, 1988) www.jrosspub.com.

Glass Association of North America *GANA Glazing Manual*. Topeka, KS: Glass Association of North America, 2008.

Gypsum Association. *Fire Resistance Design Manual, GA-600*. Washington: Gypsum Association, 2009.

Jones, J. Christopher. *Design Methods: Seeds of Human Futures*. New York: John Wiley & Sons, 1980.

Kirk, Stephen J., and Dell'Isola, Alphonse J. *Life Cycle Costing for Design Professionals, 2nd ed*. New York: McGraw-Hill Companies, 1995.

Lawson, Bryan. *How Designers Think, The Design Process Demystified, 4th ed*. Oxford: Architectural Press, 2006.

Marble Institute of America. *Interior Stone Wall Cladding Installation Guidelines*. Farmington, MI: Marble Institute of America, 2001.

Martin, Cat. *The Surface Texture Bible*. New York: Harry N. Abrams, Inc., 2005.

Panero, Julius, and Zelnik, Martin. *Human Dimension & Interior Space: A Source Book of Design Reference Standards*. New York: New York: Whitney Library of Design, 1998.

Ramsey/Sleeper. *Architectural Graphic Standards, 11th ed*. New York: John Wiley & Sons, 2007.

Spiegel, Ross, and Dru Meadows. *Green Building Materials: A Guide to Product Selection and Specification, 2nd ed*. New York: John Wiley & Sons, 2006.

Staebler, Wendy W. *Architectural Detailing in Contract Interiors*. New York: The Whitney Library of Design, 1988.

Templer, John. *The Staircase, Studies of Hazards, Falls, and Safer Design*. Cambridge, MA: The MIT Press, 1992.

Tilley, Alvin R., and Henry Dreyfuss Associates. *The Measure of Man and Woman: Human Factors in Design*. New York: New York: John Wiley & Sons, Inc., 2001.

Underwriters Laboratories. *Building Materials Directory*. Northbrook, IL: Underwriters Laboratories. 2010.

United States Gypsum. *Gypsum Construction Handbook*. Chicago, IL: United States Gypsum Company. 2008.

Wilson, Alex, et. al. eds. *GreenSpec® Directory: Product Listings & Guideline Specifications*. Brattleboro, VT: BuildingGreen, Inc., latest edition.

产品网站

www.aia.org/marketplace Online directory of latest product and service innovations from building product manufacturers

www.contractmagazine.com/products Directory of interior materials

www.construction.com McGraw-Hill Construction Network for Products (formerly Sweets). Can sort by green attributes

www.dezignare.com Online database of interior design products in a variety of categories

www.studio.bluebolt.com Tectonic Studio. an online resource library of over 100,000 commercial interior finishes representing more than 60 brands. Green Search feature looks for products by rating or certification systems or by area of environmental benefit.

www.todl.com Online, to the trade only, database of over 260,000 products with information including specifications and images of products

其他相关网站

www.icc-es.org International Code Council Evaluation Service, which reviews submissions for new materials for compliance with code requirements. ICC also runs the SAVE program (Sustainable Attributes Verification and Evaluation), which provides a voluntary program where manufacturers can apply to have their products evaluated by for those seeking to build sustainably and qualify for points under major green rating systems.

www.greenguard.org Greenguard Environmental Institute.

www.holistic-interior-designs.com Provides information about sustainable building materials.

www.metalreference.com Gives standard stock metal forms of the five major metals groups commonly available in the United States, including hot-rolled steels, cold-finished steels, stainless steels, aluminum, and copper alloys.

www.nssn.org Search engine to database of industry standards from nearly all developers.

附　录　B
室内材料和产品的
工业标准

隔　断

石膏墙板隔断

ASTM INTERNATIONAL:

ASTM A653 Specification for Sheet Steel, Zinc-Coated (Galvanized) or Zinc-Iron Alloy-coated (Galvannealed) by the Hot-Dip Process

ASTM C475 Specification for Joint Compound and Joint Tape for Finishing Gypsum Board

ASTM C514 Specification for Nails for the Application of Gypsum Wallboard

ASTM C645 Specification for Nonstructural Steel Framing Members

ASTM C754 Specification for Installation of Steel Framing Members to Receive Screw-Attached Gypsum Panel Products

ASTM C840 Specification for Application and Finishing of Gypsum Board

ASTM C955 Standard Specification for Load-Bearing (Transverse and Axial) Steel Studs, Runners (Tracks), and Bracing or Bridging for Screw Application of Gypsum Panel Products and Metal Plaster Bases

ASTM C1002 Specification for Steel Self-Piercing Tapping Screws for the Application of Gypsum Panel Products or Metal Plaster Bases to Wood Studs or Steel Studs

ASTM C1007 Specification for the Installation of Load Bearing (Transverse and Axial) Steel Studs and Related Accessories

ASTM C1178 Specification for Coated Glass Mat Water-Resistant Gypsum Backing Panel

ASTM C1278 Specification for Fiber Reinforced Gypsum Panel

ASTM C1396 Standard Specification for Gypsum Board

ASTM C1629 Standard Classification for Abuse-Resistant Nondecorated Gypsum Panel Products and Fiber Reinforced Cement Panels

GYPSUM ASSOCIATION (GA):

GA-214 Recommended Levels of Gypsum Board Finish

GA-216 Application and Finishing of Gypsum Board

GA-600 Fire Resistance Design Manual

石膏灰泥隔断

ASTM INTERNATIONAL:

ASTM C28 Specification for Gypsum Plasters

ASTM C35 Specification for Inorganic Aggregates for Use in Gypsum Plaster

ASTM C59 Specification for Gypsum Casting Plaster and Gypsum Molding Plaster

ASTM C61 Specification for Gypsum Keene's Cement

ASTM C150 Specification for Portland Cement

ASTM C206 Specification for Finishing Hydrated Lime

ASTM C207 Specification for Hydrated Lime for Masonry Purposes

ASTM C587 Specification for Gypsum Veneer Plaster

ASTM C631 Specification for Bonding Compounds for Interior Gypsum Plastering

ASTM C841 Specification for the Installation of Interior Lathing and Furring

ASTM C842 Specification for the Application of Interior Gypsum Plaster

ASTM C843 Specification for the Application of Gypsum Veneer Plaster

ASTM C844 Specification for the Application of Gypsum Base to Receive Gypsum Veneer Plaster

ASTM C847 Specification for Metal Lath

ASTM C897 Specification for Aggregate for Job-Mixed Portland Cement-Based Plasters

悬吊式吸声天花板

ASTM INTERNATIONAL:

ASTM C423 Test Methods for Sound Absorption and Sound Absorption Coefficients by the Reverberation Room Method

ASTM C635 Standard Specification for the Manufacture, Performance, and Testing of Metal Suspension Systems for Acoustical Tile and Lay-in Panel Systems

ASTM C636 Standard Practice for Installation of Metal Ceiling Suspension Systems for Acoustical Tile and Lay-in Panels

ASTM D3273 Standard Test Method for Resistance to Growth of Mold on the Surface of Interior Coatings in an Environmental Chamber

ASTM E580 Standard Practice for Application of Ceiling Suspension Systems for Acoustical Tile and Lay-in Panels in Areas Subject to Earthquake Ground Motion

ASTM E1264 Standard Classification for Acoustical Ceiling Products

CEILINGS & INTERIOR SYSTEMS CONSTRUCTION ASSOCIATION (CISCA):

Recommendations for Direct-hung Acoustical Tile and Lay-in Panel Ceilings, Seismic Zones 0–2

Guidelines for Seismic Restraint for Direct-hung Suspended Ceiling Assemblies, Seismic Zones 3 & 4

NATIONAL FIRE PROTECTION ASSOCIATION (NFPA):

NFPA 13 Installation of Sprinkler Systems

NFPA 13D Installation of Sprinkler Systems in One- and Two-family Dwellings and Manufactured Homes

NFPA 13R Installation of Sprinkler Systems in Residential Occupancies Up to and Including Four Stories in Height

门

木门和门框

AMERICAN NATIONAL STANDARDS INSTITUTE (ANSI):

ANSI A117.1 Specifications for Making Buildings and Facilities Accessible to and Usable by Physically Handicapped People

ARCHITECTURAL WOODWORK INSTITUTE (AWI):

Architectural Woodwork Standards, Section 6, Doors, and Section 9, Interior and Exterior Millwork and Doors

ASTM INTERNATIONAL:

ASTM E119 Fire Tests of Building Construction and Materials

DOOR AND HARDWARE INSTITUTE (DHI):

DHI-WDHS-3 Recommended Hardware Locations for Wood Flush Doors

NATIONAL FIRE PROTECTION ASSOCIATION (NFPA):

NFPA 80 Standard for Fire Doors and Windows

NFPA 105 Standard for the Smoke Door Assemblies and Other Opening Protectives

NFPA 252 Standard on Fire Test of Door Assemblies (same as UL 10B)

WINDOW AND DOOR MANUFACTURERS ASSOCIATION (WDMA):

ANSI/WDMA I.S. 1-A Architectural Wood Flush Doors

1.S. 6 Industry Standard for Wood Stile and Rail Doors

I.S. 6-A Industry Standard for Architectural Stile and Rail Doors

UNDERWRITERS LABORATORIES (UL):

UL 10B Standard for Safety for Fire Tests of Door Assemblies (same as NFPA 252)

UL I0C Standard for Safety for Positive-Pressure Fire Tests of Door Assemblies

UL 1784 Standard for Safety for Air Leakage Tests for Door Assemblies

钢门和门框

AMERICAN NATIONAL STANDARDS INSTITUTE (ANSI):

ANSI/ISDI 102 Installation Standard for Insulated Steel Door Systems

ANSI/ISDI 104 Water Penetration Performance Standard for Insulated Steel Door Systems

ANSI A156.115 Hardware Preparation in Steel Doors and Frames

ANSI A156.115W Hardware Preparation in Wood Doors with Wood or Steel Frames

ASTM INTERNATIONAL:

ASTM E119 Fire Tests of Building Construction and Materials

DOOR AND HARDWARE INSTITUTE (DHI):

Recommended Locations for Builders' Hardware for Custom Steel Doors and Frames
    Recommended Locations for Architectural Hardware for Standard Steel Doors and
    Frames

NATIONAL FIRE PROTECTION ASSOCIATION (NFPA):

Same as for wood doors

STEEL DOOR INSTITUTE (SDI):

SDI-108 Recommended Selection and Usage Guide for Standard Steel Doors and Frames

SDI-110 Standard Steel Doors and Frames for Modular Masonry Construction

SDI-111 Recommended Selection and Usage Guide for Standard Steel Doors, Frames, and
    Accessories

SDI-112 Zinc-Coated (Galvanized/Galvannealed) Standard Steel Doors and Frames

SDI-117 Manufacturing Tolerances for Standard Steel Doors and Frames

SDI-118 Basic Fire Door Requirements

SDI-122 Installation and Troubleshooting Guide for Standard Steel Doors and Frames

SDI-124 Maintenance of Standard Steel Doors and Frames

SDI-128 Guidelines for Acoustical Performance of Standard Steel Doors and Frames

SDI-129 Hinge and Strike Spacing

ANSI A250.3 Test Procedure and Acceptance Criteria for Factory Applied Finish Painted
    Steel Surfaces for Steel Doors and Frames

ANSI A250.4 Test Procedure and Acceptance Criteria for Physical Endurance for Steel
    Doors, Frames, Frame Anchors, and Hardware Reinforcings

ANSI A250.7 Nomenclature for Standard Steel Doors and Steel Frames

ANSI A250.8 Standard Steel Doors & Frames

ANSI A250.10 Test Procedure and Acceptance Criteria for Prime Painted Steel Surfaces
    for Steel Doors and Frames

UNDERWRITERS LABORATORIES (UL):

UL 63 Standard for Safety for Fire Doors and Frames

UL 10B Standard for Safety for Fire Tests of Door Assemblies

UL 10C Standard for Safety for Positive-Pressure Fire Tests of Door Assemblies

玻璃门

CONSUMER PRODUCT SAFETY COMMISSION (CPSC):

CPSC 16 CFR 1201 Safety Standards for Architectural Glazing Materials

AMERICAN NATIONAL STANDARDS INSTITUTE (ANSI):

ANSI Z97.1 Safety Glazing Material Used in Buildings, Safety Performance Specifications, and Methods of Test

ASTM INTERNATIONAL:

ASTM C1048 Specification for Heat Treated Flat Glass

五金器具

铰链和枢轴

AMERICAN NATIONAL STANDARDS INSTITUTE (ANSI):

ANSI A156.1 Butts and Hinges

ANSI A156.7 Template Hinge Dimensions

ANSI A156.17 Self Closing Hinges and Pivots

ANSI A156.26 Continuous Hinges

控制设备和锁

AMERICAN NATIONAL STANDARDS INSTITUTE (ANSI):

ANSI A156.2 Bored and Preassembled Locks and Latches

ANSI A156.3 Exit Devices

ANSI A156.5 Auxiliary Locks and Associated Products

ANSI A156.10 Power Operated Pedestrian Doors

ANSI A156.12 Interconnected Locks and Latches

ANSI A156.13 Mortise Locks and Latches

ANSI A156.19 Power Assist and Low-Energy Power-Operated Doors

ANSI A156.23 Electromagnetic Locks

ANSI A156.24 Delayed Egress Locking Systems

ANSI A156.25 Electrified Locking Devices

ASTM INTERNATIONAL:

ASTM F476 Standard Test Methods for Security of Swinging Door Assemblies

UNDERWRITERS LABORATORIES (UL):

UL 305 Standard for Safety for Panic Hardware

闭合装置

AMERICAN NATIONAL STANDARDS INSTITUTE (ANSI):

ANSI/BHMA A156.4 Door Controls—Closers

门 锁

AMERICAN NATIONAL STANDARDS INSTITUTE (ANSI):

ANSI A156.2 Bored and Preassembled Locks and Latches ANSI A156.3 Exit Devices
ANSI A156.12 Interconnected Locks and Latches
ANSI A156.13 Mortise Locks and Latches

五金杂项

AMERICAN NATIONAL STANDARDS INSTITUTE (ANSI):

ANSI A156.6 Architectural Door Trim
ANSI A156.8 Door Controls—Overhead Holders and Holders
ANSI A156.14 Sliding and Folding Door Hardware
ANSI A156.16 Auxiliary Hardware
ANSI A156.21 Thresholds
ANSI A156.22 Door Gasketing and Edge Seal Systems

上 釉

ASTM INTERNATIONAL:

ASTM C1036 Specification for Flat Glass
ASTM C1048 Specification for Heat-Treated Flat Glass

CONSUMER PRODUCT SAFETY COMMISSION (CPSC):

16 CFR 1201 Safety Standard for Architectural Glazing Material

NATIONAL FIRE PROTECTION ASSOCIATION (NFPA):

NFPA 257 Standard for Fire Test for Window and Glass Block Assemblies

木工饰面和木制品

木工和木制品

ARCHITECTURAL WOODWORK INSTITUTE (AWI):

Architectural Woodwork Standards

HARDWOOD PLYWOOD AND VENEER ASSOCIATION:

ANSI/HPVA HP-1-2004 American National Standard for Hardwood and Decorative Plywood

NORTHEASTERN LUMBER MANUFACTURERS ASSOCIATION:

NeLMA Standard Grading Rules for Northeastern Lumber

AMERICAN PLYWOOD ASSOCIATION:

PS 1-95 U.S. Product Standard PS 1-95 for Construction and Industrial Plywood

WESTERN WOOD PRODUCTS ASSOCIATION:

Western Lumber Grading Rules

WOOD MOULDING AND MILLWORK PRODUCERS ASSOCIATION:

WM Series Softwood Moulding Patterns Catalog
HWM Series Hardwood Moulding Patterns Catalog

层压制品

AMERICAN NATIONAL STANDARDS INSTITUTE (ANSI):

ANSI A161.2 Decorative Laminate Countertops, Performance Standards for Fabricated High Pressure
ANSI A208.1 Particleboard
ANSI A208.2 Medium Density Fiberboard for Interior Applications

ARCHITECTURAL WOODWORK INSTITUTE (AWI):

AWI Architectural Woodwork Standards, Section 11

AMERICAN LAMINATORS ASSOCIATION (ALA):

ALA 1992 The Performance Standard for Thermoset Decorative Panels

ASTM INTERNATIONAL:

ASTM D1037 Standard Test Methods for Evaluating the Properties of Wood-Base Fiber and Particle Panel Materials

NATIONAL ELECTRICAL MANUFACTURERS ASSOCIATION (NEMA):

ANSI/NEMA LD 3 High-Pressure Decorative Laminates

地 板

木地板

AMERICAN NATIONAL STANDARDS INSTITUTE (ANSI):

ANSI/HPVA EF 2002 American National Standard for Engineered Wood Flooring

ASTM INTERNATIONAL:

ASTM D2394 Standard Methods for Simulated Service Testing of Wood and Wood-Base Finish Flooring

MAPLE FLOORING MANUFACTURERS ASSOCIATION (MFMA):

Grading Rules for Hard Maple

NOFMA, The Wood Flooring Manufacturers Association: Official Flooring Grading Rules

瓷 砖

AMERICAN NATIONAL STANDARDS INSTITUTE (ANSI):

A108/A118/A136.1 Specifications for the Installation of Ceramic Tile

American National Standard Specifications **A108**. .1A, .1B, .1C, .4, .5, .6, .8, .9, .10, .11, .12, and .13 define the installation of ceramic tile. **A118.1**, .3, .4, .5, .6, .7, .8, .9, .10, and **A136.1** define the test methods and physical properties for ceramic tile installation materials.

A 108.1A Ceramic Tile Installed in the Wet-Set Method with Portland Cement Mortar.

A 108.1B Ceramic Tile Installed on a Cured Portland Cement Mortar Setting Bed with Dry-Set or Latex-portland Cement Mortar.

A 108.5 Installation of Ceramic Tile with Dry-set Portland Cement Mortar or Latex-portland Cement Mortar

A 108.10 Installation of Grout in Tilework

A 118.1 Specifications for Dry-set Portland Cement Mortar

A 118.4 Specifications for Latex-portland Cement Mortar

A 118.6 Specifications for Standard Ceramic Tile Grouts for Tile Installation

A 118.10 Load Bearing, Bonded, Waterproof Membranes for Thin-set Ceramic Tile and Dimension Stone Installation.

A 118.12 Specifications for Crack Isolation Membranes for Thin-Set Ceramic Tile and Dimension Stone Installations

A 137.1 Ceramic Tile

TILE COUNCIL OF NORTH AMERICA, INC. (TCNA):

Ceramic Tile: The Installation Handbook

实用地面装修

地　毯

ASTM INTERNATIONAL:

ASTM D2859 Standard Test Method for Ignition Characteristics of Finished Textile Floor Covering Materials

ASTM D4158 Standard Guide for Abrasion Resistance of Textile Fabrics (Uniform Abrasion)

ASTM E84 Standard Test Method for Surface Burning Characteristics of Building Materials

ASTM E162 Standard Test Method for Surface Flammability of Materials Using a Radiant Heat Energy Source

ASTM E648 Standard Test Method for Critical Radiant Flux of Floor-Covering Systems Using a Radiant Heat Energy Source (NFPA 253)

ASTM E662 Standard Test Method for Specific Optical Density of Smoke Generated by Solid Materials (NFPA 258)

CARPET AND RUG INSTITUTE:

CRI-104 Standard for Installation of Commercial Carpet

CRI-105 Standard for Installation of Residential Carpet

NATIONAL FIRE PROTECTION ASSOCIATION (NFPA):

NFPA 253 Standard Method of Test for Critical Radiant Flux of Floor Covering Systems Using a Radiant Heat Energy Source

NFPA 258 Recommended Practice for Determining Smoke Generation of Solid Materials

弹性地板

ASTM INTERNATIONAL:

ASTM F693 Standard Practice for Sealing Seams of Resilient Sheet Flooring Products by Use of Liquid Seam Sealers

ASTM F710 Standard Practice for Preparing Concrete Floors to Receive Resilient Flooring

ASTM F1066 Standard Specification for Vinyl Composition Floor Tile

ASTM F1303 Standard Specification for Sheet Vinyl Floor Covering With Backing

ASTM F1344 Standard Specification for Rubber Floor Tile

ASTM F1516 Standard Practice for Sealing Seams of Resilient Flooring Products by the Heat Weld Method

ASTM F1700 Standard Specification for Solid Vinyl Floor Tile

ASTM F1859 Standard Specification for Rubber Sheet Floor Covering Without Backing

ASTM F1860 Standard Specification for Rubber Sheet Floor Covering With Backing

ASTM F1861 Standard Specification for Resilient Wall Base

摩擦系数测量

ASTM C1028 Standard Test Method for Determining the Static Coefficient of Friction of Ceramic Tile and Other Like Surfaces by the Horizontal Dynamometer Pull-Meter Method

ASTM D2047 Standard Test Method for Static Coefficient of Friction of Polish-Coated Floor Surfaces as Measured by the James Machine

ASTM F462 Consumer Safety Specification for Slip-Resistance Bathing Facilities

ASTM F609 Standard Test Method for Using a Horizontal Pull Slipmeter

墙饰面

油漆和涂料

ASTM International:

ASTM D1005 Standard Test Method for Measurement of Dry Film Thickness of Organic Coatings Using Micrometers

ASTM D1212 Standard Test Method for Measurement of Wet Film Thickness of Organic Coatings

ASTM D5146 Standard Guide for Testing Solvent-Borne Architectural Coatings

ASTM D5324 Standard Guide for Testing Water-Borne Architectural Coatings

乙烯墙面涂料

ASTM International:

ASTM F793 Standard Classification of Wallcovering by Use Characteristics

ASTM F1141 Standard Specification for Wallcovering

The Chemical Fabrics and Films Association (CFFA):

CFFA-W-101-D Quality Standard for Vinyl-Coated Fabric Wallcovering

石 材

ASTM International:

ASTM C119 Standard Terminology Relating to Dimension Stone

ASTM C503 Standard Specification for Marble Dimension Stone

ASTM C568 Standard Specification for Limestone Dimension Stone

ASTM C615 Standard Specification for Granite Dimension Stone

ASTM C616 Standard Specification for Quartz-Based Dimension Stone

ASTM C629 Standard Specification for Slate Dimension Stone

安全玻璃门

ASTM INTERNATIONAL:

ASTM F476 Standard Test Methods for Security of Swinging Door Assemblies

ASTM F571 Standard Practice for Installation of Exit Devices in Security Areas

ASTM F588 Standard Test Methods for Measuring the Forced Entry Resistance of Window Assemblies, Excluding Glazing Impact

ASTM F1233 Standard Test Method for Security Glazing Materials and Systems

H.P. WHITE LABORATORY, INC.:

HPW-TP-0500.03 Test Procedure, Transparent Materials for Use in Forced-Entry or Containment Barriers

NATIONAL INSTITUTE FOR JUSTICE (NIJ):

NIJ Std. 0108.01 Ballistic Resistant Protective Materials

UNDERWRITERS LABORATORIES (UL):

UL 752 Standard for Safety for Bullet-Resisting Equipment

UL 972 Burglary-Resisting Glazing Material

UL 1034 Burglary-Resistant Electric Locking Machines

U.S. DEPARTMENT OF STATE

Std. SD-STD-01.01 Certification Standard for Forced Entry and Ballistic Resistance of Structural Systems

声音控制

CEILING & INTERIOR SYSTEMS CONSTRUCTION ASSOCIATION (CISCA):

AMA I-II Ceiling Sound Transmission Test by the Two-Room Method

ASTM INTERNATIONAL:

ASTM C423 Standard Test Method for Sound Absorption and Sound Absorption Coefficients by the Reverberation Room Method

ASTM E90 Test Method for Laboratory Measurement of Airborne Sound Transmission Loss of Building Partitions and Elements

ASTM E336 Test Method for Measurement of Airborne Sound Attenuation Between Rooms in Buildings

ASTM E413 Classification for Rating Sound Insulation

ASTM E492 Test Method for Laboratory Measurement of Impact Sound Transmission Through Floor-Ceiling Assemblies Using the Tapping Machine

ASTM E989 Standard Classification for Determination of Impact Insulation Class

ASTM E1007 Standard Test Method for Field Measurement of Tapping Machine Impact Sound Transmission Through Floor-Ceiling Assemblies and Associated Support Structures

ASTM E1110 Standard Classification for Determination of Articulation Class

ASTM E1111 Test Method for Measuring the Interzone Attenuation of Open Office Components

ASTM E1130 Test Method for Objective Measurement of Speech Privacy in Open Plan Spaces Using Articulation Index

ASTM E1264 Classification for Acoustical Ceiling Products

ASTM E1374 Standard Guide to Open Office Acoustics and Applicable ASTM Standards

ASTM E1414 Standard Test Method for Airborne Sound Attenuation Between Rooms Sharing a Common Ceiling Plenum

AMERICAN NATIONAL STANDARDS INSTITUTE (ANSI):

ANSI S3.5 Methods for the Calculation of the Speech Intelligibility Index

可持续设计

ASTM D5116 Standard Guide for Small-Scale Environmental Chamber Determinations of Organic Emissions From Indoor Materials/Products

ASTM D6670 Standard Practice for Full-Scale Chamber Determination of Volatile Organic Emissions from Indoor Materials/Products

ASTM E2129 Standard Practice for Data Collection for Sustainability Assessment of Building Products

耐火性

ASTM E84 Test Methods for Surface Burning Characteristics of Building Materials

ASTM E136 Test Method for Behavior of Materials in a Vertical Tube Furnace at 750°C

UL 723 Tests for Surface Burning Characteristics of Building Materials